职业教育无人机应用技术专业系列教材

无人机航测技术与应用

主　编　刘含海
副主编　范玉红　王德保　伏　苓
参　编　张　超　何　必　许　颖
　　　　李　斌　张海昂

机械工业出版社

本书是职业教育无人机应用技术专业系列教材，是根据教育部最新颁布的专业教学标准，同时参考相应职业资格标准编写的。

本书从实用性出发，系统而全面地介绍了无人机航测技术的基本知识及其应用领域与发展前景。全书共8章，主要内容包括绪论、测绘与遥感基础知识、无人机航测设备、地理信息系统与卫星导航定位技术、航空摄影测量基础、无人机航测数据处理、无人机航测和无人机遥感技术的应用、无人机航测技术展望。

为便于教学，本书配套有电子教案、助教课件、教学视频等教学资源，选择本书作为教材的教师可来电（010-88379375）索取，或登录www.cmpedu.com网站，注册、免费下载。书中还嵌入了二维码，链接了视频学习资源，读者可通过扫描二维码进行学习。

本书可作为高等和中等职业院校无人机应用技术专业教材，也可作为企事业单位相关岗位培训教材。

图书在版编目（CIP）数据

无人机航测技术与应用/刘含海主编．—北京：机械工业出版社，2020.8（2025.1重印）
职业教育无人机应用技术专业系列教材
ISBN 978-7-111-66113-9

Ⅰ．①无…　Ⅱ．①刘…　Ⅲ．①无人驾驶飞机—航空摄影测量—职业教育—教材　Ⅳ．①V279

中国版本图书馆CIP数据核字（2020）第126808号

机械工业出版社（北京市百万庄大街22号　邮政编码100037）
策划编辑：王莉娜　　责任编辑：王莉娜　黎　艳　赵文婕
责任校对：王　欣　李　杉　　封面设计：鞠　杨
责任印制：单爱军

北京虎彩文化传播有限公司印刷

2025年1月第1版第14次印刷
184mm×260mm・13.75印张・278千字
标准书号：ISBN 978-7-111-66113-9
定价：44.80元

电话服务　　网络服务
客服电话：010-88361066　　机　工　官　网：www.cmpbook.com
010-88379833　　机　工　官　博：weibo.com/cmp1952
010-68326294　　金　　书　　网：www.golden-book.com
封底无防伪标均为盗版　　机工教育服务网：www.cmpedu.com

PREFACE 前言

为深入贯彻落实《国家教育事业发展“十三五”规划》以及《国务院关于大力推进职业教育改革与发展的决定》等文件精神，适应无人机产业迅猛发展对职业院校专业和课程建设的需求，针对当前职业院校该专业还没有一套较为合适的教材，大部分院校采用自编或企业培训课件组织教学，满足不了行业发展以及专业建设需要的现状，机械工业出版社于2018年5月11—13日在北京召开了职业院校“无人机应用技术专业”产教融合、教材与资源建设会议。在会上，来自全国无人机应用技术专业的骨干教师、企业专家研讨了新形势下该专业的课程体系以及教材和资源建设原则、方法、内容等。

根据会议精神，组建了本书的编写团队，接下来进行了行业、产业、企业、院校调研以确定教材内容，最后分工编写。本书依据无人机应用技术专业人才培养目标和行业、企业用人单位需求、最新专业课程标准以及《民用无人机驾驶员管理规定》的知识和技能要求编写。

本书在内容处理上主要有以下几点说明：①注重基础知识储备，弱化理论公式推导，强化实践操作过程；②建议教学总学时数为60左右；③教学过程中应按照教学规律，先易后难，遵循基础知识→实践操作→拓宽视野的育人过程，其中前5章为基础知识内容，第6章为实践操作内容，第7、8章为拓展视野内容。

为落实党的二十大报告中关于“推进教育数字化”的要求，本书新增视频资源，并以二维码的形式链接在书中。

本书由刘含海任主编，范玉红、王德保、伏苓任副主编。参与编写的还有：张超、何必、许颖、李斌、张海昂。全书由刘含海负责统稿和定稿。编写团队中，伏苓为山东建筑大学教师，张海昂为石家庄工程技术学校教师，其他均为山东交通学院教师。具体编写分工如下：第1章、第7章由刘含海、伏苓编写，第2章由张海昂、许颖编写，第3章由李斌编写，第4章由张超、何必、王德保编写，第5章、第6章由范玉红编写，第8章由刘含海、王德保、伏苓编写。

本书的出版要感谢山东交通学院尹涛教授在本书策划阶段及编写过程中给予的指导，感谢广州中海达卫星导航技术股份有限公司和上海华测导航技术股份有限公司提供相关素材和教学资料，感谢武汉航天远景科技股份有限公司提供教学软件支持。

在本书编写过程中，编者参阅了国内外出版的有关教材和资料，在此一并向相关作者表示衷心感谢！

由于编者水平有限，书中不妥之处在所难免，恳请读者批评指正。

编　者

二维码索引

CONTENTS
目 录

CONTENTS

CONTENTS

第1章 绪论

传统的航空测绘信息主要依靠卫星或载人飞机来获取，但信息采集成本偏高，且受天气条件和更新速度等方面的限制较大。相比较而言，无人机航测技术成本低廉、操作简单、成像清晰，且周期较短，弥补了传统航空测绘采集手段的不足和缺陷，近年来凭借着操作机动灵活、反应迅速、成本较低等优势，应用广泛。

1.1 无人机

无人机（Unmanned Aerial Vehicle，UAV）是一种机上无人驾驶的航空器，具有动力装置和导航模块，在一定范围内靠无线电遥控设备或者计算机程序控制自主飞行。无人机结构简单、使用成本低，不仅能完成有人驾驶飞机执行的任务，还适用于有人飞机不宜执行的任务，如危险区域的地质灾害调查、空中救援指挥和环境遥感监测。

无人机作为一种新型遥感平台，广泛应用于水利工程、油气管道巡检、应急救援、环境监测、农村土地利用调查、城市管理等领域。

无人机的研制始于20世纪初有人驾驶飞机诞生后的十几年，经过近一个世纪的发展，已形成了一个大家族。中国无人机产业规模在全球处于领先水平。无人机种类繁多，从动力、用途、控制方式、航程和飞行器重量等方面可分为多种类型。按照系统组成和飞行特点，无人机可分为固定翼型无人机、无人驾驶直升机两大类。

固定翼型无人机通过动力系统和机翼的滑行实现起降和飞行，遥控飞行和程控飞行均容易实现，抗风能力也比较强，类型较多，能同时搭载多种遥感传感器。其起飞方式有滑行、弹射、车载、火箭助推和飞机投放等；降落方式有滑行、伞降和撞网等。固定翼型无人机的起降需要比较空旷的场地，适合于矿山资源监测、林业和草场监测、海洋环境监测、污染源及扩散态势监测、土地利用监测以及水利、电力等领域的应用。

无人驾驶直升机的技术优势是能够定点起飞、降落，对起降场地的条件要求不高，其飞行也是通过无线电遥控或机载计算机实现程控。但无人驾驶直升机的结构相对比较复杂，操控难度也较大，所以种类有限，主要应用于突发事件的调查，如单体滑坡勘查、火山环境的监测等领域。

无人机系统（Unmanned Aircraft/Aerial System，UAS）是一套综合的技术支撑系统，是对无人机概念的扩展，它由机体、机上载荷和地面设备等组成，用于实现无人机飞行、操控、数据处理和信息传递等功能。

1.2 无人机航测

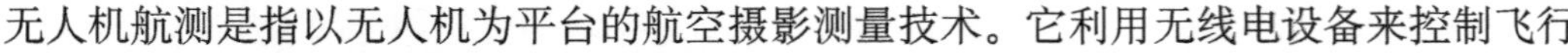
无人机航测是指以无人机为平台的航空摄影测量技术。它利用无线电设备来控制飞行

器，通过搭载在无人机平台上的任务设备来快速获取信息。无人机航测是传统航空摄影测量手段的有力补充，具有机动灵活、高效快速、精细准确、作业成本低、适用范围广、生产周期短等特点，在小区域和飞行困难地区快速获取高分辨力影像方面具有明显优势。

无人机航测可广泛应用于国家重大工程建设、灾害应急与处理、国土监察、资源开发、新农村和小城镇建设等领域，尤其在基础测绘、土地资源调查监测、土地利用动态监测、智慧城市建设和应急救灾测绘数据获取等方面具有广阔前景。

无人机无须载重驾驶员，从而不需要相应的架势设备和安全救生设备，减轻了机体重量，飞行更为轻便。在应急事件的处理中，无人机适用于大范围监测，日监测能力最高可达 2000 多 km^2，监测效率大幅度提升。此外，与卫星影像分辨力相比，无人机的影像分辨力更高，一般能达到 0.1 ～ 0.5m，无人机遥感技术可与地理信息系统（GIS）进行快速集成，迅速搭建监测应用。

随着无人机与数码相机技术的发展，基于无人机平台的数字航测技术已突显出其独特的优势，无人机与航空摄影测量相结合使得“无人机数字低空遥感”成为航空遥感领域的一个崭新发展方向。

无人机航测具有以下优势：

（1）快速航测反应能力　无人机航测通常为低空飞行，空域申请便利，受气候条件影响较小；对起降场地的要求限制较小，可通过一段较为平整的路面实现起降，在获取航拍影像时不用考虑飞行员的飞行安全，对获取数据时的地理、空域以及气象条件要求较低，能够完成人工探测无法达到的地区监测功能；升空准备时间只需 15min 即可，操作简单，运输便利；车载系统可迅速到达作业区附近设站，根据任务要求每天可获取数十至 200km^2 的航测结果。

（2）突出的时效性和性价比　传统高分辨力卫星遥感数据一般会面临两个问题：一是存档数据时效性差；二是编程拍摄可以得到最新的影像，但一般时间较长，时效性也不好。无人机航测则可以很好地解决这些难题，工作组可随时出发，随时拍摄，相比卫星和有人机测绘，可做到短时间内快速完成，及时提供用户所需信息，且价格具有相当的优势。相比人工测绘，无人机每天至少可完成几十平方千米的作业，今后将成为小范围测绘的发展趋势。

（3）监控区域受限制小　我国面积辽阔，地形和气候复杂，一些区域常年受积雪、云层等因素影响，导致卫星遥感数据采集受到一定限制。传统的大飞机航拍，国家有运行规定和要求，如航高大于 5000m，就不可避免地存在云层的影响，妨碍成图质量。另外，还有一定的危险，在边境地区也存在边防问题。而无人机航测能够很好地解决这些问题，不受航高限制，成像质量和精度都远远高于大飞机航拍。

（4）地表数据快速获取和建模能力强　无人机系统携带的数码相机、数字彩色航摄像机等设备可快速获取地表信息、超高分辨力数字影像和高精度定位数据，生成数字高程模型（DEM）、三维正射影像图、三维景观模型、三维地表模型等可视化数据，便于进行各类环境下应用系统的开发和应用。

1.3 无人机遥感

无人机遥感（Unmanned Aerial Vehicle Remote Sensing，UAVRS）是利用先进的无人驾驶飞行器技术、遥感传感器技术、遥测遥控技术、通信技术、全球卫星导航系统（GNSS）差分定位技术和遥感应用技术，实现自动化、智能化、专业化快速获取国土资源、自然环境、地震灾区等空间遥感信息，且完成遥感数据处理、建模和应用分析的应用技术。

无人机遥感系统（UAV remote sensing system，UAVRSS）是一种以 UAV 为平台，以各种成像与非成像传感器作为主要载荷，飞行高度一般在几千米以内（军用可达 10km 以上），能够获取遥感影像、视频以及光谱信息等数据的无人机航空遥感与摄影测量系统。

目前，成熟完备的民用 UAVRSS 主要由飞行平台系统、轻小型多功能对地观测传感系统、数据传输链路、综合保障系统与装置、地面后勤人员等组成。

无人机遥感是我国目前获取厘米级超高分辨力、小时级即时响应遥感地球数据及环境信息的主要技术手段，是人工智能时代新的空间信息产业革命的关键技术。

无人机遥感系统由于具有机动、快速、经济等优势，已经成为世界各国争相研究的热点课题，现已逐步从研究开发发展到实际应用阶段，成为未来主要航空遥感技术之一。

1.4 无人机遥感技术发展历史

早期无人机的研制和应用主要用作靶机，应用范围主要是在军事领域，后来逐渐用于作战、侦察及民用遥感飞行平台。20 世纪 80 年代以来，随着计算机技术、通信技术的迅速发展以及各种重量轻、体积小、探测精度高的数字化新型传感器不断面世，无人机的性能不断提高，应用范围和应用领域迅速拓展。世界范围内的各种用途、各种性能指标的无人机类型已达数百种之多，续航时间从一小时延长到几十小时，任务载荷从几千克到几百千克，这为长时间、大范围的遥感监测提供了保障，也为搭载多种传感器和执行多种任务创造了有利条件。传感器也由早期的胶片相机向大面阵数字化图像传感器发展，国内制造的数字航空测量相机拥有 8000 万像素，能够同时拍摄彩色红外型、全色型的高精度航片。中国测绘科学研究院使用多台哈苏相机组合照相，利用开发的软件再进行拼接，有效地提高了遥感飞行效率。另外，激光三维扫描仪、红外扫描仪等小型高精度遥感器为无人机遥感的应用提供了发展空间。

随着我国经济和文化建设的发展，城乡地貌发生着巨大变化，新建的街道、大桥、机场、车站以及土地、资源利用情况综合信息不能及时反映在地图上，无法反映新的地貌。使用资料较为陈旧，常规的成图周期已不能满足需要，利用无人机遥感航拍技术更新的地理资料，会对地区的经济建设起到积极的促进作用。

无人机遥感航拍技术是各种先进手段优化组合的新型应用技术。无人机遥感航拍技术以低速无人驾驶飞机作为空中遥感平台，用彩色、黑白、红外、摄像技术拍摄空中影像数据，并用计算机对图像进行加工处理，在设计和最优化组合方面具有突出的特点，是集成了遥感、遥控、遥测技术与计算机技术的新型应用技术，可快速对地质环境信息和过时的GIS数据库进行更新、修正和升级，为政府和相关部门的行政管理、土地、地质环境治理提供及时的技术保证，为日益发展的经济建设和文化事业提供服务。

思考题

1. 简述无人机航测技术的概念。
2. 简述无人机遥感技术的概念。

第2章 测绘与遥感基础知识

2.1 测绘基础知识

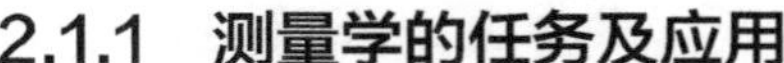

2.1.1 测量学的任务及应用

测量学是研究地球的形状和大小，确定地面点位（包括空中、地下和海底），以及对这些空间位置信息进行处理、存储、管理的科学。

测量学按照研究范围和对象的不同，可分为以下几个分支学科。

1）大地测量学：是研究整个地球的形状和大小，解决大地区控制测量和地球重力场问题的学科，可分为常规大地测量学和卫星大地测量学。

2）摄影测量与遥感学：是研究利用摄影或遥感技术获取被测物体的形状、大小和空间位置（影像或数字形式），进行分析处理，绘制地形图或获取数字化信息的理论和方法的学科，可分为地面摄影测量学、航空摄影测量学、水下摄影测量学和航天摄影测量学。

3）地图制图学：是研究利用测量成果来绘制地图的理论和方法的学科。

4）海洋测绘学：是研究海洋和陆地水体测绘的基本理论和方法的学科。

5）普通测量学：是研究地球表面小范围测绘的基本理论、技术和方法的学科，不考虑地球曲率的影响，把地球局部表面当作平面看待，是测量学的基础。

6）工程测量学：是研究有关城市建设、矿山工厂、水利水电、农林牧业、道路交通、地质矿产等领域各种工程的勘测设计、建设施工、竣工验收、生产经营及变形监测等方面测绘工作的学科。它的主要工作是测绘、测设和变形监测。

（1）测量学的任务

1）研究确定地球的形状和大小，为地球科学提供必要的数据和资料。

2）将地球表面的地物地貌测绘成图。

3）将图样上的设计成果测设至现场。

（2）测量学的应用　测量学的应用非常广泛，国防、军事、经济建设都离不开测量学，这里着重介绍测量学在工程建设中的应用。

1）勘测设计阶段：测绘各种比例尺的地形图，供工程设计使用。例如修公路，为了确定一条经济合理的路线，必须预先测绘路线附近的地形图，在地形图上进行路线设计。

2）施工阶段：将线路和各种建筑物正确地测设到地面上，如将设计路线的位置标定在地面上以指导施工。

3）竣工测量：在建筑物和构筑物竣工验收时，为获得工程建成后的各建筑物和构筑物以及地下管网的平面位置和高程等资料而进行的测量工作。

4）运营阶段：为改建、扩建而进行的各种测量工作。

5）变形观测：对监视对象或物体（变形体）的变形进行测量，从中了解变形的大小、空间分布及随时间发展的情况，并做出正确的分析与预报。

2.1.2 地球的形状和大小

测量工作的基准面是作为处理测量数据、统一坐标计算的基准面，必须具备两个基本条件：基准面的形状和大小尽可能接近地球总的形体；能用简单的几何体和方程式表达。

地球表面的形状十分复杂，不使用数学式来表达。通过测绘工作者的长期实践和科学调查，发现地球表面积约为 510083042km^2，其中海洋占 70.8%，陆地仅占 29.2%。我国境内的喜马拉雅山的主峰——珠穆朗玛峰，高出海平面 8848.86m；位于太平洋西部的马里亚纳海沟，则低于海平面 11034m，两者之间的高度差近 20000m。尽管有这样大的起伏，但从宏观上看，这些高低差异与巨大的地球半径（平均为 6371km）相比，可以忽略不计。因此，地球总的形体可视为由海平面穿过陆地所包围的形体。

自由静止的水面称为水准面。水准面有无数个。海水面不是静止的，而是有波浪和潮汐的。海水面忽高忽低。其中通过平均海水面的水准面（与静止的海水面最接近），称为大地水准面。大地水准面包围的形体称为大地体，它可以代表地球的形状和大小。

由物理学知道，大地水准面是个重力等位面，处处与重力方向垂直。大地水准面虽然比地球的自然表面要规则得多，但由于地球内部物质分布的不均匀性，导致地球上各点的铅垂线方向产生不规则的变化，这就使得大地水准面实际上是一个略有起伏变化而不规则的曲面，如图 2-1a 所示，它的精确形态目前还无法用数学模型来描述。因此，测量时选择了一个与大地水准面总的形体非常接近并能用数学式表达的面作为基准面。这个面是由一椭圆绕其短轴旋转而成的，称为旋转椭球面。测量时将概括地球总的形体的旋转椭球面称为地球椭球面，将适合区域性如一个国家领土的旋转椭球面称为参考椭球面。椭球的形状和大小可由元素长半轴 a、短半轴 b、扁率 α 来描述，如图 2-1b 所示。我国采用 2000 国家大地坐标系（CGCS2000）地心椭球，其元素为

$$\text{长半轴}\quad a=6378137\text{m}$$

$$\text{短半轴}\quad b=6356752.3144\text{m}$$

$$\text{扁　率}\quad \alpha=\frac{a-b}{a}=\frac{1}{298.257222101}$$

测量工作就是以椭球面作为基准面，并将这个面充当地球的数学模型，在上面建立与地球一一对应的坐标系，从而确定地面点的位置。

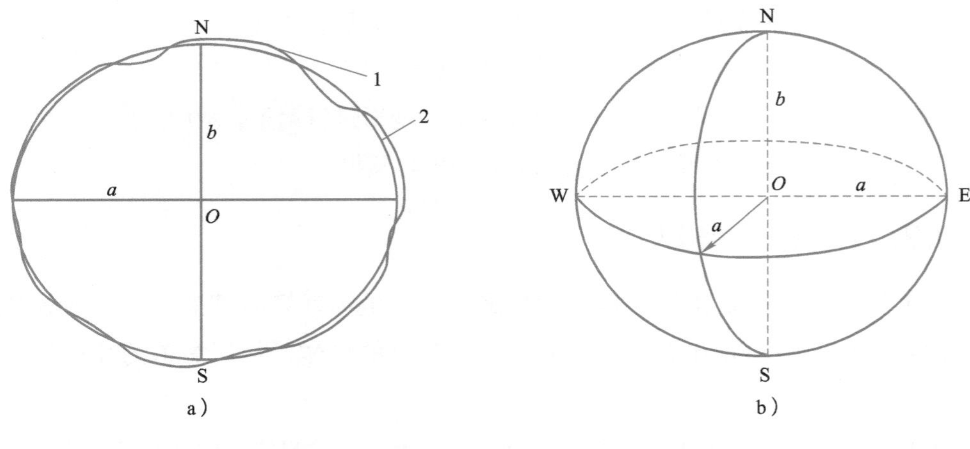

图 2-1 大地水准面和地球椭球面

a) 大地水准面 b) 地球椭球面
1—地球自然地表 2—大地水准面

2.1.3 测量坐标系

1．地理坐标

当研究和测定整个地球的形状或进行大区域的测绘工作时，可用地理坐标来确定地面点的位置。地理坐标是一种球面坐标，依据球体的不同可分为天文坐标和大地坐标。

（1）天文坐标 以大地水准面为基准面，地面点沿铅垂线投射在该基准面上的位置，称为该点的天文坐标。该坐标用天文经度和天文纬度表示。如图 2-2 所示，将大地体看作地球，NS 即为地球的自转轴，N 为北极，S 为南极，O 为地球质心。包含地面点 P 的铅垂线且平行于地球自转轴的平面称为点 P 的天文子午面。天文子午面与地球表面的交线称为天文子午线，也称经线。而将通过英国格林尼治天文台埃里中星仪的子午面称为起始子午面，相应的子午线称为本初子午线或零子午线，并作为经度计量的起点。过点 P 的天文子午面与起始子午面所夹的两面角称为点 P 的天文经度，用 λ 表示，其值为 0° ～ 180° ，在本初子午线以东的称为东经，以西的称为西经。

通过地球质心 O 且垂直于地轴的平面称为赤道面。它是纬度计量的起始面。赤道面与地球表面的交线称为赤道。其他垂直于地轴的平面与地球表面的交线称为纬线。过点 P 的铅垂线与赤道面之间所夹的线面角就称为点 P 的天文纬度，用 φ 表示，其值为 0° ～90° ，在赤道以北的称为北纬，以南的称为南纬。

天文坐标（λ，φ）是用天文测量的方法实测得到的。

（2）大地坐标　以参考椭球面为基准面，地面点沿椭球面的法线投射在该基准面上的位置，称为该点的大地坐标。该坐标用大地经度和大地纬度表示。如图 2-3 所示，包含地面点 P 的法线且通过椭球旋转轴的平面称为点 P 的大地子午面。过点 P 的大地子午面与起始子午面所夹的两面角称为点 P 的大地经度，用 L 表示，其值分为东经 0° ～180° 和西经 0° ～180° 。过点 P 的法线与椭球赤道面所夹的线面角称为点 P 的大地纬度，用 B 表示，其值分为北纬 0° ～90° 和南纬 0° ～90° 。我国 1954 年北京坐标系和 1980 年国家大地坐标系就是分别依据两个不同的椭球建立的大地坐标系。

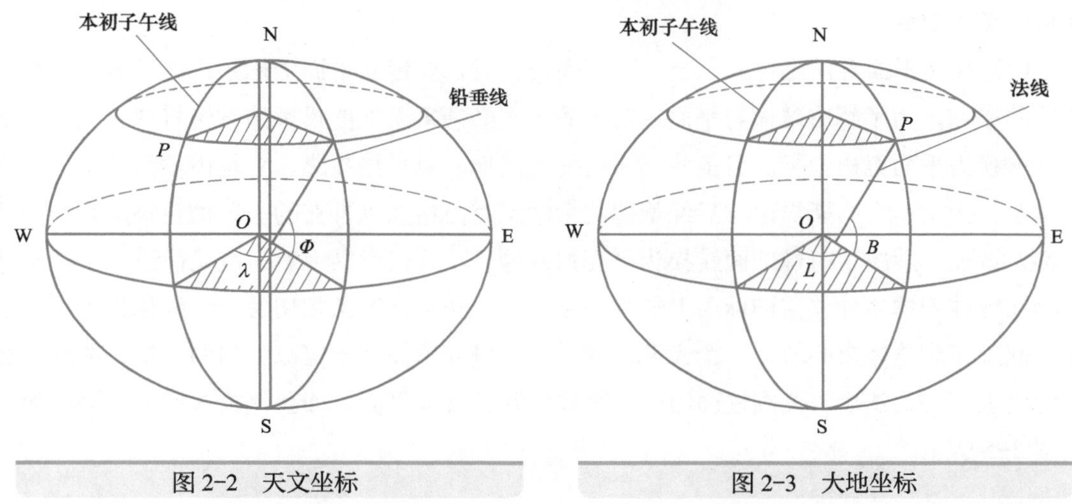

图 2-2　天文坐标　　图 2-3　大地坐标

大地坐标（L，B）因所依据的椭球体面不具有物理意义而不能直接测得，只可通过计算得到。它与天文坐标的关系为

$$L=\lambda-\frac{\eta}{\cos\varphi}$$

$$B=\varphi-\xi$$

式中，η 为过同一地面点的垂线与法线的夹角在东西方向上的垂线偏差分量，ξ 为在南北方向上的垂线偏差分量。

2. 平面直角坐标

在实际测量工作中，若用以角度为度量单位的球面坐标来表示地面点的位置是不方便的，通常是采用平面直角坐标。测量工作中所用的平面直角坐标与数学上的直角坐标基本相同，只是测量工作以 x 轴为纵轴，一般表示南北方向，以 y 轴为横轴，一般表示东西方向，象限为顺时针编号，直线的方向都是从纵轴北端按顺时针方向度量的，如图 2-4 所

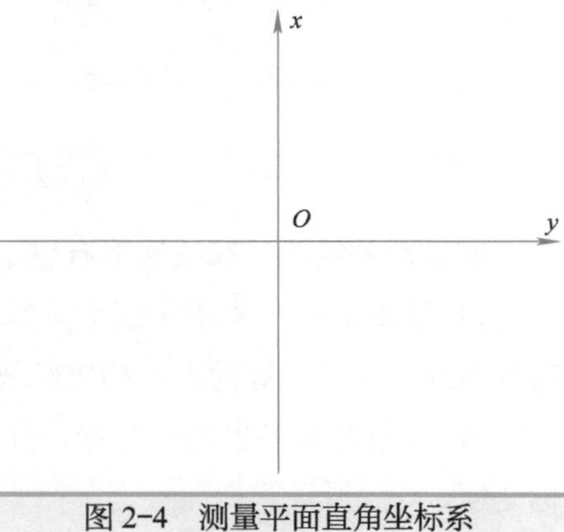

图 2-4　测量平面直角坐标系

示。这样的规定使数学中的三角公式在测量坐标系中完全适用。

（1）独立测区的平面直角坐标　当测区的范围较小，能够忽略该区地球曲率的影响而将其当作平面看待时，可在此平面上建立独立的直角坐标系。一般选定子午线方向为纵轴，即 x 轴，原点设在测区的西南角，以避免坐标出现负值。测区内任一地面点用坐标（x，y）来表示，它们与本地区统一坐标系没有必然的联系，而为独立的平面直角坐标系。如有必要，可通过与国家坐标系联测而纳入统一坐标系。经过估算，在面积为 300km^2 的多边形范围内，可以忽略地球曲率影响而建立独立的平面直角坐标系，当测量精度要求较低时，这个范围还可以扩大数倍。

（2）高斯平面直角坐标系　当测区范围较大时，要建立平面坐标系，就不能忽略地球曲率的影响。为了解决球面与平面这对矛盾，则必须采用地图投影的方法将球面上的大地坐标转换为平面直角坐标。目前我国采用的是高斯 - 克吕格投影，它是由德国数学家、物理学家、天文学家高斯提出，后经德国测量学家克吕格加以补充的一种横轴等角切椭圆柱投影，该投影解决了将椭球面转换为平面的问题。从几何意义上看，就是假设一个椭圆柱横套在地球椭球体外并与椭球面上的某一条子午线相切，这条相切的子午线称为中央子午线。假想在椭球体中心放置一个光源，通过光线将椭球面上一定范围内的物象映射到椭圆柱的内表面上，然后将椭圆柱面沿一条素线剪开并展成平面，即获得投影后的平面图形，如图 2-5 所示。

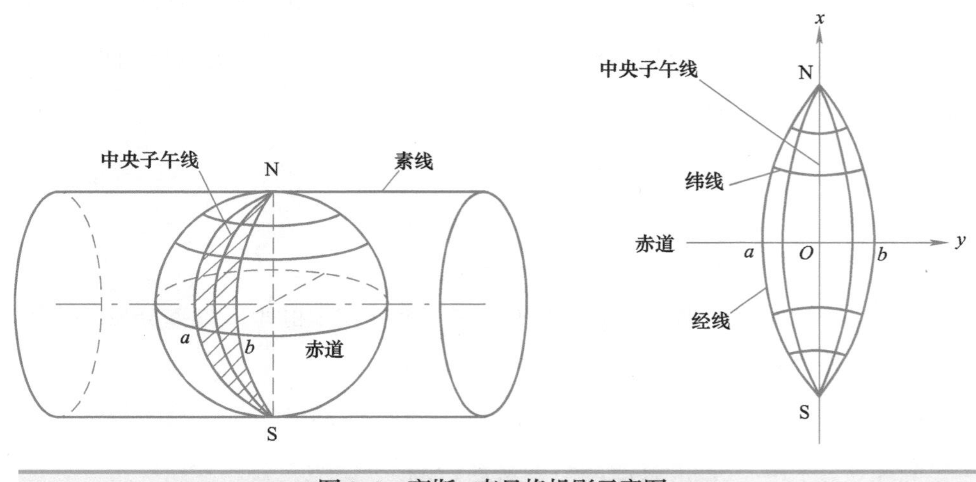

图 2-5　高斯 - 克吕格投影示意图

该投影的经线、纬线图形有以下特点：

1）投影后的中央子午线为直线，无长度变化。其余的经线投影为凹向中央子午线的对称曲线，长度较球面上的相应经线略长。

2）赤道的投影也为一直线，并与中央子午线正交。其余的纬线投影为凸向赤道的对称曲线。

3）经纬线投影后仍然保持相互垂直的关系，说明投影后的角度无变形。

高斯 - 克吕格投影没有角度变形，但有长度变形和面积变形，离中央子午线越远，变形越大。为了对变形加以控制，测量中采用限制投影区域的办法，即将投影区域限制在中央子午线两侧一定的范围内，称为分带投影，如图 2-6 所示。投影带一般分为 6° 带和 3° 带两种，如图 2-7 所示。

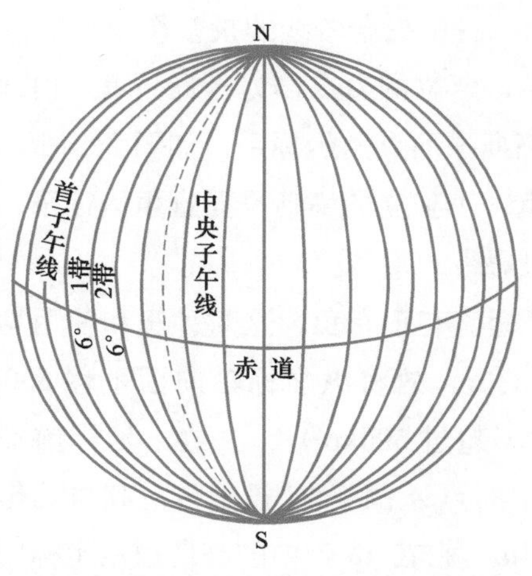

图 2-6　投影分带

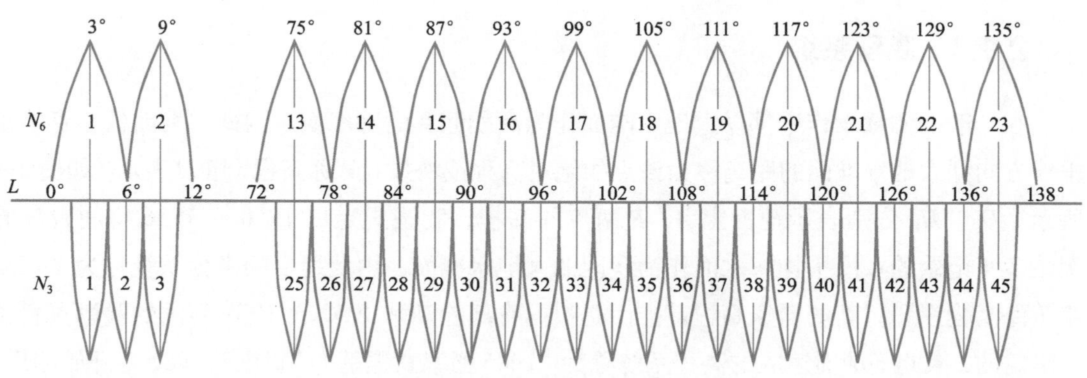

图 2-7　6° 带和 3° 带投影

6° 带投影是从英国格林尼治本初子午线开始，自西向东，每隔经差 6° 分为一带，将地球分成 60 个带，其编号分别为 1，2，…，60。每带的中央子午线经度计算式为

$$L_6=(6n-3)^\circ$$

式中，n 为 6° 带的带号。

6° 带的最大变形在赤道与投影带最外一条经线的交点上，长度变形为 0.14%，面积变形为 0.27%。

3° 带投影是在 6° 带的基础上划分的，每 3° 为 1 带，共 120 带，其中央子午线在奇数带时与 6° 带中央子午线重合，每带的中央子午线经度计算式为

$$L_3=3°\,n'$$

式中，n' 为 3° 带的带号。3° 带的边缘最大变形现缩小为长度变形为 0.04%，面积变形为 0.14%。

我国领土位于东经 72° ～ 136° ，共包括了 11 个 6° 投影带，即 13 ～ 23 带；22 个 3° 投影带，即 24 ～ 45 带。

通过高斯 - 克吕格投影，将中央子午线的投影作为纵坐标轴，用 x 表示，将赤道的投影作为横坐标轴，用 y 表示，两轴的交点作为坐标原点，由此构成的平面直角坐标系称为高斯平面直角坐标系，如图 2-8 所示。对应于每一个投影带，就有一个独立的高斯平面直角坐标系，区分各带坐标系则利用相应投影带的带号。

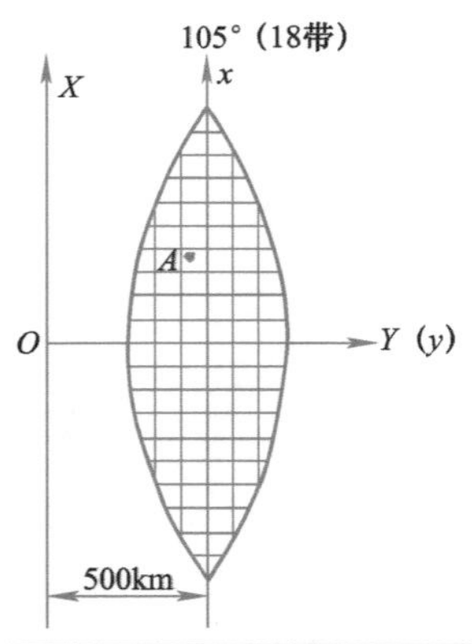

图 2-8　高斯平面直角坐标

在每一投影带内，y 坐标值有正有负，这对计算和使用均不方便，为了使 y 坐标都为正值，故将纵坐标轴向西平移 500km（半个投影带的最大宽度不超过 500km），并在 y 坐标前加上投影带的带号。如图 2-8 中的点 A 位于 18 投影带，其自然坐标为 x=3395451m，y=–82261m，它在 18 带中的高斯通用坐标则为 X=3395451m，Y=18417739m。

2.1.4　高程系统

在一般的测量工作中都以大地水准面作为高程起算的基准面。因此，地面任一点沿铅垂线方向到大地水准面的距离称为该点的绝对高程或海拔，简称高程，用 H 表示。如图 2-9 所示，H_A、H_B 分别表示地面上 A、B 两点的高程。我国规定以 1950 ～ 1956 年间青岛验潮站多年记录的黄海平均海水面作为我国的大地水准面，由此建立的高程系统称为“1956 年黄海高程系”。新的国家高程基准面是根据青岛验潮站 1952 ～ 1979 年间的验潮资料计算确定的，依此基准面建立的高程系统称为“1985 国家高程基准”，并于 1987 年开始启用。

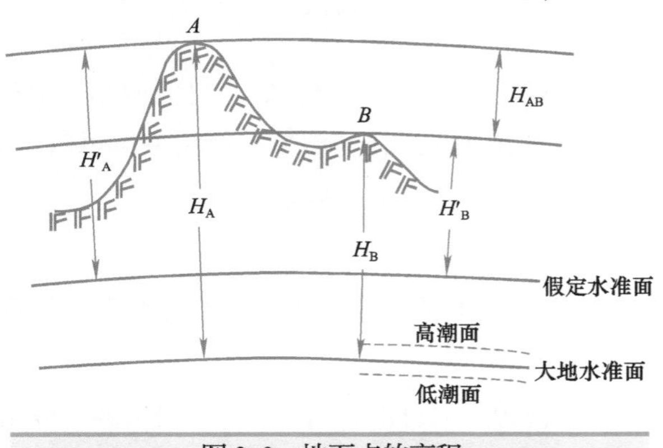

图 2-9　地面点的高程

当测区附近暂没有国家高程点可联测时，也可临时假定一个水准面作为该区的高程起算面。地面点沿铅垂线至假定水准面的距离，称为该点的相对高程或假定高程。如图 2-9 中的 H'_A、H'_B 分别为地面上 A、B 两点的相对高程。

地面上两点之间的高程之差称为高差，用 h 表示，例如，点 A 至点 B 的高差可写为

$$h=H_B-H_A=H'_B-H'_A$$

由上式可知，高差有正有负，并用下标注明其方向。

2.1.5 地形图基本知识

1. 地形图的比例尺

（1）地形图的比例尺　为方便测图和用图，需将实际地物、地貌按一定比例缩绘在图上，故每张地形图是按比例缩小的图，且同一张图内各处比例一致。

地形图比例尺是指图上任意线段长度与实地相应线段的水平长度之比，用分子为 1 的整分数表示，即

$$\text{比例尺}=\frac{d}{D}=\frac{1}{D/d}=\frac{1}{M}$$

式中，M 为比例尺分母。M 越大，比例尺越小。地形图使用的比例尺有如下几种：1:500、1:1000、1:2000、1:5000、1:1 万、1:2.5 万、1:5 万。只有在特殊用途时，方可采用任意比例尺。

国家测绘部门测绘的全国性地形图称为国家基本地形图。工程部门为工程设计和施工所测绘的图称为工程地形图。区分地图、国家基本地形图、工程地形图大、中、小比例尺的方法各异。地图是在 1:5 万国家基本地形图基础上编纂而成的。

（2）地形图比例尺精度　地形图上所表示的地物、地貌细微部分与实施有所不同，其精度与详尽程度受比例尺影响。地形图是经过人眼用绘图工具将测量成果绘于图上。测量有误差，人眼绘图也有误差。人眼最小分辨角为 60″，在明视距离（25cm）内辨别两条平行线间距为 0.1mm，区别两个点的能力为 0.15mm。通常将 0.1mm 称为人眼分辨力。

地形图上 0.1mm 所表示的实地水平长度，称为地形图的比例尺精度。由此可见，不同比例尺的地形图其比例尺精度不同。大比例尺地形图上所绘地物、地貌较小比例尺图上的更精确且详尽。地形图比例尺精度见表 2–1。

表 2–1　地形图比例尺精度

比例尺	1:500	1:1000	1:2000	1:5000	1:10000
比例尺精度 /m	0.05	0.1	0.2	0.5	1

综上所述，地形图比例尺精度与量测的关系有二点：其一，根据地形图比例尺确定实地量测精度，如在 1:500 地形图上测绘地物，量测精度达到 ±5cm 即可；其二，可根据用

图需要表示地物、地貌的详细程度，确定所选用地形图的比例尺，如需测绘能反映量测精度为 ±10cm 的图，应选比例尺为 1:1000 的地形图。同一测区范围的大比例尺测图比小比例尺测图更费工时。

2. 地形图的图幅、图号和图廓

（1）图幅　图的数理词为“幅”，一张地形图称为一幅地形图。图幅指图的幅面大小，即一幅图可测绘地貌、地物的范围。图幅形状有梯形和矩形两种，其确定图幅大小的方法不同。

（2）图名　一般地形图的图名是用本幅图内最大的城镇、村庄、名胜古迹或突出的地物或地貌的名字来表示的。图名写在图幅上方中央，如图 2–10 所示。

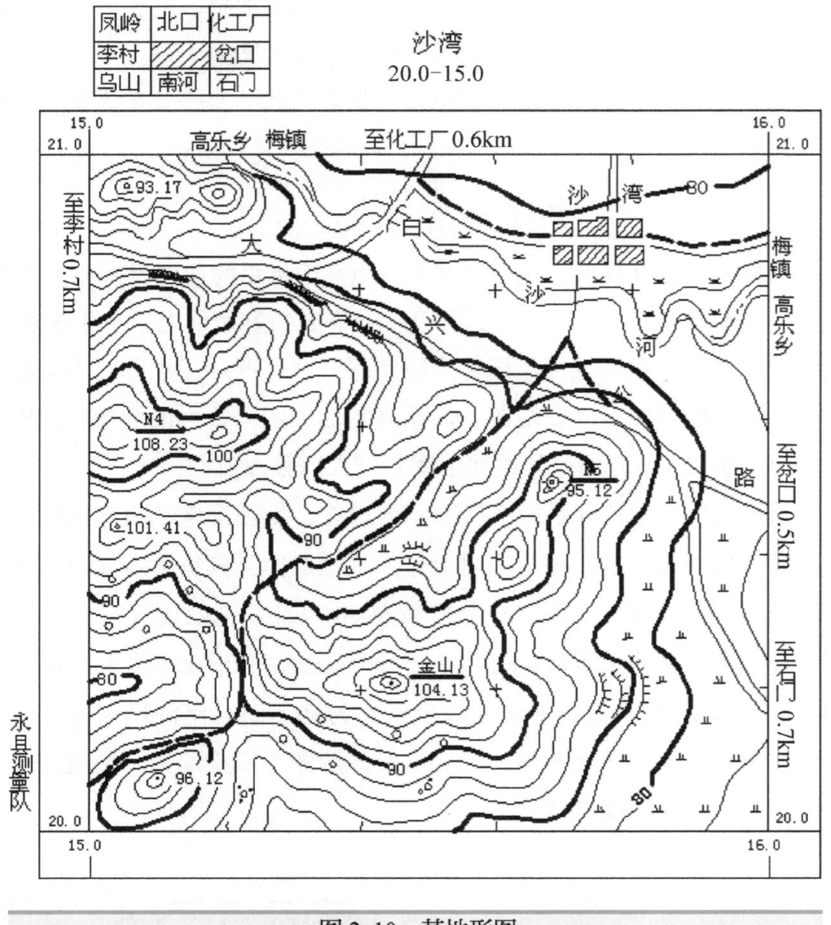

图 2–10　某地形图

（3）图号　在保管、使用地形图时，为使图纸有序存放和便于检索，要将地形图编号，此编号称为地形图图号。图号标注在图幅上方图名之下，如图 2–10 所示。

（4）接图表　接图表是本幅图与相邻图幅之间位置关系的示意图，供查找相邻图幅之用。接图表位于图幅左上方，绘出本幅图与相邻 8 幅图图名，如图 2-10 所示。

（5）图廓　图廓有内、外图廓之分，内图廓线就是测量边界线。内图廓之内绘有 10cm 间隔互相垂直交叉的短线，称为坐标格网。矩形图幅内图廓线也是公里格网线。梯形图幅图廓线是经纬线。因受子午线收敛角影响，经纬线方向与坐标网格方向一致，故在 1:10 万及其以下比例尺地形图图廓内既有公里格网线又有经纬线。大于 1:5 万比例尺地形图上则不绘经纬线，其图廓点坐标用查表方法找出。

外图廓线是一幅图的最外边界线，以粗实线表示。有的地形图在内、外图廓线间尚有一条分图廓线。在外图廓线与内图廓线空白处，与坐标格网线对应地写出坐标值。

除了有接图表、图名、图号、外图廓线外，尚应注明测量所使用的平面坐标系、高程坐标系、比例尺、测绘日期及测绘单位等，如图 2-10 所示。

2.1.6 坐标方位角

由基本方向的指北端起，按顺时针方向量到直线的水平角为该直线的方位角（Azimuth），用 A 表示。所以方位角的定义域为（0°，360°），如图 2-11 中 01、02、03 和 04 的方位角分别为 A_1、A_2、A_3 和 A_4。若标准方向为坐标纵轴方向，那么方位角就称为坐标方位角，用 α 表示。一条直线有正反两个方向，在直线起点量得的直线方向称为直线的正方向，反之在直线终点量得该直线的方向称为直线的反方向。

例如在图 2-12 中，直线由 E 到 F，在起点 E 得直线的方位角为 A_{EF} 或 α_{EF}，而在终点 F 得直线的方位角为 A_{FE} 或 α_{FE}，A_{FE} 或 α_{FE} 是直线 EF 的反方位角。同一直线的正、反方位角的关系为

$$A_{FE} = A_{EF} \pm 180° + \gamma_F$$

式中，γ 为 EF 两点间的子午线收敛角。而正、反坐标方位角的关系为

$$\alpha_{FE}=\alpha_{EF}\pm 180°$$

由以上变换关系可以看出，采用坐标方位角计算最为方便，因此在直线定向中一般均采用坐标方位角。

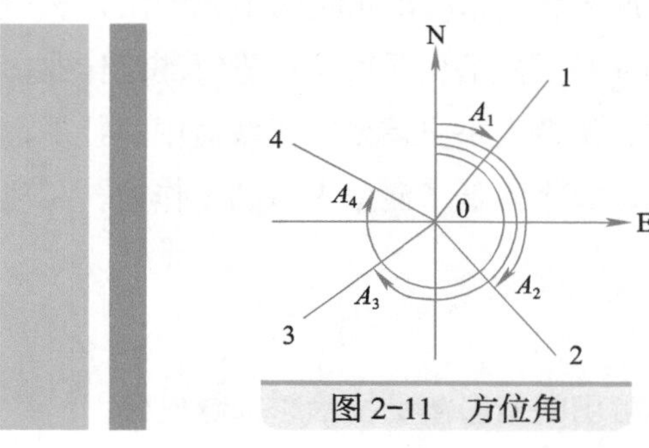

图 2-11　方位角

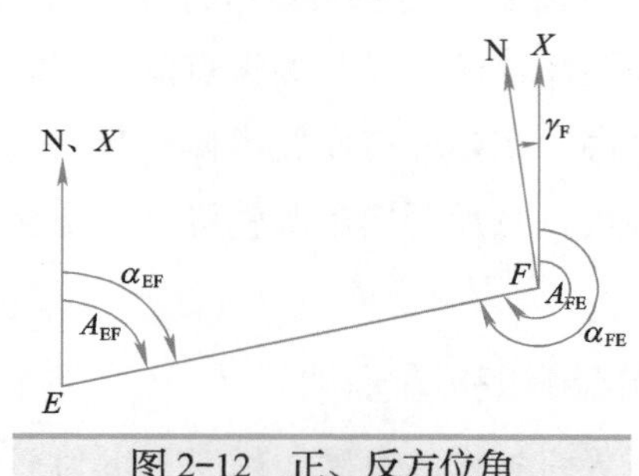

图 2-12　正、反方位角

2.1.7 测图方法简介

测绘地形图的目的是把现势性较好的地形网提供给不同用图对象使用。测绘地形图的方法较多，目前常用的有全站仪数字测图、GNSS-RTK 数字测图和摄影测量和遥感测图。

1．全站仪数字测图

全站仪数字测图是工程大比例尺地形测绘的主要方法，基于全站仪的数字测图系统主要有两种类型。

1）数字测记模式：指全站仪 + 电子手簿或人工记录数据再传输至成图系统中经处理生成数字图、内业成图。

2）电子平板模式：指全站仪 + 便携计算机或个人数据助理，实地成图，实现“所见即所测，所见即所得”。

数字测图系统除了具有基本数据编辑加工、图形分层、符号配置等功能外，有些还具有属性数据录入与挂接、由离散点构建不规则三角网进而生成等高线、影响数据集成与叠加和不同数据格式转换等功能。

采用全站仪全野外采集数据，经数字成图软件编辑成图的方法可靠，成图精度较高，但外业工作量大，数据采集耗时较长，受地面地形、地物影响较大，如在陡崖、植被覆盖好的地段施测困难。

2．GNSS-RTK数字测图

GNSS-RTK 是一种实时动态定位技术，以载波相位观测值为基础，可以实时提供测点的三维定位结果。GNSS-RTK 通常由三部分构成：基准站，主要是双频 GNSS 接收机；流动站，主要是实时差分软件系统以及双频 GNSS 接收机；数据链，主要是 GSM（全球移动通信系统）手机以及数据电台。此方法与全站仪类似，利用 RTK 系统代替全站仪或与全站仪组合使用。

利用 GNSS-RTK 技术进行地形图测绘主要具有以下技术特点：测量结果能够实时动态地显示出来，工作过程较为透明、直观；可以实时查看坐标的定位精度，同时有效地解决以往测绘技术不能快速成图、实时动态放样的问题；外业作业时间短，观测条件适宜的情况下，只需要大约 4s 的时间就可以获得测点的三维坐标；作业时间不受限制，利用 GNSS-RTK 技术测绘时，只要测点能够同时接收到 4 颗卫星的信号就可以进行测绘作业；自动化水平高，GNSS-RTK 技术操作起来较为简便，测量人员只需要将天线对中、整平，测量电线高度，然后开启电源就可以实现自动测量，大大降低了测量人员的工作量，实现了智能化。

3．摄影测量和遥感测图

随着无人机技术的发展，以无人机为平台进行测图的摄影测量技术越来越成熟。

(1) 无人机航空摄影测量的技术原理　在使用无人机航空摄影测量的过程中所涉及的技术原理有以下几方面。

1) 在选取测量工作中所使用的无人机种类时，需要根据实际要求选择最合适的机型。为保证所挑选的无人机在实际作业的过程中顺利运行，工作人员还需要对无人机种类进行收集分析。

2) 在使用无人机航空摄影测量之前，工作人员还需要注意对无人机在拍摄过程中的航线进行设计以保证该设备在实际运行过程中能够顺利工作。工作人员在设计无人机航空拍摄的路线时，需要尽量选取相对简洁的路线，以保证无人机在工作过程中的安全性，还能够减轻一定的工作负担。此外，航线设计好后还要对无人机的性能进行调试。

3) 工作人员还要通过分析像控点的分布情况来对所拍摄资料进行处理分析，如此才能够让低空拍摄的优势得到充分的发挥。

(2) 无人机航空摄影测量在地形图测绘中的应用　工作人员在测量的过程中，借助数字正射影像图（DOM）工艺来对无人机航空摄影拍摄的照片进行采集，还可以对各个阶段模型中的影像样本进行采集，同时还能对这些材料进行处理，纠正因外界因素导致的失真问题，以让所得的影像图更加准确、清晰。

DOM 工艺借助无人机进行低空摄像来采集影像的信息数据，随后再开展一定的定向操作。DOM 工艺可进行的定向操作有内定向、相对定向和绝对定向。在完成定向操作之后，需要对所采集数据信息进行正射纠正并进行影像镶嵌。

在完成上述工作之后，还需要进行检查，才可以形成 DOM 成果。这项工艺在无人机航空影像测量中的重要应用是控制测量的像片，并借助这个工艺将影像资料和信息资料有机结合在一起，随后根据测量的结果和在空中由三角测量确定的地面地形情况来分析测量区域的特点，最后根据分析得到的地域特点来处理、反馈相应的信息。除此之外，相关工作人员要对摄影的基本控制点进行选择，以保证所选择控制点位置的准确性和明确性，才能够减少失误，否则可能会给地形测量工作带来一定的不良影响，使测量工作的质量得不到保证。

综上所述，在地形图测绘工作中应用无人机航空摄影技术可以有效提高工作质量。此外，由于无人机航空摄影技术操作起来较为简便，且在应用过程中的安全系数较高，很多工作人员在开展地形图测绘工作时会优先考虑使用该项技术。

2.2 遥感基础知识

2.2.1 遥感概述

遥感，顾名思义，就是遥远的感知。人类通过大量的实践，发现地球上每一个物体都在不停地吸收、发射和反射信息和能量，其中有一种人类已经认识到的形式——电磁波；

并且发现不同物体的电磁波特性是不同的。遥感就是根据这个原理来探测物体反射和自身发射的电磁波，从而提取物体信息，完成远距离识别物体。下面主要介绍什么是遥感，遥感数据获取的基本过程，以及遥感的分类等基础知识。

1. 遥感和电磁波

（1）遥感的定义　遥感（Remote Sensing，RS）是不接触被探测的目标，利用传感器获取目标数据，通过对数据进行分析，获取被探测目标、区域和现象的有用信息。广义上的遥感是指在不直接接触的情况下，对目标物或自然现象远距离感知的一种探测技术；狭义上的遥感是指在高空和外层空间的各种平台上，应用各种传感器（摄影仪、扫描仪和雷达等）获取地表的信息，通过数据的传输和处理，研究地面物体形状、大小、位置、性质及其环境的相互关系的一门现代化应用基础学科。

遥感获取的目标数据一般是指传感器探测得到的物体辐射、反射的电磁波。电磁波是电磁场的一种运动形态。电与磁可以说是一体两面，变化的电场和变化的磁场构成了一个不可分离的统一的场，这就是电磁场。变化的电磁场在空间的传播形成了电磁波。

（2）电磁波的特性

1）电磁波的传播方向垂直于电场与磁场构成的平面，故为横波，如图 2-13 所示。

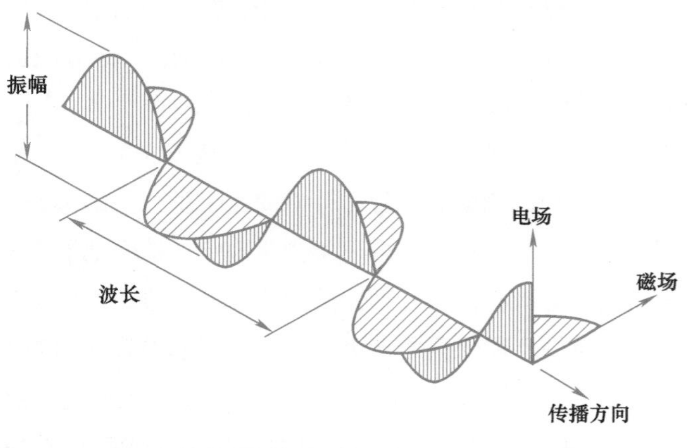

图 2-13　电磁波示意图

2）在真空中传播的电磁波，其速度等于光速 c（3×10^{8}m/s）。电磁波的波长与频率成反比，波长越长，频率越低；反之，频率越高，波长越短，其乘积是一个常数，即光速。

3）电磁波在波动中传递能量，其能量 E 与频率 f 成正比，系数为普朗克常量 h（6.62607015×10^{-34}J・s），即电磁波频率越高，波长越短，能量越大。

4）电磁波具有波粒二象性的特征，波长越长，频率越低，波动性越显著；反之，波长越短，频率越高，粒子性越显著。

γ 射线、X 射线、紫外线、可见光、红外线、微波、无线电波都是电磁波，将这些电磁波按照波长、频率、波数、能量的大小顺序进行排列，形成了电磁波谱。电磁波谱构成见表 2-2。

表 2-2 电磁波谱构成

波段名称	波长范围	
γ 射线	小于 0.01nm	
X 射线	0.01 ～ 10nm	
紫外线	10μm ～ 0.38μm	
可见光	紫	0.38 ～ 0.43μm
	蓝	0.43 ～ 0.47μm
	青	0.47 ～ 0.50μm
	绿	0.50 ～ 0.56μm
	黄	0.56 ～ 0.59μm
	橙	0.59 ～ 0.62μm
	红	0.62 ～ 0.76μm
红外线	近红外	0.76 ～ 3.0μm
	中红外	3.0 ～ 6.0μm
	远红外	6.0 ～ 15.0μm
	超远红外	15 ～ 1000μm
微波	1mm ～ 1m	
无线电波	大于 1m	

2．太阳辐射及大气对太阳辐射的影响

（1）太阳辐射　太阳是太阳系的中心天体，受太阳影响的范围是直径大约为 120 亿 km 的广阔空间。地球上的能源主要来自太阳。太阳常数是描述太阳辐射能流密度的一个物理量，它指在平均日地距离处，太阳在单位时间内投射到地球大气顶外垂直于射线方向的单位面积上的全部辐射能。太阳常数的数值为 $1.36\times10^3 W/m^2$。可以认为太阳常数是在大气顶端接受的太阳能量。长期观测表明，太阳常数的变化不会超过 1%，由太阳常数和已知的日地距离很容易计算得到太阳的总辐射通量为 $3.826\times10^{36} W$。

太阳辐射的光谱是连续光谱，图 2-14 所示为太阳辐照度分布曲线。由于光球层将太阳内部的高温辐射全部吸收（即吸收率 $a=1$），所以光球层的辐射特性与绝对黑体的辐射特性相一致。由太阳辐射能量的百分比（表 2-3）可知，太阳辐射的大部分能量集中于近

紫外线 - 中红外区内，并且以可见光和近红外为主。对于遥感，主要利用可见光、红外线等相对比较稳定的辐射，它也成为被动遥感最主要的辐射源。

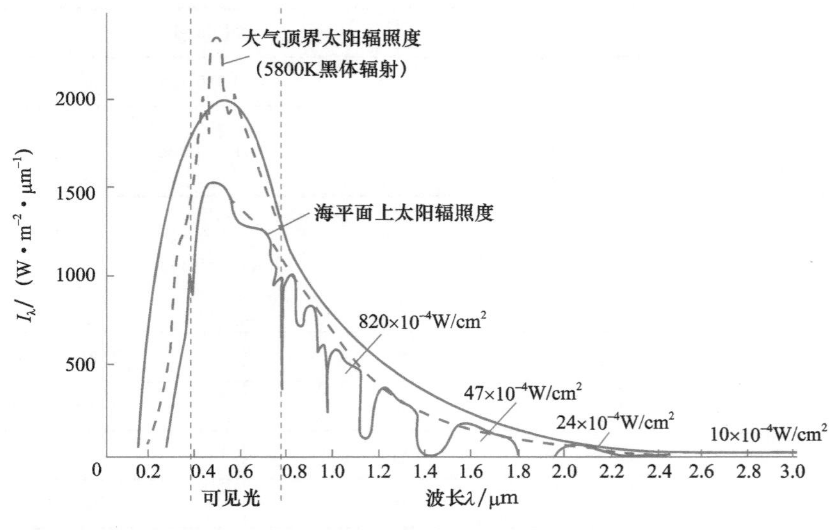

图 2-14 太阳辐照度分布曲线

表 2-3 太阳辐射能量的百分比

波段	百分比（%）
X 射线、γ 射线	0.02
远紫外线	
中紫外线	1.95
近紫外线	5.32
可见光	43.50
近红外	36.80
中红外	12.00
远红外	0.41
微波	

（2）大气对太阳辐射的影响　太阳辐射通过地球大气层照射到地面，经过地面物体反射，再经过大气到达传感器。此过程中受到大气的影响，使得传感器探测到的辐射强度与太阳辐射到地球大气上层的辐射强度相比，已有了很大的变化。由图 2-14 可知，海平面处的太阳辐照度曲线与大气层外的曲线有很大不同，这就是大气对太阳辐射的影响造成的。大气组成成分对太阳辐射的吸收作用和大气的散射作用，会大大削弱太阳辐射，图 2-14 中那些减少最多的区间也是大气吸收作用最强的波段。吸收太阳辐射的大气成分主要有 N_2、O_2、O_3、CO_2、H_2O 等，见表 2-4。

表 2-4 大气对太阳辐射的主要吸收作用

吸收分子	主要吸收带
N_2、O_2	小于 0.24μm 几乎全部吸收、0.6μm 和 0.76μm 可见光窄吸收带
O_3	0.2 ～ 0.32μm 紫外线强吸收带、9.6μm 红外线吸收带
CO_2	2.8μm、4.3μm、14.5μm 红外线吸收带
H_2O	2.5 ～ 3.0μm、5 ～ 7μm、大于 24μm 几乎全部吸收，0.94mm、1.63mm、1.35cm 微波吸收带

太阳辐射在传播过程中遇到小微粒使传播方向改变，并向各个方向散开的现象称为散射。根据遥感数据获取过程可知，太阳辐射二次通过大气，其中散射朝向传感器方向的部分，将增加反射的辐射能量；散射朝向地物方向的部分，散射光将混入反射光进而进入传感器。整个过程增加了传感器接收信号中的噪声成分，导致遥感图像质量下降。大气散射分为三种类型：

1）瑞利散射：当大气中粒子的直径比波长小得多时发生的散射。引起瑞利散射的粒子主要为大气中的原子和分子，如 N_2、CO_2、O_3 和 O_2 等。瑞利散射的散射强度与波长的四次方成反比，即波长越短，散射越强。其对太阳辐射可见光的影响比较大，当太阳辐射垂直穿过大气层时，可见光波段损失的能量可达 10%。

2）米氏散射：当大气中粒子的直径与辐射的波长相当时发生的散射。引起米氏散射的粒子主要为大气中的微粒，如烟、尘埃、小水滴及气溶胶等。米氏散射的散射强度与波长的二次方成反比，具有一定的方向性，前方光线强于后方。云雾粒子大小与红外线（0.76 ～ 15μm）的波长接近，所以云雾对红外线的散射主要是米氏散射。

3）无选择性散射：当大气粒子的直径比波长大得多时发生的散射。引起无选择性散射的粒子主要为大气中的云、雾等。无选择性散射的散射强度与波长无关，任何波长的散射强度都相同。云雾粒子相比可见光波段大很多，因而对可见光中各个波长的光散射强度相同，所以人们看到云雾呈白色。

值得注意的是，对于微波，其波长相比大气中各种粒子的直径都大得多，因而以瑞利散射为主，其散射强度与波长的四次方成反比，波长长，散射强度小，所以微波在各波段中具有最小的散射、最大的透射。

此外，大气的反射作用主要发生在云层顶部，各波段均受到不同程度的影响，削弱了电磁波到达地面的强度。因此，应尽量选择无云的天气接收遥感信号。

（3）大气窗口　通常把电磁波通过大气层时较少被反射、吸收或散射，透过率较高的波段称为大气窗口。大气窗口包含的光谱段有：

1）0.3 ～ 1.155μm，包括部分紫外线、全部可见光和部分近红外，透过率为 70% ～ 95%。这一波段是摄影成像的最佳波段，也是许多卫星遥感器扫描成像的常用波段。

2）1.4 ～ 1.9μm 和 2.0 ～ 2.5μm，属于近红外窗口，透过率为 60% ～ 95%，其中 1.55 ～ 1.75μm 透过率较高，适用于探测植物含水量以及云、雪或用于地质制图等。

3）3.5 ～ 5.0μm，属于中红外窗口，透过率为 60% ～ 70%。该波段物体的热辐射较强。这一区间除了地面物体反射太阳辐射外，地面物体自身也有长波辐射，可用于探测海面温度，获得昼夜云图。

4）8.0 ～ 14.0μm，属于热红外窗口，透过率约为 80%，主要来自物体热辐射的能量，适用于夜间成像，测量探测目标地物温度。

5）0.8 ～ 2.5cm，属于微波波段，由于微波穿透能力强，可以全天候观测，是一种主动遥感方式，如侧视雷达。

为了利用地面目标反射或辐射的电磁波信息成像，遥感中对地物特性进行探测的电磁波“通道”应选择在大气窗口内。对于一些特殊的应用，特意选择非透明波段，如一些气象卫星选择在 H_2O、CO_2、O_3 的吸收区，用于测量它们的含量及温度分布等。

3．典型地物的反射波谱特征

太阳辐射到达地表后，与地物发生相互作用，辐射能量会被地物反射、吸收和透射。绝大多数物体对可见光都不具备透射能力，地表反射的太阳辐射成为遥感记录的主要辐射能量。地物表面性状决定着地物的反射类型和反射能量的大小，反射大体上可以分为 3 种类型，分别为镜面反射、漫反射和方向反射，如图 2-15 所示。

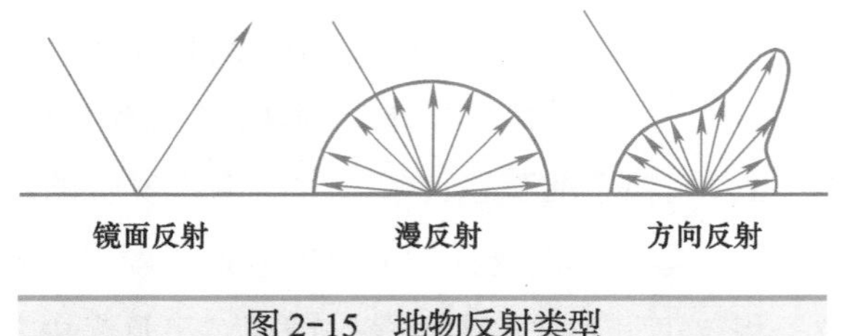

图 2-15　地物反射类型

（1）镜面反射　发生在光滑物体表面，物体反射满足反射定律，反射波和入射波在同一平面内，入射角等于反射角，只有在反射波射出的方向才能探测到电磁波。例如平静的水面近似于镜面反射，在遥感图像上水面有时亮、有时暗。

（2）漫反射　发生在非常粗糙的表面，不论入射方向如何，其反射的能量在各个方向上都是一致的。当入射辐照度一定时，从任何角度观察反射面，其反射辐射亮度值都是一个常数，也将这种反射面称为郎伯面，自然界中几乎没有真正的郎伯面。

（3）方向反射　介于镜面反射和漫反射之间，各个方向都有反射能量，但大小不同。自然界绝大多数地物都属于这种类型的反射。

物体反射的辐射能量占总辐射能量的百分比称为反射率。不同物体的反射率不同，常利用反射率判断物体的性质。反射波谱是某物体的反射率（或反射辐射能）随波长变化的规律，以波长为横坐标，反射率为纵坐标所得的曲线称为该物体的反射波谱特征曲线。下面介绍几种典型地物的反射波谱特征。

1）植被的反射波谱特征。由于植物均要进行光合作用，所以各类绿色植物具有很相似的反射波谱特征。图 2-16 所示为健康绿色植被反射波谱特征曲线，由于叶绿素吸收作用的影响，在可见光波段 0.55μm（绿光）附近有反射率为 10% ～ 20% 的一个波峰，0.45μm（蓝光）和 0.67μm（红光）则有两个吸收带；由于植被叶片细胞结构的影响，在近红外波段 0.8 ～ 1.01μm 有一个反射的陡坡，至 1.1μm 附近有一峰值，形成植被的独有特征；中红外波段（1.3 ～ 2.5μm）受到绿色植被含水量的影响，吸收率大增，反射率下降，形成了以 1.45μm、1.95μm 和 2.7μm 为中心的吸收低谷。

2）土壤的反射波谱特征。自然状态下土壤表面的反射率没有明显的峰值和谷值，如图 2-17 所示，反射波谱特征曲线较平滑。一般来讲，土壤的光谱特征曲线与土壤特性有关，如土壤质地越细，反射率越高；有机质含量越高，反射率越低；土壤含水量越高，反射率越低。在水的各个吸收带，反射率下降尤为明显。

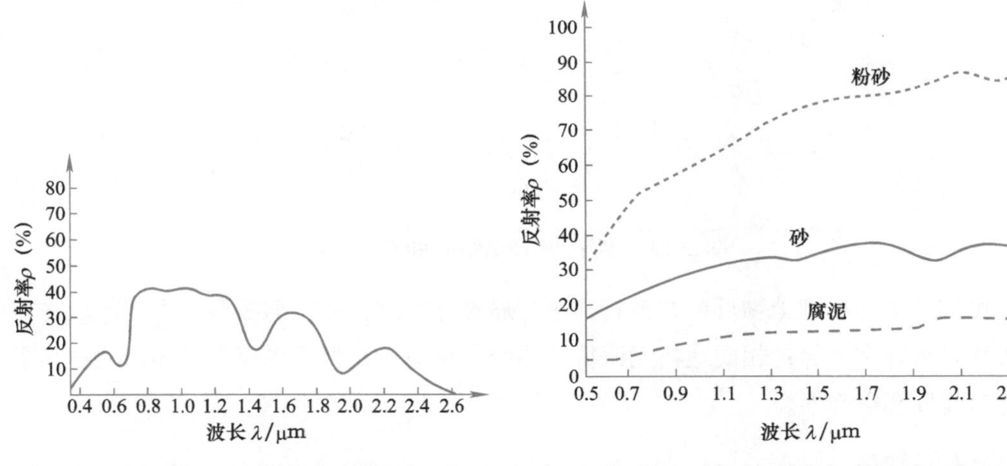

图 2-16 健康绿色植被反射波谱特征曲线

图 2-17 土壤反射波谱特征曲线

3）水体的反射波谱特征。水反射主要在蓝光、绿光波段，其他波段吸收率很强，特别在近红外、中红外波段有很强的吸收带，反射率几乎为零，如图 2-18 所示。因此，在遥感中常用近红外波段确定水体的位置和轮廓。但当水中含有其他物质时，反射光谱曲线会发生变化，如水含泥沙时，由于泥沙的散射作用，可见光波段反射率会增加，峰值出现在黄光、红光波段；如水中含有叶绿素时，近红外波段明显抬高，这些都是非常重要的分析依据。

4）岩石的反射波谱特征。岩石的反射波谱特征曲线无统一的特征，如图 2-19 所示，其反射波谱主要由矿物成分、矿物含量、物质结构、风化程度、含水状况、矿物颗粒大小、表面光滑程度、岩石色泽等决定。

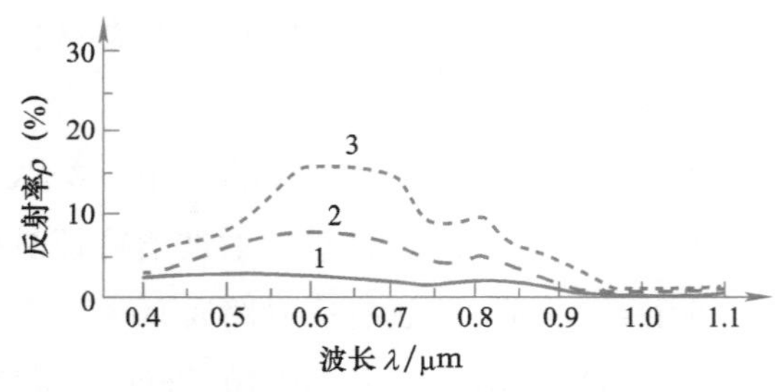

图 2-18 水体反射波谱特征曲线

1—湖水（泥沙含量 47.9mg/L） 2—长江水（泥沙含量 92.5mg/L） 3—黄河水（泥沙含量 960mg/L）

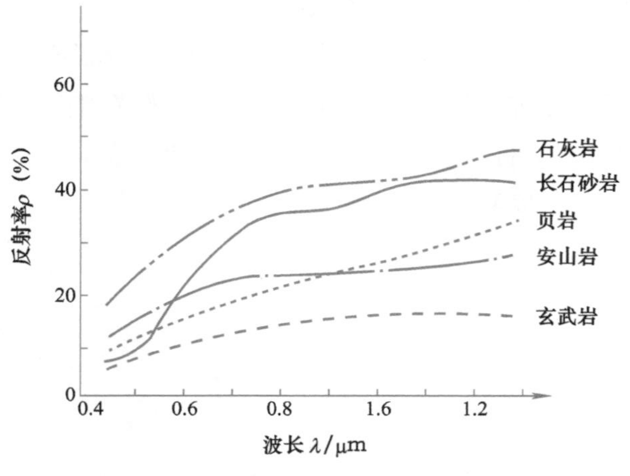

图 2-19 岩石反射波谱特征曲线

综上可知，参考典型地物反射波谱特征进行遥感分析时，应特别注意：不同的地物在不同波段反射率存在差异；相同地物光谱特征曲线有相似性，但是也存在差异；地物光谱特征具有时间性和空间性。

4．遥感的分类

（1）按平台高度分　按平台高度大致可以分为航空、航天与地面遥感。这里地面遥感是基础性和服务性的，如收集地物波谱，为航空航天传感器定标，验证航天航空性能及结果等。平台高度包括手持（约 1m）、观测架（1.5 ～ 2m）、遥感车（10 ～ 20m）、观测塔（30 ～ 350m）等。航空遥感平台的高度从数百米、数千米、20km（高空侦察机）到 35km（高空气球）。航天平台高度从低轨（<500km）、极轨（保持与太阳同步，随重复周期轨道高度可变，一般在 700 ～ 900km）到静止卫星轨道（与地面自转同步，高度约 3.6 万 km），再到 L-1 轨道（此处太阳与地球对卫星引力平衡，离地约 150 万 km）。

（2）按遥感波段分　按遥感使用的波段可分为光学与微波遥感。这里光学包括波长小于热红外（10μm 左右）的电磁波。由于波长小于数十米，可以认为地面物体的特征远大于波长，因而可以忽略衍射，用几何光学处理光与地表的相互作用。微波波长可以从亚毫米到米，此时衍射、干涉和极化已很难忽略，因此与光学遥感在成像机理和仪器制造上差别较大。

（3）按成像信号能量来源分　按成像信号能量来源，遥感可分为被动式与主动式遥感两种。被动式遥感又可分为反射式（反射太阳光）与发射式（遥感目标本身的辐射）遥感两种，而主动式遥感又可分为反射式（反射“闪光灯”的照射）与受激发射遥感两种。

（4）按应用分　按应用来分类是一个多维的分类问题。从空间尺度分类，有全球遥感、区域遥感、局地遥感（如城市遥感）；从地表类型分类，有海洋遥感、陆地遥感、大气遥感；从行业分类，有环境遥感、农业遥感、林业遥感、水文遥感、地质遥感等。

2.2.2　遥感图像预处理

为了满足特定的图像分类、反演分析和遥感制图的需要，需要对传感器获取的栅格数据图像进行必要的处理，包括辐射校正、几何校正、图像增强、融合、镶嵌和裁剪等。本小节在介绍遥感图像的属性和特征的基础上，阐述了遥感图像预处理的主要环节及方法。

1．遥感图像属性与特征

遥感图像是一种栅格图像，栅格数据是将空间分割成有规律的网格，每一个网格称为一个单元，并在各单元上赋予相应的属性值来表示实体的一种数据形式。遥感图像每一单元（像元）的值即为传感器接收到的辐射亮度值。遥感图像是各种传感器所获信息的产物，具有多个维度（空间、光谱、辐射和时间）的特征。

（1）空间分辨力　它指图像上能够详细区分的最小单元的尺寸或大小。尺寸越小，图像表达地物细节信息的能力越强，分辨力越高。空间分辨力是评价传感器性能和遥感信息的重要指标之一，也是识别地物形状大小的重要依据。

（2）光谱分辨力　它指遥感器接收目标辐射时能分辨的最小波长间隔。间隔越小，分辨力越高，专题研究的针对性越强，对物体的识别精度越高，遥感应用分析的效果也就越好，有利于提高识别和提取信息特征的概率和精度。

（3）辐射分辨力　它指探测器的灵敏度——传感器感测元件在接收光谱信号时能分辨的最小辐射度差，或指对两个不同辐射源的辐射量的分辨能力，一般用灰度的分级数来表示，即最暗—最亮灰度值（亮度值）间分级的数目，即量化级数。它对于目标识别是一个很有意义的特征。

（4）时间分辨力　它指对同一目标进行重复探测时，相邻两次探测的时间间隔。遥感探测器按一定的时间周期重复采集数据，这种重复周期又称回归周期。它是关于遥感影像间隔时间的一项性能指标，能提供地物动态变化的信息，可用来对地物的变化进行监测，也可以为某些专题要素的精确分类提供附加信息。

2．遥感图像辐射校正

由于传感器自身误差和大气对辐射的影响，使得传感器实际获得图像的灰度与目标物的反射率或辐射亮度等物理量不一致，存在失真的情况。消除图像数据中依附在辐射亮度中的各种失真的过程称为辐射校正。

一方面，对于传感器自身误差带来的失真，通常采用以下定标方法进行校正。

1）实验室定标：在传感器发射之前对其进行波长位置、辐射精度、空间定位等的定标，将仪器的输出值转换为辐射值。有的仪器内有内定标系统。但是在仪器运行之后，还需要定期定标，以监测仪器性能的变化，相应调整定标参数。

2）辐射定标：绝对定标——通过各种标准辐射源，在不同波谱段建立成像光谱仪入瞳处的光谱辐射亮度值与成像光谱仪输出的数字量化值之间的定量关系；相对定标——确定场景中各像元之间、各探测器之间、各波谱之间以及不同时间测得的辐射量的相对值。

3）机上和星上定标：机上定标用来经常性地检查飞行中的传感器定标情况，一般采用内定标方法，即辐射定标源、定标光学系统都在飞行器上。在大气层外，太阳的辐照度可以认为是一个常数，因此也可以选择太阳作为基准光源，通过太阳定标系统对星载成像光谱仪器进行绝对定标。

4）场地定标：场地定标是指传感器处于正常运行条件下，选择辐射定标场地，通过地面同步测量对传感器进行定标。场地定标可以实现全孔径、全视场、全动态范围的定标，并考虑了大气传输和环境的影响。

另一方面，对于大气影响引起的失真，可以采用基于大气传输模型的绝对大气校正方法和基于波段特征的相对大气校正方法来校正。绝对大气校正方法采用的参数模型是对现实的抽象，一个逼真的模型可能非常复杂，包含大量的变量，例如6s模型、Mortran模型等。相对大气校正方法是指通过波段运算实现大气校正的方法，例如最小值去除法。图像中如山地的阴影、深海水体等地物的反射率极低，接近零。但图像实测结果显示，这些位置的像元亮度不为零，这时这个值就应该是大气散射导致的辐射度值。通常情况下，红外线波段受散射影响较小，可能接近于零值。

3．遥感图像几何校正

几何校正指通过一系列的数学模型来改正和消除遥感影像成像时因摄影材料变形、物镜畸变、大气折光、地球曲率、地球自转、地形起伏等因素导致的原始图像上各地物的几何位置、形状、尺寸、方位等特征与在参照系统中的表达要求不一致时产生的变形。几何校正分为几何粗校正和几何精校正。

几何粗校正主要校正系统畸变，这种畸变按照比较简单和相对固定的几何关系分布在图像中，校正时只需将传感器原校准数据、遥感平台的位置以及卫星运行姿态等一系列测量数据代入理论校正公式即可。

几何精校正是利用控制点进行的几何校正，是用一种数学模型来近似描述遥感图像的几何畸变过程，并利用畸变的遥感图像与标准地图之间的一些对应点【即控制点（GCP）】

求得几何畸变模型，然后利用此模型进行几何畸变校正。这种校正不考虑畸变的具体形成原因，只考虑如何利用畸变模型来校正遥感图像。几何精校正的步骤如下：

1）选择控制点：在遥感图像和地形图上分别选择同名控制点，以建立图像与地图之间的投影关系，这些控制点应该选在能明显定位的地方，如河流交叉点等。

2）建立整体映射函数：根据图像的几何畸变性质及地面控制点的多少来确定几何校正数学模型，建立起图像与地图之间的空间变换关系，如多项式方法、仿射变换方法等。

3）重采样内插：为了使校正后的输出图像像元与输入的未校正图像相对应，根据确定的校正公式，对输入图像的数据重新排列。在重采样中，由于所计算的对应位置的坐标不是整数值，必须通过对周围的像元值进行内插来求出新的像元值。常用的重采样内插方法有最邻近像元法、双线性内插法和三次卷积法。

4．遥感图像增强

将原来不清楚的图像变清晰或将原来不够突出的特定图像信息和特征显现出来的图像处理方法称为图像增强。分析遥感图像时，为了使分析者能容易、确切地识别图像内容，提高图像可判读性，要对图像数据进行加工处理。图像校正是消除伴随观测而产生的误差与畸变，使遥感观测数据更接近于真实值；而图像增强则把重点放在使分析者能从视觉上便于识别图像内容。图像增强方法有空间域增强、辐射增强、光谱增强、傅里叶变换等。

5．遥感图像镶嵌和裁剪

遥感图像镶嵌是将两幅或多幅遥感图像（这些图像可能是在不同的成像条件下获取的）拼接在一起构成一幅整体图像的过程。这个过程通常要对每幅图像进行几何纠正，并将它们划归到统一的坐标系中，然后把多幅图像镶嵌在一起，消除色彩差异后，形成一幅宽幅的图像。其主要过程如下：

1）图像定位，即指相邻图像间的几何配准。其目的是为了确定图像的重叠区，重叠区确定的准确程度直接影响图像镶嵌的效果。

2）色彩平衡。不同时相或成像条件存在差异，或传感器的随机误差导致要镶嵌的图像亮度差异较大，从而影响应用的效果，因此必须进行色调调整，包括图像内部的色彩平衡以及图像间的色彩平衡。

3）接缝线处理。在镶嵌过程中，即使对两幅图像进行了色调调整，但两幅图像接缝处的色调也不可能完全一致，为此还需对图像的重叠区进行色调的平滑处理，以消除拼接缝。

在实际工作中，经常需要根据研究工作范围对图像进行分幅裁剪，通常将图像分幅裁剪分为规则分幅裁剪和不规则分幅裁剪两种类型。其中规则分幅裁剪是指裁剪图像的边界范围是一个矩形，通过左上角和右下角的坐标，就可以确定图像的裁剪位置，整个裁剪过程比较简单。不规则分幅裁剪是指裁剪图像的边界范围是任意多边形，无法通过左上角和右下角的坐标确定裁剪位置，必须事先生成一个完整的闭合多边形区域。

2.2.3 遥感图像融合

图像融合是将低分辨力的多光谱图像或高光谱数据与高空间分辨力的单波段图像重新采样，生成一幅高分辨力多光谱遥感图像，融合后图像既有较高的空间分辨力，又具有多光谱特征。图像融合的前提是融合前两幅图像需进行精准配准。

1．融合前预处理

为达到具体的应用目的，待处理的数据除了基本的多源遥感图像外，通常还包括一些非遥感数据，如数字地图、地面物化参数分布等。考虑到数据采集条件的影响，以及数据在属性、空间和时间上的不同，多源遥感图像不能直接融合，必须进行辐射校正、几何配准等预处理。

特别是在扫描方式的光电成像类型传感器中，传感器将在每个波段探测到的电磁能量经光电转换系统转化为电子信号，然后按比例量化成为离散的灰度级别，仅在图像中具有相对大小的意义，没有物理意义。同一地区不同日期、不同传感器的图像存在偏差，需要进行传感器辐射定标，转化为相同物理量后再进行融合。

此外，图像融合要求多源图像间的相同地物空间几何位置相吻合，即需要进行几何配准。几何配准一般是以多源图像中的一幅图像作为参考图像，其他图像与之匹配，通过几何变换将多源遥感图像重叠在一起，使其输出图像的坐标与参考基准图像的坐标系一致。配准流程如下：首先对两幅图像进行特征提取得到特征点；通过进行相似性度量找到匹配的特征点对；然后通过匹配的特征点对得到图像空间坐标变换参数；最后由坐标变换参数进行图像配准。

值得注意的是，进行图像配准时，除了重新安排像元的位置，还要计算配准后重新分布的像元亮度值。若参与配准的遥感图像空间分辨力不等，则需要兼顾实际需求和图像数据量的大小来确定配准后的图像空间分辨力。

2．常用融合方法

图像融合不仅是数据间的简单复合，而且强调信息的优化，以突出有用的专题信息，消除或抑制无关的信息，改善目标识别的图像环境，从而增加解译的可靠性，减少模糊性，改善分类，扩大应用范围和效果。从数据源角度，可将遥感图像融合分为多传感器融合和多时相融合，多时相融合是将同一传感器获得的不同时相的数据进行融合，该方法多用于检测地物的变化情况。下面以不同传感器图像融合为例，介绍常见融合方法。

(1) 基于 IHS 变换的融合　IHS 变换是一种图像显示增强和信息综合的方法，即将低分辨力的多光谱图像分离出代表空间信息的明度 I、代表光谱信息的色调 H 和代表饱和度的 S 3 个分量，利用其高空间分辨力的全色波段代替 RGB 图像变换的 I 分量，然后进行 IHS 的逆变换，完成融合过程。融合后的图像具有较高的空间分辨力，同时又保持了原低分辨力多光谱图像相同的色度和饱和度。

由于不同波段的数据具有不同的光谱特性曲线，而 IHS 融合方法扭曲了原始的光谱特性，产生了不同程度的光谱退化现象。IHS 融合可以提高融合图像的纹理特征，但光谱信息有一定的损失；同时这种方法只能对 3 个波段进行融合。

（2）Brovey 融合　Brovey 融合也称为色彩标准化（Color Normalization）融合，是由美国科学家 Brovey 建立的模型并将其推广的，是目前应用广泛的一种 RGB 彩色融合变换方法。其定义公式为

$$\begin{bmatrix} R_{\text{new}} \\ G_{\text{new}} \\ B_{\text{new}} \end{bmatrix} = \frac{Pan}{I_0} \begin{bmatrix} R_0 \\ G_0 \\ B_0 \end{bmatrix}$$

式中，Pan 表示调整大小后的全色图像的对应值，I_0、R_0、G_0、B_0 分别表示调整大小后的多光谱图像的对应值，R_{new}、G_{new}、B_{new} 分别表示融合后的多光谱图像的对应值。

该方法能够保留每个像素的相关光谱特性，并且将所有的亮度信息变换成高分辨力的全色图像融合。然而，由于 Brovey 图像融合对图像的要求比较高，融合前必须预先进行相关预处理和噪声滤波处理，以便减少数据冗余和非光谱信息。此外，Brovey 融合会导致光谱信息的失真。

（3）基于主成分分析（PCA）的融合　主成分变换是在图像统计特征基础上的线性变换，有方差信息浓缩、数据量压缩的特点，可以表示多波段数据结构内部的遥感信息。其融合过程如下：首先，对多光谱图像进行 PCA 变换；然后，对高分辨力全色图像进行对比度拉伸，使之与多光谱图像第一主成分分量具有相同的均值和方差；最后，用拉伸后的图像替换第一主成分，通过 PCA 逆变换返回至光谱空间，得到融合结果。

该方法克服了基于IHS变换融合方法只能同时对3个波段多光谱图像进行融合的局限，可以融合多个多光谱波段，在保持多光谱特性的能力上也较强。

（4）Gram-Schmidt 融合方法　Gram-Schmidt 融合是线性代数和多元统计中常见的方法，它通过对矩阵或多维图像进行正交化，从而消除冗余信息。它与主成分变换的区别在于：主成分变换的第一分量包含信息最多，而后面的分量信息含量逐渐减少；但 Gram-Schmidt 融合产生的各分量只是正交，各分量信息量没有明显的区别。图 2-20 所示是其融合流程。

该方法的特点有：

1）一次处理的波段数没有限制，可以有多个。

2）高空间分辨力多光谱图像结果保持了低空间分辨力光谱特性，同时信息失真又小。

3）存在部分不同地物的光谱相互关系发生变化的问题，且计算时间较长。

（5）基于小波分析的融合方法　基于小波分析的融合方法是 Mallat 于 20 世纪 80 年代

末提出的小波分析的快速分解和重构快速算法。在图像数据融合中，小波变换可将图像分解为更低分辨力的近似低频图像和高频细节图像，同时由于小波变换的多分辨力特性，不同尺度的空间特征也可以进行分离，因此小波变换可以用于不同传感器间多分辨力图像的融合。

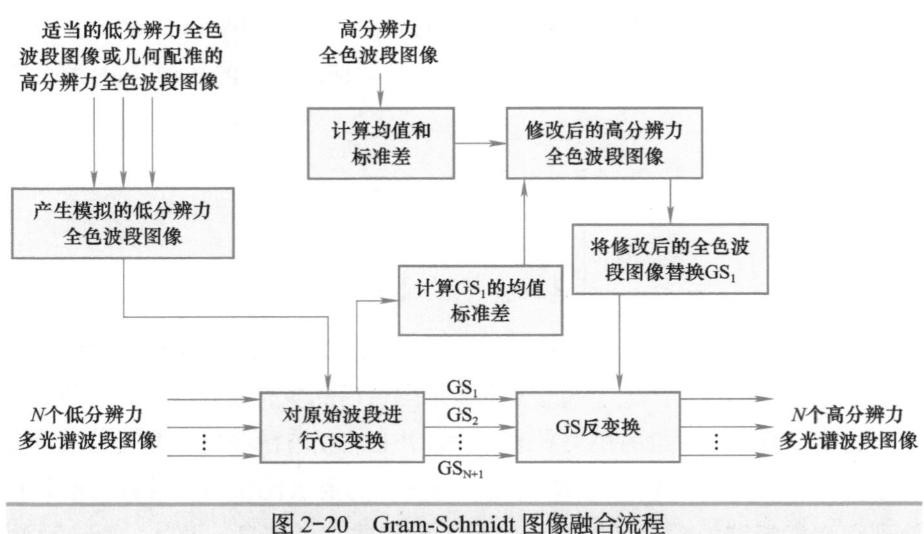

图 2-20　Gram-Schmidt 图像融合流程

2.2.4　遥感图像解译

遥感图像解译是通过遥感图像所提供的各种识别目标的特征信息进行分析、推理和判断，最终达到识别目标和现象的目的，解译对象主要是各类地物或地学现象。本小节将介绍目视解译判读标志和方法，以及监督分类、非监督分类、专家决策树分类、面向对象分类等应用较广泛的计算机分类方法。

1．遥感图像目视解译

目视解译是遥感图像解译的一种，又称为目视判读或目视判译，它是遥感成像的逆过程。目视解译是指凭借人的眼睛（也可借助光学仪器），依靠解译者的知识、经验和掌握的相关资料，通过大脑分析、推理、判断，提取遥感图像中有用的信息。

遥感图像目视解译是依据图像特征进行的。这些图像特征即为图像的判读标志，分直接判读标志和间接判读标志两类。直接判读标志是地物本身属性在图像上的反映，即凭借图像特征能直接确定地物的属性，包括地物形状、大小、颜色 / 色调、阴影、位置、结构、纹理等。间接判读标志是通过与之有联系的其他地物在图像上反映出来的特征，推断地物的类别属性，如地貌形态、水系格局、植被分布的自然景观特点，土地利用及人文历史特点等。多采用逻辑推理和类比的方法引用间接判读标志。

图像判读的基本方法是由宏观至微观，由浅入深，由已知到未知，由易到难逐步展开的。按照分析推理的观点，一般有以下几种图像判读方法。

1）直判法。直接应用判读标志，对遥感图像进行较有把握的判读。

2）对比法。利用典型样片或多日期、多光谱的图像和彩色图像，进行对比分析判读。通过内业样片图像的分析对比，能够得到新的启发，从而使不易判读的地物得到正确的答案。

3）综合判认法。利用间接判读标志进行类比推理，依据地物之间的相关性和依存关系进行综合分析判读。如建筑物与道路等级之间的关系、水系与道路之间的关系，都是综合推理辨认地物的重要依据。

4）历史比较法。这是做动态研究分析的好方法，采用不同时期拍摄的图像，例如做不同时期历史数据的比较，得出有害地质体随时间而变化的有关数据等。

2．遥感图像计算机解译

（1）监督分类和非监督分类

1）监督分类是遥感图像分类的一种，分析者在图像上对每一种类别选取一定数量的训练样本，即被确认类别的样本像元，计算机计算每种训练样本的统计或其他信息，将每个像元和训练样本做比较，按照不同规则将其划分到和其最相似的样本类。监督分类包含两个基本步骤：选择训练样本和提取统计信息，以及选择分类算法。

2）非监督分类是指人们事先对分类过程不施加任何经验知识，而仅凭数据（遥感图像地物的光谱特征的分布规律），即自然聚类的特性，进行“盲目”的分类。其分类的结果只是对不同类别达到了区分，但并不能确定类别的属性，其类别的属性是通过分类结束后目视解译或实地调查确定的。与监督分类的先学习后分类不同，非监督分类是边学习边分类，通过学习找到相同的类别，然后将该类与其他类区分开。但是非监督分类与监督分类都是以图像的灰度为基础，通过统计计算一些特征参数，如均值，协方差等进行分类的。

（2）基于专家知识的决策树分类　基于专家知识的决策树分类是基于遥感图像数据及其他空间数据，通过专家经验总结、简单的数学统计和归纳方法等，获得分类规则并进行遥感分类。其分类规则易于理解，分类过程也符合人的认知过程，最大的特点是利用的多源数据。例如，分类考虑DEM就能区分缓坡和陡坡的植被信息，如果添加其他数据，如区域图、道路图、土地利用图等，就能进一步划分出哪些是自然生长的植被，哪些是公园植被。

（3）面向对象分类　面向对象分类技术集合临近像元为对象，用来识别感兴趣的光谱要素，充分利用高分辨力的全色和多光谱数据的空间、纹理和光谱信息对图像进行分割和分类，以高精度的分类结果或者矢量输出。其分类过程主要分为图像对象构建和对象的分类。例如，城市绿地与某些湿地在光谱信息上十分相似，在面向对象的图像分析中只要明确城市绿地的背景为城市地区，就可以轻松地区分绿地与湿地，而在基于像元的分类中这种背景信息几乎不可利用。面向对象分类的图像分析技术是在空间信息技术长期发展的过程中产生的，在遥感图像分析中具有巨大的潜力，要建立与现实世界真正相匹配的地表模型。

思考题

1. 什么是大地水准面？何谓绝对高程、相对高程和高差？
2. 某点的坐标值为：X=6070km、Y=19307km、H=568m，说明其坐标值的含义。
3. 已知直线 AB 的坐标方位角为 60°，计算直线 BA 的坐标方位角。
4. 简述大气窗口的概念，及其包含的光谱波段。
5. 简述遥感图像几何精校正的主要步骤。
6. 遥感图像融合的前提是什么？常用融合方法有哪些？
7. 遥感图像的判读标志有哪些？遥感图像目视解译的方法有哪些？
8. 遥感图像计算机分类方法如何划分？各有哪些代表性的方法？

第3章 无人机航测设备

20 世纪 80 年代以来，各种数字化、重量轻、体积小、探测精度高的新型传感器不断面世。在 2000 年国际摄影测量与遥感学会（ISPRS）阿姆斯特丹大会上，航空数字照相机开始出现，2004 年伊斯坦布尔大会上航空数字照相机成为一个热点。传感器由早期的胶片相机向大面阵数字化发展，航空数字照相机在 CCD 等传感器技术的不断进步中已呈现明显的优势。中国科学院光电技术研究所于 2013 年成功研制出 1 亿像素相机“IOE3-Kanban”，成像分辨率达到 10240×10240 像素，并能在 −20 ～ 55℃的温度范围内工作，同时拍摄彩色、红外、全色的高精度航片；德国徕卡公司 Leica DMC Ⅲ航空数字照相机提供目前单片传感器能够覆盖的最大幅宽：旁向 26112 像素、航向 15000 像素。现在的航测多采用多台相机组合照相，再利用开发的软件进行拼接，更大幅度提高了遥感飞行效率。另外，激光三维扫描仪、红外扫描仪等小型高精度遥感器为无人机航测遥感的应用提供了发展空间。

无人机航测遥感任务设备是指无人机完成其航测遥感任务所必需的各种设备的集合，主要包括机载航测遥感任务载荷和地面控制与处理站两部分。

无人机是一个平台，根据工作需要而搭载的设备称为任务载荷。民用无人机的任务载荷一般可分为图视频遥感任务载荷和非遥感的其他通信、载货等任务载荷。围绕应用的任务载荷是无人机的最终设计目的。由于民用无人机自身偏小，有效载荷一般不大，因此要求这些设备更小、更轻，并尽量采用商用成品。图视频遥感任务载荷包括光学相机、高分辨力的多轴陀螺或云台稳定数字照相机（摄像机）、红外摄像机、多光谱成像仪、合成孔径雷达、机载激光雷达、航空定位定向系统（POS）、GNSS 导航设备等。非遥感任务载荷常见的有通信中继设备、植保药箱、小型货物、警报器等，甚至可以是武器装备，如机炮、导弹等。

目前比较典型的机载遥感设备包括：德国徕卡公司推出的 2200 万像素专业相机，配备了自动保持水平和改正旋偏的相机云台；我国制造的数字航空测量相机，8000 多万像素，能够同时拍摄彩色、红外、全色的高精度航片；中国测绘科学研究院使用五台哈苏相机组合照相，支持多相机图像拼接功能，有效地提高了遥感飞行效率。下面主要介绍图视频遥感任务载荷。

3.1 光学相机

光学相机是人们最早熟悉和应用以及历史最久的一种遥感设备，至今仍是常见的一种遥感仪器。

航空摄影机属于专用的量测摄影机，也称航摄仪，其主要工作平台为飞机。它的一般结构除了与普通摄影机有相同的物镜（镜箱）、光圈、快门、暗箱及检影器等主要部件外，还有座架及其控制系统的各种设备、压平装置，有的还有像移补偿器，以减少图像的压平误差与摄影过程的像移误差。

航空摄影机除了具有较高的光学性能、摄影过程的高度自动化外，还有框标装置，即在固定不变的承片框上，四个边的中点各安置一个机械标志——框标。其目的是建立图像的直角框标坐标。两两相对的框标连线成正交，其交点成为图像平面坐标系的原点，从而在图像上构成直角框标坐标系。新型摄影机一般在四个角设定四个光学框标来建立图像平面坐标系。由于航空摄影机具有框标装置，因此被称为量测摄影机。

航空摄影机按软片曝光方法不同，分为画幅式、缝隙式和全景式航摄机；按镜头视角和焦距不同，分为狭角（长焦距）、常角（常焦距）、宽角（短焦距）和特宽角（特短焦距）航摄机；按用途不同，分为地形测图和侦察航摄机。地形测图航摄机要保持内方位元素不变，所摄的航空图像要适用于高精度的量测；侦察航摄机所摄的航空图像主要用来判读，要求较高的地面分辨力，而对无畸变性要求不高，一般不进行精密量测。

3.2 数字照相机

数字照相机是无人机最重要的任务设备，可分为量测型数字照相机和非量测型数字照相机。

（1）量测型数字照相机　它是专门为航空摄影测量制造的，具有几何量测精度高的特点，装有低畸变、高质量的物镜和内置滤光镜，镜头中心与成像面具有固定而精确的距离。航空摄影时，由于无人机的飞行速度很快，地物在成像面上的投影将在航线方向上产生位移，导致影像模糊。为了消除像移的影响，在量测型数字照相机上往往加装像点位移补偿装置和陀螺稳定平台。量测型数字照相机一般较重，多搭载在大型无人机平台上。

（2）非量测型数字照相机　由于受到载荷重量的限制，中、小型无人机还难以承载量测型数字照相机，而大量采用非量测型数字照相机作为有效载荷。非量测型数字照相机不是专门为航空摄影测量设计的数字照相机，因而不配置像移补偿装置，但一般应配置陀螺稳定云台以保证近似垂直摄影。为了保证影像的清晰度，除了缩短曝光时间外，还必须限制无人机的巡航速度。非量测型单数字照相机存在像场角窄的问题，导致航空摄影测量时高程精度偏低、数据量偏大，因此可以考虑在无人机上使用组合特宽角数字照相机。图 3-1 所示为美国微软公司推出的 UCXp 数字照相机，它采用的 CCD 传感器成像器件以面阵式排列，采用多镜头感光拼合成像方式，属于面阵数字照相机。其影像像幅大小是 17310×17310 像素，每个存储单元可存储 6600 幅图像，在飞机上可更换存储单元，影像信息获取量是 3G/s，且能够最大限度地利用现有设备环境，支持现有通用的陀螺稳定座架和 GPS/IMU 系统，曝光间隔为 1.35s，可以无额外成本地获取高冗余、大重叠度的影像。图 3-2 所示为 UCXp 数字照相机传感器头，它有 8 个镜头，4 个全色镜头处于中间，等间距排列，4 个多光谱镜头排列于全色镜头的两侧。

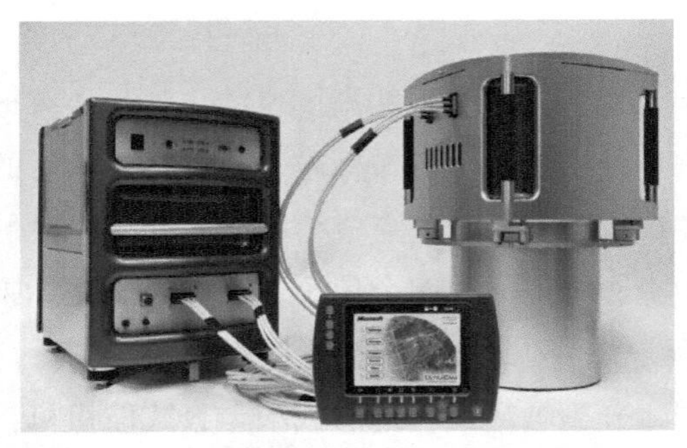

图 3-1　美国微软公司的 UCXp 数字照相机

图 3-2　UCXp 数字照相机传感器头

3.3　红外摄像机

红外摄像机是一种探测物体红外辐射能量的成像仪器，它通过红外探测、光电转换、光电信号处理等过程，将目标物体的红外辐射信息转换为视频图像输出。在军事方面，红外摄像机可应用于军事夜视侦察、武器瞄准、夜视导引、红外搜索和跟踪等多个领域；在民用方面，红外摄像机可应用于卫星遥感、防灾减灾、材料缺陷的检测与评价、建筑节能评价、设备状态热诊断、生产过程监控、自动测试等。

与可见光设备相比，红外探测系统具有穿透烟尘和云雾能力强、可昼夜工作的特点；与微波系统相比，其具有结构简单、体积小、重量轻、分辨力高、抗干扰能力强等优点。红外探测器作为整个红外探测系统的核心，种类繁多，性能各异，适用于不同的工作领域。

红外探测器有不同的分类方法，如按照工作温度可分为低温（需要用液态 He、Ne、N2 制冷）探测器、中温（工作温度在 195 ～ 200K 的热电制冷）探测器和室温探测器；按照响应波长可分为中红外探测器和热敏型探测器；根据结构和用途可分为单元探测器、多元阵列探测器和成像探测器。根据探测机理的不同，红外探测器分为热敏型探测器和量子型探测器两大类。图 3-3 所示为世界上第一个采用 5μm 像素尺寸焦平面阵列，小型化、轻量化和便携性强的长波红外摄像机。

图 3-3　红外摄像机

3.4 多光谱相机系统

无人机载大视场多光谱成像仪是一套集超大视场和宽谱段为一体的高精度多光谱成像仪。该系统不仅具有超大视场、低畸变成像和无色差多光谱成像的特点，还具备小型化、轻量化、无热化等优点，在环境适应能力方面有突出优势，具备在 –45 ～ 65℃内清晰成像而不需要调焦的能力。图 3-4 所示为 UP1830 多光谱相机，其有效像素为 1024×1024，有近红、红色、绿色、蓝色 4 个波段，性能良好。

图 3-4　UP1830 多光谱相机

按照无人机遥感应用需求，无人机载大视场多光谱成像仪的主要技术指标见表 3-1。

表 3-1　无人机载大视场多光谱成像仪的主要技术指标

项　目	性　能
工作谱段	蓝光波段：420 ～ 520nm；绿光波段：520 ～ 600nm；红光波段：630 ～ 690nm；近红外波段：760 ～ 900nm；全色光波段：400 ～ 1000nm
视场角	＞ 60°
地面幅宽	6.0km（飞行高度为 5km 时）
GSD	1.0m（多光谱）/0.5m（全色）（飞行高度为 5km 时）
信噪比	优于 40dB

3.5 合成孔径雷达

合成孔径雷达（Synthetic Aperture Radar，SAR）是一种工作在微波波段的主动式传感器，即主动发射电磁波，照射到地面后经过地面反射，由传感器接收回波信息。SAR 利用天线聚焦原理，对其回波数据进行孔径合成处理，可以得到类似光学照相的高分辨力雷达图像。与传统光学摄影机和光电传感器相比，SAR 具有以下优点。

1）SAR 是一种主动式微波遥感设备，可以全天时、全天候成像，获取各种目标的高分辨率图像。

2）通过选取适当的波长，利用微波的穿透性（能穿透一定的遮蔽物），可以对植被覆盖下的地物成像。

3）理论上方位向分辨力只与天线方位向尺寸有关，而与作用距离无关，因此能获得远距离目标的高分辨力雷达图像。

4）采用侧视成像方式，测绘带可以离航迹很远。

5）SAR 的信噪比与距离的 3 次方成反比，而普通雷达的信噪比与距离的 4 次方成反比，因此 SAR 可获得比普通雷达更高的信噪比。

SAR 可广泛应用于军事侦察、地形测绘和海洋成像观测等领域，并能够在灾害监测、地质结构测绘、地面特征鉴别、大面积土壤水分、地表植被和农作物长势的定量化评估等应用中发挥重要作用。

雷达是一个距离测量系统，工作原理类似于“回声”。雷达系统主要由发射机、接收机、转换开关、天线等部分组成，发射机发射脉冲后经转换开关、天线传输到自由空间，然后继续向地面目标传输，到达地面目标后再返回雷达天线，雷达系统通过记录时间延迟，进而测量天线与地面目标的距离。

雷达系统通过记录脉冲信号的时间延迟 t，测量雷达天线到地面目标的距离 S，可以表示为

$$S=\frac{ct}{2}$$

式中，c 为光速。

雷达一般都是侧视工作的，即朝向飞行方向的一侧发射电磁波，主要目的是消除两个等距离点产生的左右模糊。雷达影像坐标系一般采用方位向 - 距离向标识。方位向平行于飞行方向，距离向垂直于飞行方向。合成孔径雷达是一种高分辨力相干成像系统。高分辨力在这里包含两方面的含义：高方位向分辨力和高距离向分辨力。它采用以多普勒频移理论为基础的合成孔径技术提高雷达的方位向分辨力，通过脉冲压缩技术实现距离向分辨力的提高。

SAR 一般装载在“全球鹰”“捕食者”等高空长航时大型无人机上。随着 SAR 技术的发展，其分辨力越来越高，目前已接近或超过光学成像的分辨力。近年来，微小型化技术也推进了 SAR 向微小型方向发展。这种微小型的 SAR 重量降到了 12kg，目前已经在美国洛克希德马丁无人机公司的“天空精灵”无人机上进行了试飞。另外，超微型的 SAR 也已经崭露头角。图 3-5 所示为机载小型 SAR 设备。

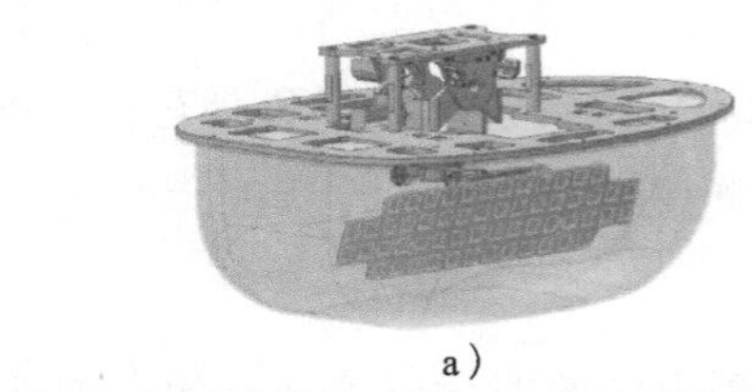

a）

b）

图 3-5 机载小型 SAR 设备

a) 天线罩 b) 机载加装

3.6 机载激光雷达

激光探测及测量（Light Detection And Ranging，LiDAR）系统，简称激光雷达。激光雷达根据其应用原理可分为三类：测距激光雷达（Range Finder LiDAR）、差分吸收激光雷达（Differential Absorption LiDAR）及多普勒激光雷达（Doppler LiDAR）。

机载激光雷达以飞机为观测平台，其系统组成主要包括：激光测量单元、光学机械扫描单元、控制记录单元、动态差分 GPS、惯性测量单元和成像装置等。其中，激光测量单元包括激光发射器和接收机，用于测定激光雷达信号发射参考点到地面激光脚点间的距离；光学机械扫描单元与陆地卫星的多光谱扫描仪相似，但工作方式完全不同，激光属于主动工作方式，由激光发射器发射激光，由扫描装置控制激光束的发射方向，在接收机接收反射回来的激光束后由记录单元进行记录；动态差分 GPS 接收机用于确定激光雷达信号发射参考点的精确空间位置；惯性测量单元用于测定扫描装置主光轴的姿态参数；成像装置一般多为 CCD 相机，用于记录地面实况，为后续的数据处理提供参考。

激光雷达的工作原理与无线电雷达非常相近，是一种主动遥感技术，所不同的是激光雷达发射的信号是激光，与普通无线电雷达发送的无线电波乃至毫米波雷达发送的毫米波相比，波长要短得多。图 3-6 所示为机载三维激光雷达 ALS70，是德国徕卡公司推出的第三代激光雷达测量系统，主要由激光控制单元、主控制单元、操作单元、导航单元和激光扫描仪等组成。机载激光雷达测量系统以激光测距原理为基础，由扫描仪发射激光脉冲，通过激光控制器来记录接收脉冲的回波信号，利用发射与接收的时间间隔并结合激光扫描参数来计算地物目标的三维坐标。ALS70 的最大脉冲频率为 250kHz，最大扫描频率是 1000Hz，可支持的相对飞行航高是 200 ～ 5000m，最大视场角是 75°。

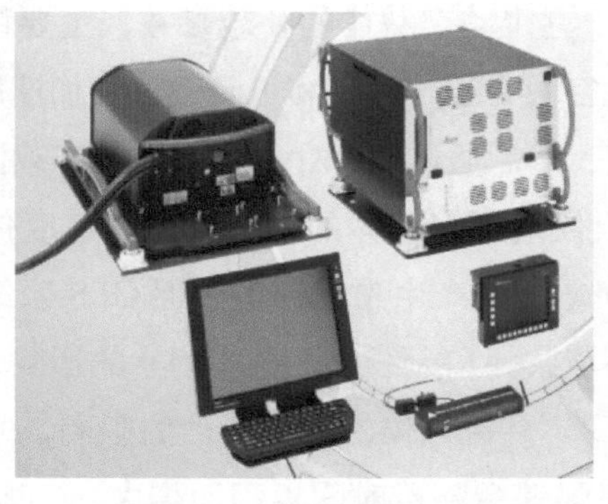

图 3-6　机载三维激光雷达 ALS70

3.7 航空定位定向系统（POS）

POS 辅助定位定姿技术是计算机通信技术、高动态载体姿态测定技术以及 GPS 差分

定位技术的高度集成，为机载 POS 系统的集成奠定了坚实的基础。机载 POS 系统由 GPS 接收机、惯性测量单元 IMU、计算机控制系统 PCS 和数码照相机共同组成，搭载于无人机飞行平台上。GPS、IMU 和数码照相机通过计算机控制系统协同工作，在照相机对地面进行拍摄的同时，可以直接提供照相机曝光时刻的位置参数和姿态角，如图 3-7 所示。

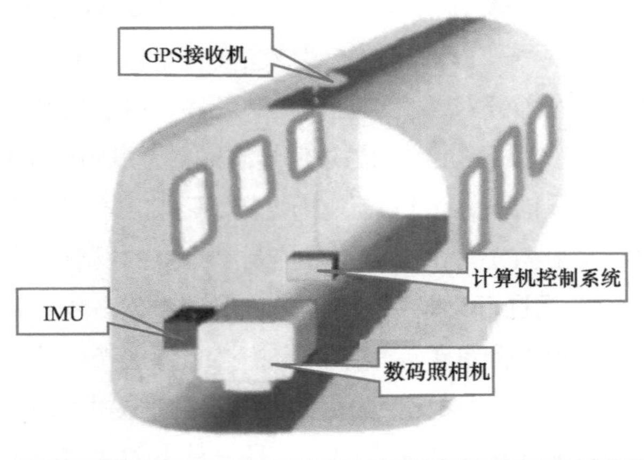

图 3-7　机载 POS 系统

GPS 相对定位原理是将一台或多台 GPS 接收机安置在地面基准站，另一台 GPS 接收机安装在无人机遥感飞行平台上（机载 GPS）。二者对 GPS 卫星进行同步观测，在动态定位过程中，由地面基准站的 GPS 接收机向机载 GPS 发送距离修正数据，机载 GPS 在接收到这些修正数据后对自身定位结果进行修正。这些修正信息可以消除对流层延迟、电离层延迟等多种误差的影响，以提高 GPS 定位精度。GPS 系统可以全天候地为动态载体提供实时的位置信息和时间信息，并且不易受天气干扰。

惯性测量单元 IMU 用于测定动态载体的姿态参数，主要组成部件是陀螺仪和加速度计。其测姿原理是根据惯性空间力学定律，利用陀螺仪和加速度计感测动态载体在运动过程中的旋转角速度和加速度，然后通过积分计算，得到动态载体的姿态角与速度参数。

GPS 定位系统可以全天候地测定载体的位置信息、速度信息以及精确的时间信息，并且定位精度不会随着时间增加而产生累积误差。但 GPS 系统在动态环境下的可靠性较差，其工作性能容易受到环境条件和无线电干扰等因素的影响，从而发生周跳和失锁等系列现象。惯性测量单元 IMU 不易受气候、环境条件的限制，并且不存在大气折射和无线电干扰等问题，但是其测量误差会随着时间累积而增大。GPS/IMU 组合系统可以充分发挥各自优势，达到取长补短的效果。GPS 系统在长时间的工作条件下稳定性好，可以弥补 IMU 的测量误差随着时间累积而增长的缺陷。而 IMU 不仅可以提供 GPS 系统的姿态、位置信息，还能提高 GPS 接收机捕获卫星信号的能力。二者组合可以增强系统性能，在进行航空摄影时，照相机在对地拍摄的同时，可以提供 GPS 的位置参数以及 IMU 的姿态参数，从而实现 POS 系统对地定位的目标，如图 3-8 所示。

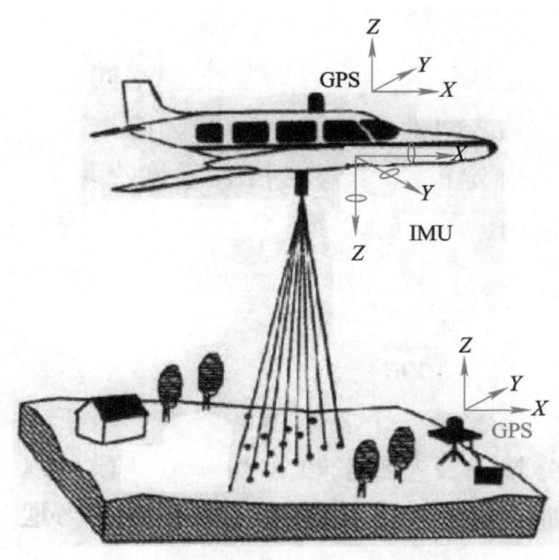

图 3-8 POS 系统对地定位示意图

3.8 GNSS 导航设备

GNSS 是中国北斗卫星导航系统（BDS）、美国全球定位系统 GPS、俄罗斯全球卫星导航系统 GLONASS 以及欧洲伽利略等多种星级导航的总称。

BDS 的发展是我国重大专项项目，满足国家安全和经济社会发展对卫星导航的需求，促进了国家信息化建设和经济发展方式转变，实现了卫星导航产业的社会效益和经济效益，2020 年我国卫星导航产业年产值可达 4000 亿元。“先区域、后全球，先有源、后无源”的总体发展思路的分步实施，形成了突出区域、面向世界、富有特色的北斗卫星导航系统发展道路。

GPS 能够提供全球范围内被动的全天候导航和一天 24h 的精确定时。它是军民两用技术，意味着它为军事和民用用户均能够提供服务。其标准定位服务 SPS（Standard Position Service）为普通民用用户提供水平位置定位的精度为 100m；精度定位服务 PPS（Precise Positioning Service）为授权军事用户提供水平定位的精度为 10～20m 或更高的定时精度。

GNSS 可以为飞行器提供位置和时间数据，这些数据是在卫星与 GNSS 机载接收机或地面 GNSS 接收机之间的伪距测量的过程中得到的。

GNSS 接收机与卫星的距离可以利用无线电信号的传播来测量，但是由于卫星时钟偏差、接收机时钟偏差以及信号在电离层和对流层中由于传播时间而带来的偏差，使得该测量距离与真实距离之间存在偏差，所以测量距离一般称为伪距。图 3-9 所示为地基增强系统（GBAS）示意图，它是 GNSS 的一部分，采用差分 GPS 技术，利用两个 GPS 接收机测量的信息及其他导航信息的相关性，消除大部分误差，提高 GNSS 定位精度和完好性。

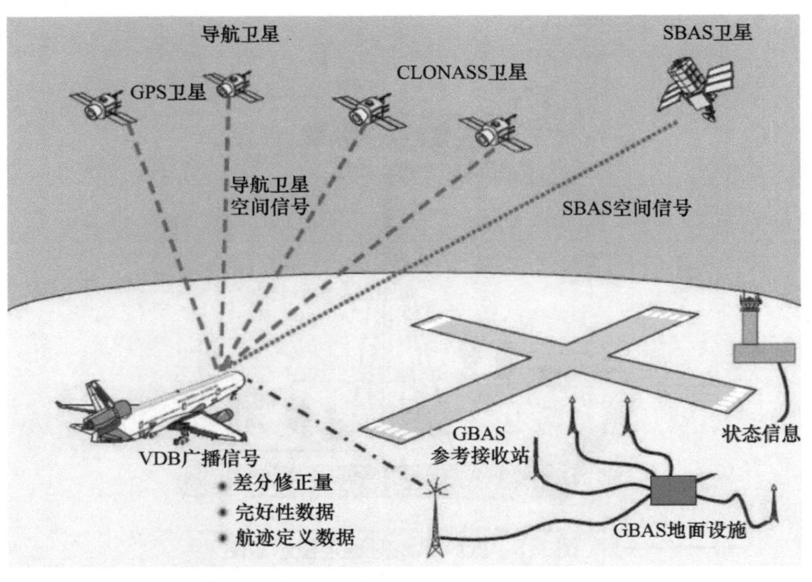

图 3-9　地基增强系统示意图

3.9　飞行控制器

目前国内外较成熟的无人机都具备自动和手动飞行两种控制方式。在无人机交付用户前的前期飞行调参过程中，因无人机平台状态的不稳定和不确定性，工作人员主要采用手动飞行方式进行状态调整和验证。在交付用户后，即使无人机状态完整并具备自动飞行能力，在一些特殊的情形和场合下，仍需要采用手动飞行实现无人机的起降和飞行。手动飞行控制器是飞行操作手对无人机进行手动飞行控制的设备。通过手动飞行控制器，主要实现对无人机进行人工起降控制、人工近场机动飞行以及半自主人工遥控飞行。手动飞行控制器一般与无人机控制站连接，其控制指令在无人机地面站内完成组帧后，通过地面和机载数据链发送给无人机，实现对无人机的手动控制。目前国内无人机的手动飞行控制器主要采用航模控制器，主要用于近场起降阶段。

航模控制器包括四大模块：主控芯片模块、电源控制模块、无线收发模块和摇杆模块。电源控制模块主要为主控芯片模块的正常工作提供稳定的电压，其内的电容主要起滤波作用，晶体振荡器的作用是为了给单片机正常工作提供稳定的时钟信号，通过基准频率来控制电路中频率的正确性。

航模控制器一般有两个摇杆，操纵常用的升降、方向、副翼、油门四个通道，摇杆下面有四个电位，依靠电位器进行线性操作。控制器中最重要的是这两个摇杆、四个通道和收发系统，收发系统一般采用 2.4GHz 频率。图 3-10 所示为深圳市天地飞科技开发有限公司生产的控制器，它特有的 2.4GHz FLASPEED 技术采用总线数据传输，极大提升了操控敏捷度，同时具有硬件功耗低、抗干扰能力强的特点。

图 3-10　深圳市天地飞科技开发有限公司生产的控制器

3.10　磁罗盘和电池监测仪 

目前消费级和低端行业应用级飞控系统普遍采用磁罗盘作为航向测量设备。传感器自身的准确性以及周边环境的磁干扰会对航向角推算产生非常大的影响。磁罗盘是一种可测量环境磁场强度的传感器件，在多旋翼无人机领域应用非常广泛。因为地球表面存在地磁场，且同一地理位置的地磁场的大小和方向基本保持恒定。地磁场方向与地理北极的夹角称为磁偏角。通过测量地磁场向量在磁罗盘内部三个相互垂直的坐标轴上的磁场分量，即可确定磁偏角。磁罗盘一般与多旋翼机体固连。影响磁罗盘测量误差的因素很多，包括硬磁干扰、软磁干扰、传感器仪表误差等。

电池监测仪的使用原理是在电池内部输入一个可以传输的交流电信号，主要观察电池在使用过程中的电压和电流转换情况，测量电池在高频度使用次数下温度的变化。采用电池监测仪提高了电池的使用效率和时限，并且减少了生态污染，可避免造成经济损失。电池监测仪主要分析电池的电压、电流和温度等数据，并根据这些数据做出系统调整，找到适合电池监测仪检测的范围。电池作为可移动电源，在监测工作上要做到完善，为电源系统停电做好准备工作。由于需求量的增加，电池的质量问题也就受到大众的广泛关注，安全仍是电池生产制造的首要前提。图 3-11 所示为多路电池监测仪硬件。

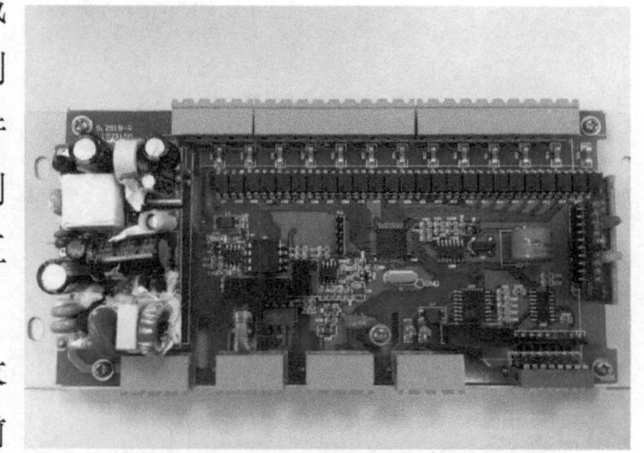

图 3-11　多路电池监测仪硬件

3.11　多载荷遥感设备综合使用 

不同载荷获取的遥感数据具有不同的空间分辨力、光谱分辨力和时间分辨力，或具有不同的极化方式和成像角度，或是基于不同的成像机理，从多方面反映地物目标的各种特性。例如，可见光图像反映的是地物在可见光波段的反射特性，红外图像反映的是地物的红外辐射特性，SAR 图像则反映地物介电常数和表面粗糙度等特性。多载荷遥感数据优化组合就是将同一区域的多源遥感数据按统一的坐标系，通过空间配准、波段重组或影像复合等处理，生成比单一信息源具有更多信息量的新图像。多载荷遥感设备优化组合能够实现多源数据之间的优势互补，增强组合图像的信息表达能力。

无人机载荷设备的发展，一方面依靠原行业的技术进步，如采用更轻便、清晰的照相机，包括红外相机等，另一方面更需要无人机专用载具的自主创新，如开发高空环境的自稳云台，设计删繁就简的专业相机，集成多角度的多相机模块，植保行业创新设计专用机箱、连杆和喷头、农药剂型等适应无人机喷洒农药的需要。

思考题

1. 什么是无人机航测遥感任务设备?
2. 常用的无人机航测任务设备有哪些?
3. 量测型数字照相机和非量测型数字照相机有什么区别?
4. 红外摄像机有哪些独特的优势?
5. 与传统相机相比，多光谱相机系统的优势是什么?
6. 合成孔径雷达是什么？它有什么优点?
7. 机载激光雷达系统主要包括哪些组成部分?
8. 无人机载荷设备的未来发展方向是什么?

第4章 地理信息系统与卫星导航定位技术

4.1 地理信息系统（GIS）

4.1.1 GIS历史

英国伦敦在 1854 年爆发了一场十分严重的霍乱疫情。当时的政府和医疗机构想尽办法，采取了种种措施，但收效甚微，感染人数直线上升，究其根本原因是找不到病源所在。正当大家不知所措之时，英国医生 Dr. John Snow 提议，绘制一幅霍乱地图，在每次发现病人的区域做一个标记，以便发现其规律。当局采纳了他的提议，最终，当标记越来越多的时候，人们终于发现了其中的病源所在——发病者居住地多分布在一口水井的周围。

图 4-1 所示为当时 Dr. John Snow 手绘的地图，标注为●的地方为水井。大家之后对这口水井进行了封填，霍乱疾病也就随之得到了控制。实际上，人类历史上使用地图的时间很长，很早就开始用以指示地理位置。但 Dr. John Snow 是有记录的用地图分析、解决实际问题的第一人，因此这次事件便成了 GIS 的由来。

图 4-1 英国伦敦霍乱地图

20 世纪 50 年代，北美城市化加速，大量人口急速集中到城市，由此出现了大面积的农林业遭遇荒废的巨大问题。为了解决这个问题，政府开始搜集自然资源及土地利用率的变化情况，但这需要大量专业技术人员的投入。在这种情况下，当时在加拿大农林省担任资源管理的顾问、测量学家 Roger F. Tomlinson 着手研究使用计算机替代人员来进行数据处理。Tomlinson 发现，把大量地图数值化之后，能更容易画出自然资源分布的状况，也更加有利于数据的管理和分析。在经过一系列实验后，Tomlinson 主持了一项课题，并于 1962 年研制出了世界上第一个 GIS 系统—加拿大地理信息系统（简称 CGIS）。CGIS 是世界上第一个有关地理信息的系统，它具备了地理信息系统基本的数字化功能和坐标系。Tomlinson 也因此被称为 GIS 之父。从加拿大 CGIS 诞生到 ESRI 公司成立，GIS 的应用从解决基础设施的管理转向更复杂的区域开发。目前，WebGIS、移动 GIS 蓬勃发展，显示方式也从 2D 转为 VR（虚拟现实技术）/AR（增强现实技术）等 3D 方式。

1980 年中国科学院遥感应用研究所成立了我国第一个“地理信息系统研究室”，这标志着我国 GIS 正式起步。之后，由于沿海等经济发达地区经济开发的需要，如土地有偿使用，极大地推动了 GIS 的高速发展。近些年随着 AI（人工智能）的发展，GIS 也迎来了新的机遇。在大数据、云计算、物联网等新技术的支持下，GIS 目前已经覆盖了全世界，更好地贴近和服务了人们的生活。

4.1.2 GIS的概念

在信息全球化的今天，想要做出及时合理的决策，就必须有合适的信息处理工具。要想处理空间信息，就要用到 GIS。在我们的生活中，80% 以上的信息都与地理空间位置相关，GIS 可以令不同信息之间的关系更加直观地展现出来，让这些信息变得更加有用。通过 GIS，可以解决各种地理信息类的复杂难题。

地理信息系统 GIS 一方面将传统地理学、测量学等学科传承下去，另一方面结合遥感科学、计算机科学等现代科学技术。那么，究竟什么是 GIS 呢？要回答此问题，我们先来梳理一下地理信息系统的几个重要概念。

1．数据（Data）和信息（Information）

数据和信息是地理信息系统中首先要接触的两个术语。数据是指定性、定量描述某一目标（客观事物、事件）的原始资料，包括数字、文字、符号、图形、图像、声音、视频以及它们能转换成的数据等形式。数据是用以记载信息的物理符号。数据的格式往往与计算机系统有关，并随记载它的物理设备的形式而改变。特别需要注意的是，数据是一种未经加工的原始资料，数据本身并没有意义。

信息是现实世界在人们头脑中的反映，它以文字、数字、符号、声音、图像等形式被记录下来，并进行传递和处理，为生产、建设、管理等提供依据。它不随载体形式的改变而改变。信息具有客观性、适用性、传输性和共享性。

信息是数据的内容，它用文字、数字、符号、语言、图像等介质来表示事件、事物、现象等的内容、数量或特征。数据与信息既有区别又有联系，信息和数据是不可分割的。信息是数据的内涵，数据是信息的表达。要想从数据中得到信息，就需要对数据进行处理和解译，即对数据进行搜集、筛选、排序、归并、转换、存储、检索、计算、分析、模拟、预测等操作，统称为对数据的处理。数据处理的目的是更好地进行数据解释。对同一数据，不同的人有不同的解释，这取决于每个人的经验、背景等。不同的解释也往往适用于不同的应用目的。

2．地理信息

地理信息是表征地理系统诸要素的数量、质量、分布特征、联系和规律的数字、文字、声音、视频、图像和图形等的总称。地理信息属于空间信息，其位置的识别是与数据联系在一起的，这是地理信息区别于其他类型信息的一个最显著的标志。

3. 系统

系统是具有特定功能、互相有机联系的许多要素所构成的一个有机整体。对计算机而言，系统是为了实现某些特定功能，由必要的人、机器、方法或者程序按照一定的相关关系联系起来进行工作的集合体，内部要素之间的互相联系通过信息流来实现。系统的特征由构成系统的要素及其相互之间的联系方式所决定。

4. 信息系统

信息系统是能对数据和信息进行采集、存储、加工和再现，并能回答用户一系列问题的系统。它具有采集、管理、分析和表达数据的能力。

理解了以上相关定义以后，我们来看一下地理信息系统的定义。针对不同的应用目的，GIS 的定义也各不相同。

Micheal F. Goodchild 在 1992 年提出了地理信息科学（Geographic Information Science）的概念。这个概念的提出，使得地理信息系统的研究从原来的关注技术问题，上升到关注理论性问题。Goodchild 提出："GIS 是采集、存储、管理、分析和显示空间和非空间数据的信息技术"。

美国联邦数字地图协调委员会（FICCDC）提出的 GIS 定义受到业内普遍认可，"GIS 是由计算机硬件 / 软件和不同的方法组成的系统，该系统设计用来支持空间数据的采集、管理、处理、分析、建模和显示，以便解决复杂的规划和管理问题。" 如今地理信息系统(Geographic Information System/Science, GIS) 已经广泛渗透到了社会、经济、生活的方方面面。

随着时代的发展，人们对 GIS 的理解也在不断更新。一般来说，目前公认的 GIS 中，"S" 包括四层含义：系统（System）、科学（Science）、服务（Service）以及研究（Studies）。系统（System）是从技术层面的角度论述地理信息系统对地理数据的管理和分析能力。科学（Science）研究存在于 GIS 和其他地理信息技术后面的理论与观念（GIScience）。服务（Service）是指随着地理信息系统应用的普及，GIS 已成为人们日常生活中的一部分。GIS 已经不仅仅满足于技术研究，而逐步向服务层面转移。研究（Studies）主要研究有关地理信息技术带来的一些相关问题，不局限于技术问题。

4.1.3 GIS的组成

地理信息系统主要由四部分构成：硬件系统、软件系统、地理空间数据和人员。其中，人员决定系统的工作方式和信息表达方式。

1. 硬件系统

硬件系统是地理信息系统中用以存储、处理、传输、显示地理信息空间数据的实际设备，包括计算机、扫描仪、绘图仪、光盘、硬盘、磁盘阵列、路由器、交换机等一切硬件环境总称。它形式多样，包括光学、机械、电子等形式。地理信息系统的功能、精度、运算速度等直接取决于硬件系统的配置情况。

2．软件系统

GIS 软件系统包括支持 GIS 运行的各种程序，如数据输入和处理、数据库管理、空间分析以及图形用户界面（GUI）等。软件系统按照功能可以分为计算机软件系统、GIS 专业软件、应用分析程序等。

1）计算机软件系统包括操作系统、汇编程序、编译程序、诊断程序、库程序、说明维护手册等 GIS 运行所必需的计算机系统软件。

2）GIS 专业软件包括数据库管理系统、计算机图形软件、计算系图像处理系统等，用于对空间数据进行处理操作。

3）应用分析程序是从空间数据中提取地理信息的关键，是系统功能的扩展和延伸，主要用于特定应用任务。应用分析程序作用于地理专题或区域数据，构成 GIS 的具体内容，是用户最为关心的用于地理分析的部分。

3．地理空间数据

地理空间数据是指以地球表面空间位置为参照的自然、社会、人文经济景观数据，它可以是图形、图像、文字、表格和数字等。其输入方式多样，可以通过键盘、扫描仪等输入设备输入。地理空间数据是 GIS 系统程序操作的对象，是现实世界经过模型抽象的内容。

4．人员

人员是进行系统组织、管理、维护和数据更新、系统扩充完善、应用程序开发以及使用的 GIS 中的重要构成要素。GIS 系统专业人员是地理信息系统应用的关键，更是系统正常运行的保障。通常 GIS 人员应包括：系统设计和执行的项目经理、信息管理的技术人员、系统用户化的应用工程师、系统用户等。

地理信息系统概念外在可简单理解为计算机软硬件系统，其内涵是由计算机程序和地理数据组织而成的地理空间信息模型。专业人员对地理信息的应用能够实现地理信息的价值，地理信息把客观世界抽象为模型化空间数据，能够直观地掌握地理情况，分析出许多有价值的内容信息。用户按照自身的需求，可对现实世界进行分解，根据不同的应用选择模型内容，拓展数据概念，将自然数据经过科学系统的分析，形成能对未来条件进行预测的有效信息，为人类科学管理和正确决策提供良好参照。地理信息系统在软件系统的支撑下，能够实现多模型构建，形成大量信息，同时用于各个生产生活领域，实现地理信息广泛应用与开发。

4.1.4 GIS的功能

为了解决位置（如在某个地方有什么）、条件（如符合某些条件的实体在哪里）、趋势（如某个地方发生的某个事件及其随时间的变化过程）、模式（如某个地方存在的空间实体分布模式的问题）和模型（如某个地方如果具备某种条件会发生什么）的问题，地理信息系统应具有数据采集和编辑、数据存储与管理、数据处理和变换、空间分析和统计、产品制作与显示、二次开发和编程等基本功能。

1. 数据采集和编辑

数据在地理信息系统中一般采用“层”的形式进行分类表述或抽象为不同专题。为了各层数据可以正确存储，就要进行正确的数据采集和编辑。针对地理信息数据采集的方法有很多，如数字化仪、自动化扫描输入等。而如何在地理信息系统中实现智能化的编辑功能，仍然是目前 GIS 研究中的热点问题。

2. 数据存储与管理

GIS 数据的存储与管理是通过数据库来实现的。所不同的是，GIS 中的数据库管理功能较纯粹的 DBMS（数据库管理系统）更为强大，其对空间数据的管理功能大为提升。如空间数据库的数据访问，空间数据的信息提取、数据更新等。GIS 数据库中的数据量大，同时具备空间数据与属性数据，数据间拓扑结构明显。

3. 数据处理和变换

目前，GIS 所面临的难点问题之一依然是数据类型的多样性。由于 GIS 数据类型的不统一，同时数据间的质量差异大，为了保证 GIS 数据的类型统一性和质量一致性，就必须对数据进行处理，主要包括：

1）数据变换，是将数据从一种数学状态转换为另一种数学状态，如投影变换辐射纠正、比例尺缩放等。

2）数据重构，是将数据从一种几何形态转换为另一种几何形态，如数据拼接、数据压缩、误差改正和处理等。

3）数据抽取，是对数据从全集到子集的条件提取，如类型选择、窗口提取、布尔提取和空间内插等。

4. 空间分析和统计

空间分析和统计功能是 GIS 为了确定地理要素之间特定空间关系而开发的独立功能。

1）拓扑叠加：将不同图层进行叠加重构新的空间特征，合并特征属性，其目的是实现多条件检索查询及模型分析等功能。

2）缓冲区分析：空间数据库中的点、线、面对所处空间的范围影响，即缓冲区分析。通过不同的缓冲半径确定不同地理要素的空间接近度和临近性，用以解决邻近度问题。

3）网路分析：是对地理网络进行分析，根据分析，按一定目标选择达到最佳效果的空间位置。

4）数字地形分析：GIS 可以构造数字高程模型，并进行相应的地形分析，如坡度、坡向、地表粗糙度、库容量等。数字地形模型（Digital Terrain Model，DTM）可用于土地利用现状的分析、规划及洪水预报等，在军事方面可用于导航、导弹制导、电子沙盘等。对DTM的研究包括DTM的精度问题、地形分类、数据采集、DTM的粗差探测、质量控制、数据压缩等。

5．产品制作与显示

GIS 产品是指经由系统处理和分析，产生具有新的概念和内容，可以直接输出供专业规划或决策人员使用的各种地图、图像、图表或文字说明，其中地图图形输出是 GIS 产品的主要表现形式。一个运行的 GIS，其产品制作与显示功能包括设置显示环境、定义制图环境、显示地图要素、定义字形符号等。

6．二次开发和编程

二次开发和编程是指用户可以根据需要调用 GIS 的命令和函数或某些特定功能，编制个性化的菜单和程序，生成可视化的用户应用界面，以便使 GIS 技术广泛应用于各个领域，满足不同的应用需求。

4.1.5　GIS的应用

地理信息系统的应用历史，也是地理信息系统从 GISystem 到 GIService 的发展历史。其应用领域不断扩展，从单一领域逐步扩展到更广泛领域，如城市地理信息系统、公安地理信息系统、环境地理信息系统、资源地理信息系统等。其应用领域划分得越来越细，服务功能也越来越强大。地理信息系统目前在很多领域都有自己的应用。

1．灾害监测

自然灾害仍然是当前人类社会面临的一个主要问题。采用遥感与 GIS 技术相结合来研究地质灾害相关问题，是现代地质灾害研究的重要手段。GIS 可以建立各类地质、断层数字地图库，为救灾抢险和防洪决策提供及时准确的信息。地质灾害研究主要集中体现在灾害的特征、强度、时空变化、影响范围以及灾害的模拟和预测等方面。地质灾害评价作为实现防灾减灾的目标，已经被越来越多的国家所重视。例如，2008 年汶川地震后的救灾活动中，GIS 技术就发挥了巨大作用，为救援和次生灾害预警做出了贡献。

2．环境保护

环境问题是我国以及国际社会都十分关注的热点问题。利用 GIS 进行环境监测、分析及建立预报信息系统，可为实现环境监测与管理的科学化、自动化提供最基本的条件。在区域环境质量现状评价过程中，利用 GIS 技术可以对区域环境质量进行全面客观的评价；在野生动植物保护中，采用 GIS 空间分析功能，帮助大熊猫改变目前濒危的状况，都取得了很好的效果。

3．土地调查

土地作为我们赖以生存的根本所在，是人类最重要的资源。土地利用、土地生态安全问题关乎世界范围内社会经济和谐、稳定和可持续发展。土地资源关乎人类的切身利益，只有全面做好土地利用与规划，才能维护社会稳定，保证经济建设。因此，一直以来土地调查就是 GIS 研究的重点。地理信息系统用以实现土地资源的合理利用，在土地调查、土地登记、面积统计、资源评价和土地使用等方面起到了重要支持作用，通过地理信息能够形成土地的分项管理，保证土地产权清晰。可以说，如果没有良好的地理信息系统支持，则可能会影响社会的稳定。

4．交通应用

良好的交通环境是人们可以顺利出行、正常工作的前提。目前城市交通问题越来越严重，拥堵问题一直在困扰人们。地理信息系统可在交通规划上起到重要作用，能够为交通部门提供有效的数据分析，通过地理信息叠加、动态分段等，实现交通分流和路径优化，确保交通出行的便利和快捷。

GIS 给相关管理单位交通规划、交通控制、交通基础设施管理、物流管理、货物运输管理等提供了一个更加有效的操作平台。交通规划中经常要涉及人口、国民经济数据，各类城市规划的用地与规模，道路长度等级与通行能力，交通量以及交通分区等众多内容，用地理信息系统来管理，可以在兼容接口的条件下接收上述大部分现有数据，大幅度减少各部门数据调查和数据输入的时间和工作，从而缩短规划项目的设计周期，提高工作效率。

5．军事应用

随着信息技术的不断发展，战争形态发生了翻天覆地的变化。地理信息系统技术作为研究空间信息的学科，在军事问题的处理中发挥了自己独到的作用。空间分析（Spatial Analysis，SA）及建模可作为定量化建模研究军事事件的必要手段。在军事系统中引入 GIS，指挥员不仅可得到空情信息的可视化表达，而且还能同时了解相关的地理属性和地形特征，其强大的空间分析功能也能让指挥员迅速得到想要的结果。特别是随着 GIS 技术的发展，还可实现战场目标的跟踪、定位和导航。

4.2 全球定位系统（GPS）

由于科学研究、商业往来、文化交流、军事部署等，在全球范围内的人与信息的流动不断增加，人们对于全球范围内的统一定位的需求变得现实而迫切。在这一背景下，全球定位系统便应运而生。美国主导的全球定位系统（GPS）是这类系统的代表之一。

4.2.1 GPS简介

1973 年 12 月，美国国防部批准了美国海陆空三军联合研制新的卫星导航系统，项目命名为：NAVISTAR GPS，即“Navigation Satellite Timing and Ranging/Globe Positioning System”，中文译为“卫星测时测距导航 / 全球定位系统”，即简称的 GPS 系统。该系统是以卫星为基础的无线电导航定位系统，具有全球性、全天候、连续性和实时性的导航、定位、授时功能，能为用户提供较精密的三维坐标。GPS 已经成功运行了 30 多年，为全球用户提供了不间断的定位与导航服务。

GPS 系统由三大部分组成，分别为空间星座部分、地面控制站部分和用户接收机部分。

（1）GPS 的空间星座部分　由 21 颗工作卫星和 3 颗在轨备用卫星组成，24 颗卫星均匀分布在 6 个轨道平面内，轨道倾角为 55°，各个轨道平面之间相距 60°，即轨道的升交点赤经各相差 60°，每个轨道平面内各颗卫星之间的升变角距相差 90°。

在 GPS 系统中，GPS 卫星有以下作用：

1）用 L 波段向广大用户连续不断地发送导航定位信号，用户由导航电文可以知道该卫星当前的位置和卫星的工作情况。

2）在卫星飞越注入站上空时，接收由地面注入站用 S 波段发送给卫星的导航电文和其他相关信息，并通过 GPS 信号传输链，适时地发送给广大用户。

3）接收地面主控站通过注入站发送给卫星的调试指令，适时地改正运行偏差或进行其他改正性操作。

（2）GPS 的地面控制站　一共有 5 个地面控制站，按照承担的任务分为三类，分别是主控站、注入站和监控站。

1）GPS 的主控站建设在美国本土的科罗拉多州（Colorado）。主控站的任务是收集、处理所有 5 个地面控制站的各项资料，编制卫星的星历和 GPS 时间系统，将预测的卫星星历、钟差、状态数据以及大气传输改正编制成导航电文传输给注入站。主控站还负责监测整个地面监测系统的工作状态以及在轨卫星信号传输是否正常。

2）GPS 的 3 个注入站分别设置在大西洋的阿松森岛（Ascension Island），印度洋的迪戈加西亚岛（Diego Garcia）和太平洋的卡瓦加兰岛（Kwajalein）。注入站的任务是将主控站发来的导航电文注入相应卫星的存储器。每天注入 3 次，每次注入 14 天的星历等信息。此外，注入站还自动向主控站报告自己的工作状态。

3）GPS 的 5 个地面站全部都负担监测站的任务，除 1 个主控站和 3 个注入站外，还在美国夏威夷（Hawaii）专门设置了一个监测站。监测站的主要任务是为主控站提供卫星的观测数据。

（3）GPS 用户接收机　它的任务是捕获按一定卫星高度截止角所选择的待测卫星的信息，并跟踪这些卫星的运行，对所接收到的 GPS 信号进行处理，以便测量出 GPS 信号从卫星到接收机天线的传播时间，解译出 GPS 卫星发送的导航电文，实时计算出待测点的三维位置。

当 GPS 的接收机接收到 3 颗以上的卫星导航电文时，设这 3 颗卫星的位置为 S_1（x_1，y_1，z_1）、S_2（x_2，y_2，z_2）、S_3（x_3，y_3，z_3），接收机所在位置为 P（x，y，z），导航电文从 3 颗卫星到达接收机的时间分别为 t_1、t_2、t_3，光速为 c，则有

$$ct_1 = \sqrt{(x_1 - x)^2 + (y_1 - y)^2 + (z_1 - z)^2}$$

$$ct_2 = \sqrt{(x_2 - x)^2 + (y_2 - y)^2 + (z_2 - z)^2}$$

$$ct_3 = \sqrt{(x_3 - x)^2 + (y_3 - y)^2 + (z_3 - z)^2}$$

根据上式，便可解算出 3 个未知数，即接收机所在的待测点 P 的三维坐标（x，y，z）。

4.2.2 GPS测量的设计与实施

GPS 测量与常规测量类似，在作业过程中也分为方案设计、外业实施以及内业数据处理三个阶段。

GPS 测量的方案设计是进行 GPS 测量工作的基础，它是根据国家有关规范及 GPS 网的用途、GPS 测量工作的要求等条件对测量工作的网形、精度及基准等的具体设计。

对于各类 GPS 网的精度设计主要取决于网的用途。用于全球性地球动力学、地壳形变及国家基本大地测量的 GPS 控制网可参照 GB/T 18314—2009《全球定位系统（GPS）测量规范》中 A、B 级的精度分级；用于城市或工程的 GPS 控制网可根据相邻点的平均距离和精度参照 CJJ/T 73—2019《卫星定位城市测量技术标准》中的二等、三等、四等和一级、二级，具体见表 4-1 和表 4-2。

表 4-1 GPS 测量精度分级（一）

<table>
<tr><td rowspan="2">级别</td><td colspan="2">坐标年变化率中误差</td><td rowspan="2">相对精度</td><td rowspan="2">地心坐标各分量年平均中误差 /mm</td><td rowspan="2">功能与作用</td></tr>
<tr><td>水平分量 / (mm/a)</td><td>垂直分量 / (mm/a)</td></tr>
<tr><td>A</td><td>2</td><td>3</td><td>1×10^{-8}</td><td>0.5</td><td>全球性的地球动力学研究，地壳形变测量和精密定轨</td></tr>
<tr><td rowspan="2">级别</td><td colspan="4">相邻点基线分量中误差</td><td rowspan="2">功能与作用</td></tr>
<tr><td colspan="2">水平分量 /mm</td><td colspan="2">垂直分量 /mm</td></tr>
<tr><td>B</td><td colspan="2">5</td><td colspan="2">10</td><td>建立地方或城市坐标基准框架，区域性的地球动力学研究、地壳形变测量，局部形变监测和各种精密工程测量</td></tr>
<tr><td>C</td><td colspan="2">10</td><td colspan="2">20</td><td>建立区域、城市及工程测量的基本控制网</td></tr>
<tr><td>D</td><td colspan="2">20</td><td colspan="2">40</td><td rowspan="2">中小城市、城镇以及测图、地籍、土地信息、房产、物探、勘测、建筑施工等的控制测量</td></tr>
<tr><td>E</td><td colspan="2">20</td><td colspan="2">40</td></tr>
</table>

表 4-2 GPS 测量精度分级（二）

等级	平均距离 /km	固定误差 a/mm	比例误差 b/ (mm/km)	最弱边相对中误差
二等	9	≤ 5	≤ 2	1/12 万
三等	5	≤ 5	≤ 2	1/8 万
四等	2	≤ 10	≤ 5	1/4.5 万
一级	1	≤ 10	≤ 5	1/2 万
二级	<1	≤ 10	≤ 5	1/1 万

各种不同的任务要求和服务对象，对 GPS 点的分布要求也不同。对于国家特级（AA\A 级）基准点及地球动力学研究监测所布设的 GPS 点，主要用于提供国家级基准、精密定轨、星历计划及高精度形变信息，所以布设时平均距离可达数百千米。而一般城市和工程测量布设点的密度主要满足测图加密和工程测量的需要，平均边长往往在几千米以内。因此，现行 GB18314—2009《全球定位系统（GPS）测量规范》和 CJJ/T 73—2019《卫星定位城市测量技术标准》对 GPS 网中相邻点间距离做了相应的规定，见表 4-3。

表 4-3 GPS 网中相邻点间距离 （单位：km）

级别（GB18314—2009）	A	B	C	D	E
相邻点平均距离	卫星定位连续运行基准站	50	20	5	3
级别（CJJ/T 73—2009）	二等	三等	四等	一级	二级
相邻点平均距离	9	5	2	1	<1

GPS 测量获得的是 GPS 基线向量，它属于 WGS-84 坐标系的三维坐标差，而实际我们需要的是国家坐标系或地方坐标系的坐标。所以在进行 GPS 网的技术设计时，必须明确 GPS 成果所采用的坐标系和起算数据，即明确 GPS 网所采用的基准，这项工作即是 GPS 网的基准设计。

在进行基准设计时，应考虑以下几个问题。

1）为求 GPS 点在地面坐标系中的坐标，应在地面坐标系中选定起算数据和联测原有地方控制点若干个，用于坐标转换。大、中城市 GPS 控制网应与附近的国家控制点联测 3 个以上，小城市或工程控制可以联测 2 ～ 3 个点。

2）为保证 GPS 网进行约束平差后坐标精度的均匀性以及减少尺度比误差的影响，对 GPS 网内重合的高等级国家点，除未知点连接图形观测外，对它们也要适当地构建长边图形。

3）GPS 网经平差计算后，可以得到 GPS 点在地面参照坐标系中的大地高，为求得 GPS 点的正常高，可根据具体情况联测高程点。

GPS 测量的实施主要包括测区踏勘、资料收集、器材与人员准备、观测计划的拟订和实施观测环节。

① 测区踏勘主要了解以下情况，以便制订观测计划。

a．交通情况：公路、便道等道路通行情况。

b．水系分布：江河、湖泊、池塘、水渠等的分布以及桥梁、码头等交通通行情况。

c．植被情况：森林、草原、农作物等分布情况。

d．控制点分布情况：测区各类控制点的分布情况，是否保存完整等。

e．居民点分布情况：测区内城镇、乡村、商店、住宿等情况。

f．当地民风民俗：测区所在区域的生活习俗、禁忌、社会治安等情况。

② 资料收集是指收集以下与测量工作相关的资料。

a．各类图件资料：测区的基本地形图、交通图等。

b．各类控制点成果：测区里已有的各类控制点坐标等成果。

c．各类参考资料：测区的区划图、气象、人口等参考资料。

③ 器材与人员准备主要是指调配 GPS、计算机、车辆、通信等器材，以及组织专业与辅助工作人员，并对人员进行相应的培训。

④ 观测计划的拟订主要依据以下因素。GPS 网的规模大小；点位精度质量要求；设备的数量与质量；人员队伍及后勤保障条件。

4.2.3 GPS测量的数据处理

GPS 接收机直接采集的是 GPS 接收机天线至卫星伪距、载波相位和卫星星历等数据。为得到满足测量工作需要的最终成果，GPS 测量的数据处理需要经过数据采集、数据传输、数据预处理和基线解算几个步骤。

1）数据采集是指在野外进行外业观测时取得原始观测数据，进行野外观测记录的同时用随机软件解算出测站点的位置和运动速度等基本信息。

2）数据传输是指用专用的电缆线、蓝牙、SD 卡等各种通信传输方式将接收机中的数据传输至内业作业的计算机中。

3）数据预处理的目的是对数据进行平滑滤波处理，剔除粗差；统一数据文件格式并将各类数据文件加工成标准化文件，找出整周跳变点并修复观测值，对观测值进行各种模型改正等。

4）基线解算是指在 GPS 测量过程中采用的是相对定位方法，也就是观测取得了两台接收机之间的相对位置差，对这两台接收机所连接构成的基线两端相对位置进行的解算。

4.3 北斗卫星导航系统（BDS）

4.3.1 BDS概述

北斗卫星导航系统（以下简称北斗系统）是中国着眼于国家安全和经济社会发展需要，自主建设、独立运行的卫星导航系统，是为全球用户提供全天候、全天时、高精度的定位、导航和授时服务的国家重要空间信息基础设施。20 世纪后期，中国开始探索适合国情的卫星导航系统发展道路，逐步形成了三步走发展战略：2000 年年底，建成北斗一号系统，向中国提供服务；2012 年年底，建成北斗二号系统，向亚太地区提供服务；2020 年前后，建成北斗全球系统，向全球提供服务。

随着北斗系统建设和服务能力的发展，相关产品已广泛应用于交通运输、海洋渔业、水文监测、气象预报、测绘地理信息、森林防火、通信服务、电力调度、救灾减灾、应急搜救等领域，逐步渗透到人类社会生产和人们生活的方方面面，为全球经济和社会发展注入了新的活力。

卫星导航系统是全球性公共资源，多系统兼容与互操作已成为发展趋势。中国始终秉持和践行“中国的北斗，世界的北斗”的发展理念，服务“一带一路”建设发展，积极推进北斗系统国际合作，与其他卫星导航系统携手，与各个国家、地区和国际组织一起，共同推动全球卫星导航事业发展，让北斗系统更好地服务全球、造福人类。

北斗卫星导航系统由空间段、地面段和用户段三部分组成，空间段包括5颗静止轨道卫星和30颗非静止轨道卫星，地面段包括主控站、注入站和监测站等若干个地面站，用户段包括北斗用户终端以及与其他卫星导航系统兼容的终端。

北斗卫星导航系统可为全球各类用户提供公开服务。系统于2012年12月27日完成区域阶段部署，可为亚太大部分地区提供公开服务，利用北斗卫星导航系统播发的公开服务信号，来确定用户位置、速度、时间的无线电导航服务。

（1）系统现状　截至2012年10月25日，北斗卫星导航系统已成功发射16颗卫星，并于2012年底组网运行，形成区域服务能力，面向我国及周边大部分地区提供无源定位、导航和授时等服务。该系统给亚太地区带来了更多的导航卫星资源，通过与其他系统兼容使用，可提供更可靠、稳定的服务。目前，北斗系统运行连续、稳定，服务区域内的系统性能满足指标要求，部分地区性能优于指标要求。北斗系统成为首个拥有两个民用频点并已经形成服务能力的系统。国内外相关企业将可开发北斗双频高精度接收机，使用户享受到精度更高的导航服务。

（2）系统应用　自北斗卫星导航系统提供服务以来，我国卫星导航应用在理论研究、应用技术研发、接收机制造及应用与服务等方面取得了长足进步。随着北斗卫星导航系统建设和服务能力的发展，已形成了基础产品、应用终端、系统应用和运营服务比较完整的应用产业体系。国产北斗核心芯片、模块等关键技术全面突破，性能指标与国际同类产品相当。相关产品已逐步使用推广到交通运输、海洋渔业、水文监测、气象预报、森林防火、通信授时系统、电力调度、救灾减灾等诸多领域，正在产生广泛的社会和经济效益，特别是在南方冰冻灾害，四川汶川、芦山和青海玉树抗震救灾、北京奥运会以及上海世博会期间发挥了重要作用。

1）在交通运输方面，北斗系统广泛应用于重点运输过程监控管理、公路基础设施安全监控、港口高精度实时定位调度监控等领域。

2）在海洋渔业方面，基于北斗系统，为渔业管理部门提供船位监控、紧急救援、信息发布、渔船出入港管理等服务。

3）在水文监测方面，成功应用于多山地域水文测报信息的实时传输，提高灾情预报的准确性，为制订防洪抗旱调度方案提供重要支持。

4）在气象预报方面，成功研制一系列气象测报型北斗终端设备，启动“大气海洋和空间监测预警示范应用”，形成实用可行的系统应用解决方案，实现了气象站之间的数字报文自动传输。

5）在森林防火方面，成功应用于森林防火，定位与短报文通信功能在实际应用中发挥了作用。

6）在通信授时方面，成功开展北斗双向授时应用示范，突破光纤拉远等关键技术，研制出了一体化卫星授时系统。

7）在电力调度方面，成功开展基于北斗的电力时间同步应用示范，为电力事故分析，电力预警系统、保护系统等高精度时间应用创造了条件。

8）在救灾减灾方面，基于北斗系统的导航定位、短报文通信以及位置报告功能，提供全国范围的实时救灾指挥调度、应急通信、灾情信息快速上报与共享等服务，显著提高了灾害应急救援的快速反应能力和决策能力。

北斗卫星导航系统助推中国卫星导航与位置服务产业进入新纪元，后续将为民航、航运、铁路、金融、邮政、国土资源、农业、旅游等行业提供更高性能的定位、导航、授时和短报文通信服务。

（3）缩略语

BDS——BeiDou Navigation Satellite System，北斗卫星导航系统，简称北斗系统；

BDT——BeiDou Navigation Satellite System Time，北斗时；

CGCS2000——China Geodetic Coordinate System 2000，2000 中国大地坐标系；

GEO——Geostationary Earth Orbit，地球静止轨道；

ICD——Interface Control Document，接口控制文件；

IGSO——Inclined Geosynchronous Orbit，倾斜地球同步轨道；

MEO——Medium Earth Orbit，中圆地球轨道；

NAV——Navigation （as in “NAV data” or “NAV message”），导航；

OS——Open Service，公开服务；

RF——Radio Frequency，射频；

PDOP——Position Dilution Of Precision，位置精度因子；

SIS——Signal In Space，空间信号；

TGD——Time Correction of Group Delay，群延迟时间改正；

URAE——User Range Acceleration Error，用户距离误差的二阶导数；

URE——User Range Error，用户距离误差；

URRE——User Range Rate Error，用户距离误差的一阶导数；

UTC —— Universal Time Coordinated，协调世界时；

UTCOE —— UTC Offset Error，协调时间时偏差误差；

bps —— bits per second，比特 / 秒；

CDMA —— Code Division Multiple Access，码分多址；

dBW —— Decibel with respect to 1 watt，分贝瓦；

GIVE —— Grid point Ionospheric Vertical delay Error，格网点电离层垂直延迟改正数误差；

GIVEI —— Grid point Ionospheric Vertical delay Error Index，格网点电离层垂直延迟改正数误差指数；

GNSS —— Global Navigation Satellite System，全球导航卫星系统；

GPS —— Global Positioning System，全球定位系统；

ICD —— Interface Control Document，接口控制文件；

IERS —— International Earth Rotation and Reference Systems Service，国际地球自转服务；

IGP —— Ionospheric Grid Point，电离层格网点；

AODC —— Age of Data, Clock，时钟数据龄期；

AODE —— Age of Data， Ephemeris，星历数据龄期；

IPP —— Ionospheric Pierce Point，电离层穿刺点；

IRM IERS —— IERS Reference Meridian，参考子午面；

IRP IERS —— IERS Reference Pole，参考极；

LSB —— Least Significant Bit，最低有效位；

Mcps —— Mega chips per second，百万码片 / 秒。

（4）空间段　空间星座部分由 5 颗地球静止轨道（GEO）卫星和 30 颗非地球静止轨道（Non-GEO）卫星组成。Non-GEO 卫星由 27 颗中圆地球轨道（MEO）卫星和 3 颗倾斜地球同步轨道（IGSO）卫星组成。

北斗系统目前在轨工作卫星有 6 颗 GEO 卫星、5 颗 IGSO 卫星和 5 颗 MEO 卫星。截至 2018 年 11 月 19 日，各颗卫星的发射日期、运载火箭、卫星轨道情况见表 4-4，卫星星座组成如图 4-2 所示。

各种类型卫星的相应位置：GEO 卫星的轨道高度为 35786km，GEO 卫星分别定点于东经 58.75°、80°、110.5°、140° 和 160°；MEO 卫星的轨道高度为 21528km，轨道倾角为 55°，均匀分布在 3 个轨道面上，回归周期为 7 天 13 圈，相位从 Walker24/3/1 星座中选择，第一轨道面升交点赤经为 0°；IGSO 卫星的轨道高度为 35786km，轨道倾角为 55°，分布在 3 个轨道面内，升交点赤经分别相差 120°，其中 3 颗卫星的星下点轨迹重合，交叉点经度为东经 118°，其余 2 颗卫星星下点轨迹重合，交叉点经度为东经 95°。

表 4-4　卫星的发射日期、运载火箭、卫星轨道

卫星	发射日期	运载火箭	轨道	状态
第 1 颗北斗导航试验卫星	2000.10.31	CZ-3A	GEO	退役
第 2 颗北斗导航试验卫星	2000.12.21	CZ-3A	GEO	退役
第 3 颗北斗导航试验卫星	2003.05.25	CZ-3A	GEO	退役
第 4 颗北斗导航试验卫星	2007.02.03	CZ-3A	GEO	退役
第 1 颗北斗导航卫星	2007.04.14	CZ-3A	MEO	退役
第 2 颗北斗导航卫星	2009.04.15	CZ-3C	GEO	退役
第 3 颗北斗导航卫星	2010.01.17	CZ-3C	GEO	正常
第 4 颗北斗导航卫星	2010.06.02	CZ-3C	GEO	在轨维护
第 5 颗北斗导航卫星	2010.08.01	CZ-3A	IGSO	正常
第 6 颗北斗导航卫星	2010.11.01	CZ-3C	GEO	正常
第 7 颗北斗导航卫星	2010.12.18	CZ-3A	IGSO	正常
第 8 颗北斗导航卫星	2011.04.10	CZ-3A	IGSO	正常
第 9 颗北斗导航卫星	2011.07.27	CZ-3A	IGSO	正常
第 10 颗北斗导航卫星	2011.12.02	CZ-3A	IGSO	正常
第 11 颗北斗导航卫星	2012.02.25	CZ-3C	GEO	正常
第 12、13 颗北斗导航卫星	2012.04.30	CZ-3B	MEO	正常
第 14 颗北斗导航卫星	2012.09.19	CZ-3B	MEO	退役
第 15 颗北斗导航卫星	2012.09.19	CZ-3B	MEO	正常
第 16 颗北斗导航卫星	2012.10.25	CZ-3C	GEO	正常
第 17 颗北斗导航卫星	2015.5.30	CZ-3C	IGSO	在轨试验
第 18、19 颗北斗导航卫星	2015.7.25	CZ-3B	MEO	在轨试验
第 20 颗北斗导航卫星	2015.9.30	CZ-3B	IGSO	在轨试验
第 21 颗北斗导航卫星	2016.2.1	CZ-3C	MEO	在轨试验
第 22 颗北斗导航卫星	2016.3.30	CZ-3A	IGSO	正常
第 23 颗北斗导航卫星	2016.6.12	CZ-3C	GEO	正常
第 24、25 颗北斗导航卫星	2017.11.15	CZ-3B	MEO	正常
第 26、27 颗北斗导航卫星	2018.1.12	CZ-3B	MEO	正常
第 28、29 颗北斗导航卫星	2018.2.12	CZ-3B	MEO	正常
第 30、31 颗北斗导航卫星	2018.3.30	CZ-3B	MEO	正常
第 32 颗北斗导航卫星	2018.7.10	CZ-3A	IGSO	正常
第 33、34 颗北斗导航卫星	2018.7.29	CZ-3B	MEO	正常
第 35、36 颗北斗导航卫星	2018.8.25	CZ-3B	MEO	正常
第 37、38 颗北斗导航卫星	2018.9.19	CZ-3B	MEO	正常
第 39、40 颗北斗导航卫星	2018.10.15	CZ-3B	MEO	正常
第 41 颗北斗导航卫星	2018.11.1	CZ-3B	GEO	在轨测试
第 42、43 颗北斗导航卫星	2018.11.19	CZ-3B	MEO	正常

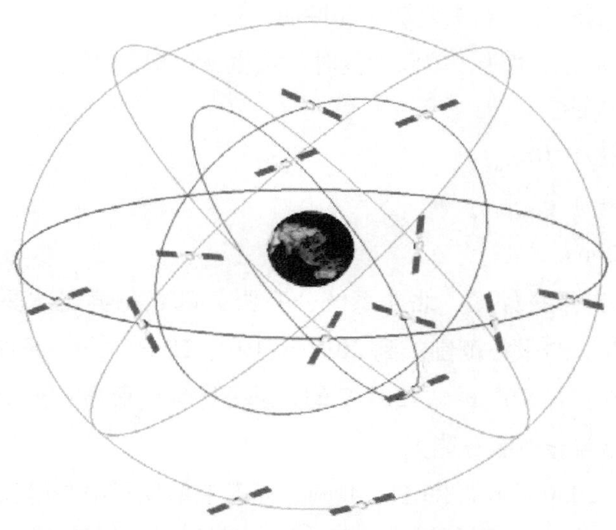

图 4-2　北斗系统星座示意图

（此图出自北斗卫星导航系统公开服务性能规范 2.0 版，[EB/OL].http：//www.beidou.gov.cn/xt/gfxz/.）

（5）地面控制段　地面控制段负责系统导航任务的运行控制，主要由主控站、时间同步 / 注入站、监测站等组成。

1）主控站是北斗系统的运行控制中心，主要任务包括：

① 收集各时间同步 / 注入站、监测站的导航信号监测数据，进行数据处理，生成导航电文等。

② 负责任务规划与调度和系统运行管理与控制。

③ 负责星地时间观测比对，向卫星注入导航电文参数。

④ 卫星有效载荷监测和异常情况分析等。

2）时间同步 / 注入站主要负责完成星地时间同步测量，向卫星注入导航电文参数。

3）监测站对卫星导航信号进行连续观测，为主控站提供实时观测数据。

（6）用户段　用户段是指各类北斗用户终端，包括与其他卫星导航系统兼容的终端，以满足不同领域和行业的应用需求。

（7）时间系统　北斗卫星导航系统的时间基准为北斗时（BDT）。BDT 采用国际单位制（SI）s（秒）为基本单位连续累计，不闰秒，起始历元为 2006 年 1 月 1 日协调世界时 (UTC) 00 时 00 分 00 秒。BDT 通过中国科学院国家授时中心保持的 UTC，即 UTC (NTSC) 与国际 UTC 建立联系，BDT 与 UTC 的偏差保持在 100ns（纳秒）以内。BDT 与 UTC 之间的闰秒信息在导航电文中播报。

（8）坐标系　北斗卫星导航系统的坐标框架采用 2000 中国大地坐标系（CGCS2000）。

（9）主要功能和性能指标　北斗卫星导航系统建成后将为全球用户提供卫星定位、测速和授时服务，并为我国及周边地区用户提供定位精度优于 1m 的广域差分服务和 120 个

汉字 / 次的短报文通信服务。其主要功能和性能指标如下：

1）主要功能：定位、测速、单双向授时、短报文通信。

2）服务区域：全球。

3）定位精度：优于 10m。

4）测速精度：优于 0.2m/s。

5）授时精度：20ns。

（10）北斗系统公开服务区　北斗系统公开服务区是指满足水平和垂直定位精度优于 10m（置信度 95%）的服务范围。到 2012 年 10 月 25 日，北斗系统已实现区域服务能力，包括 55° S ～ 55° N，70° E ～ 150° E 的大部分区域的服务；到 2018 年 11 月 19 日，BDS 已具备全球定位与导航服务能力。

（11）后续发展　2020 年 6 月 23 日，我国在西昌卫星发射中心用长征三号乙运载火箭，成功发射北斗系统第 55 颗导航卫星，即北斗三号最后一颗全球组网卫星，至此北斗三号全球卫星导航系统星座部署比原计划提前半年全面完成。

此次发射的卫星属地球静止轨道卫星，经过一系列在轨测试入网后，我国将进行北斗全系统联调联试，在确保系统运行稳定可靠、性能指标优异的基础上，择机面向用户提供全天时、全天候、高精度的全球定位导航授时服务，以及星基增强、短报文通信、精密单点定位等特色服务。

1）基本导航服务。为全球用户提供服务，空间信号精度将优于 0.5m；全球定位精度将优于 10m，测速精度优于 0.2m/s，授时精度优于 20ns；亚太地区定位精度将优于 5m，测速精度优于 0.1m/s，授时精度优于 10ns，整体性能大幅提升。

2）星基增强服务。按照国际民航组织标准，服务中国及周边地区用户，支持单频及双频多星座两种增强服务模式，满足国际民航组织相关性能要求。

3）短报文通信服务。中国及周边地区短报文通信服务的服务容量提高 10 倍，用户机发射功率降低到原来的 1/10，单次通信能力 1000 汉字（14000bit）；全球短报文通信服务单次通信能力 40 汉字（560bit）。

4）精密单点定位服务。服务中国及周边地区用户，具备动态分米级、静态厘米级的精密定位服务能力。

目前，全世界一半以上的国家都开始使用北斗系统。后续，中国北斗将持续参与国际卫星导航事务，推进多系统兼容共用，开展国际交流合作，根据世界民众需求推动北斗海外应用，共享北斗最新发展成果。

中国北斗，服务全球，造福人类。人类梦想追逐到哪里，就希望时空定位到哪里；人类脚步迈进到哪里，就希望导航指引到哪里。2035 年，我国将建设、完善更加泛在、更加融合、更加智能的综合时空体系，进一步提升时空信息服务能力，为人类走得更深更远做出中国贡献。

4.3.2　地面站使用及控制点测量

下面内容出自广州中海达卫星导航技术股份有限公司《无人机航测培训资料》。

（1）地面站使用　打开中海达无人机飞控软件地面站菜单，如图 4-3 所示，单击界面右侧的 GROUND STATION，进入地面站操作界面，如图 4-4 所示。

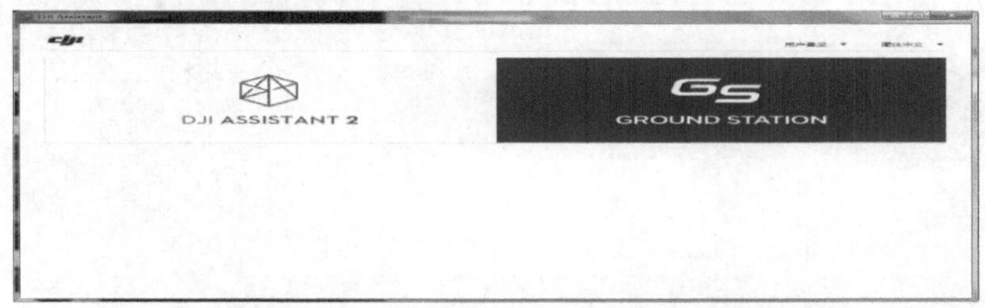

图 4-3　中海达无人机飞控软件地面站菜单

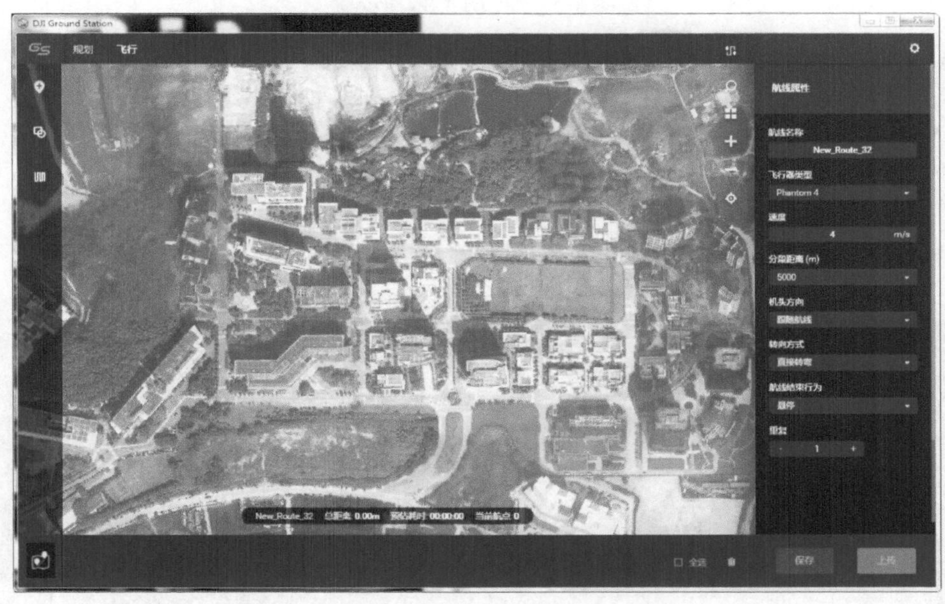

图 4-4　中海达无人机飞控软件地面站操作界面

1）航线规划操作步骤如下：

① 单击“测绘模板”按钮。

② 修改航线属性。

③ 选择飞行区域。

④ 调整飞行区域。

⑤ 单击“确认”按钮，操作过程如图 4-5 所示。

图 4-5　航线规划操作步骤

2）航线生成操作步骤如下：

① 单击“航点属性”按钮。

② 修改航点属性。

③ 保存航线。

④ 上传航线，操作过程如图 4-6 所示。

图 4-6　航线生成操作步骤

3）测绘航线显示界面如图 4-7 所示，各参数的意义如下。

① 航线方向：根据飞行区域形状及起飞点位置对航线走向进行调整。

② 高度：根据地面分辨力要求及现场建筑高度评估填入。高度 = 相机焦距 × 地面分辨力 ÷ 像元尺寸。

③ 相机预设参数：所使用相机对应的传感器大小及焦距。

④ 覆盖率：横向覆盖率即旁向重叠率，纵向覆盖率即航向重叠率，根据飞行区域房屋密集程度及高度进行设置。横向覆盖率决定航线间距，影响飞行效率；纵向覆盖率决定拍照间隔，影响后期数据处理速度。

⑤ 速度：即巡航速度，视天气情况而定，范围为 2 ～ 15m/s。

4）航线属性显示界面如图 4-8 所示，各参数的意义如下。

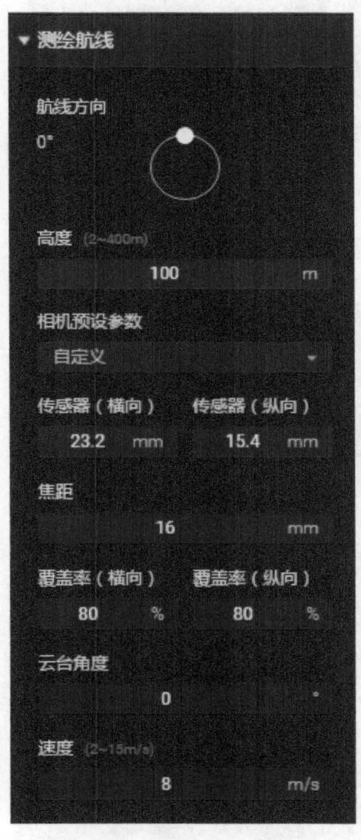

图 4-7　测绘航线显示界面

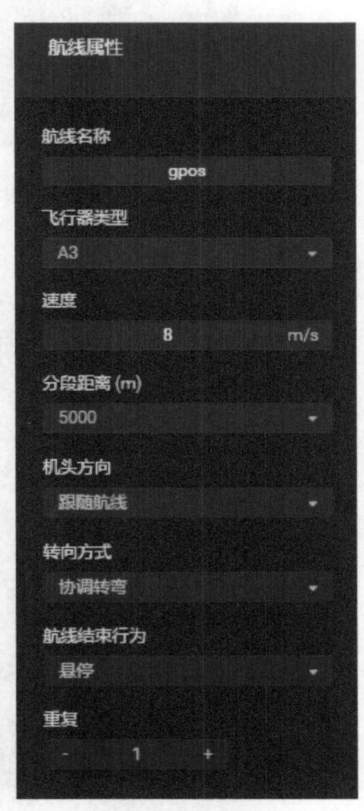

图 4-8　航线属性显示界面

① 飞行器类型：单击下拉箭头选择 A3。

② 速度：指起飞点飞向第一个航点的速度，一般与巡航速度一样即可，最快速度不超过 10m/s。

③ 分段距离：即断点续航距离，最长 5km，航线航程每超 5km 需断点续航一次。

④ 转向方式：分直接转弯与协调转弯。直接转弯较平稳但效率低，协调转弯迅速但姿态角较大，效率较高，一般建议设置为协调转弯。协调转弯半径 = 航线间距 ÷2−1，每

次重新打开航线时，都需要修改转弯半径。

⑤ 其他参数采用默认值。

5）航线保存。保存航线时要注意，除了修改航线名称外，还要将保存界面左下角的“另存为”选项勾选上，防止覆盖其他航线。航线保存界面如图 4-9 所示。

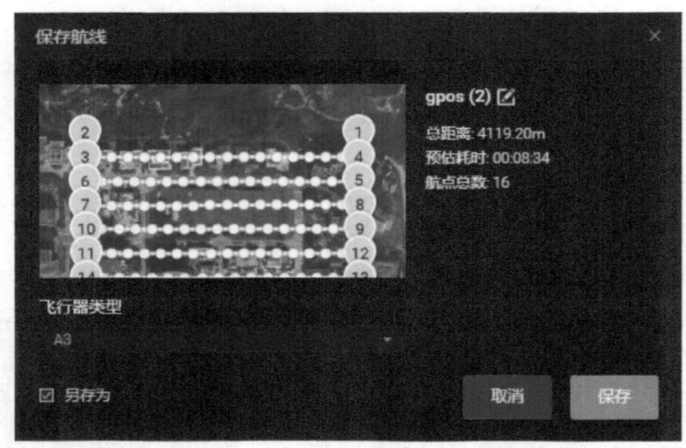

图 4-9　航线保存界面

6）航线库。航线库具有导出、导入及编辑航线的功能，其界面如图 4-10 所示。

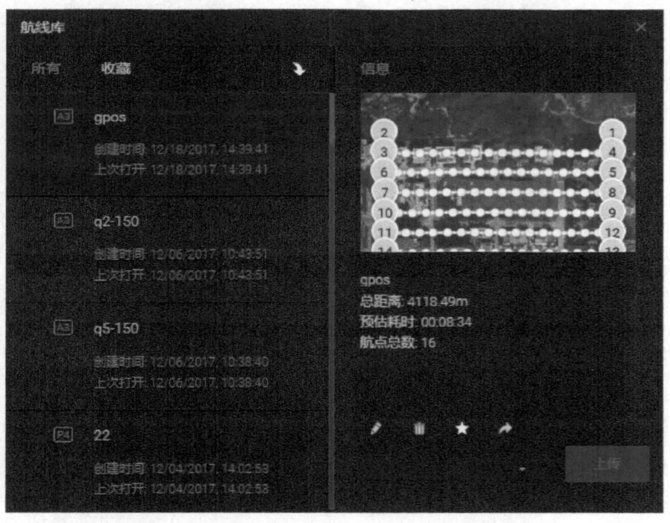

图 4-10　航线库界面

7）倾斜航线规划。如图 4-11 所示，蓝色范围线为任务区域，如成果需求是倾斜三维模型，航线规划就必须在原任务范围上向四周外扩航高的距离，例如飞行高度为 100m，那么就要向四周外扩 100m。

8）正射航线规划。如图 4-12 所示，蓝色范围线为任务区域，成果需求是正射影像图，航线刚好能覆盖飞行区域即可。

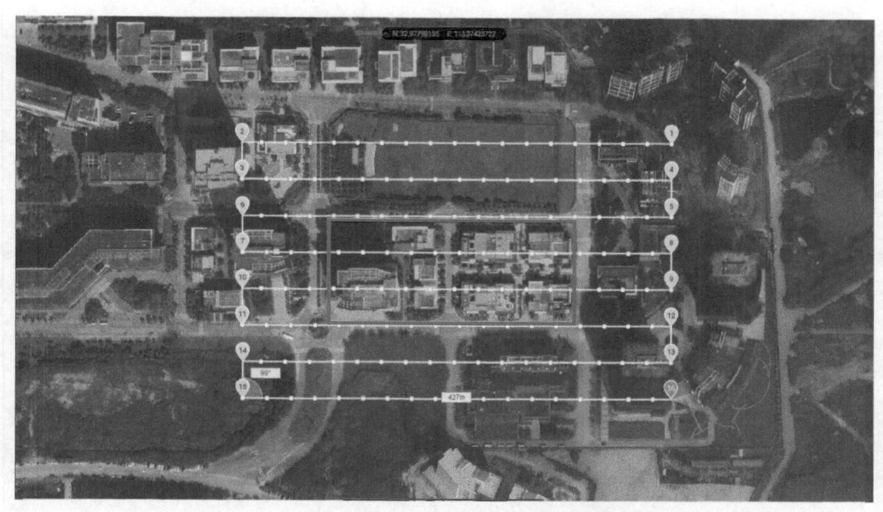

图 4-11 倾斜航线规划示意图

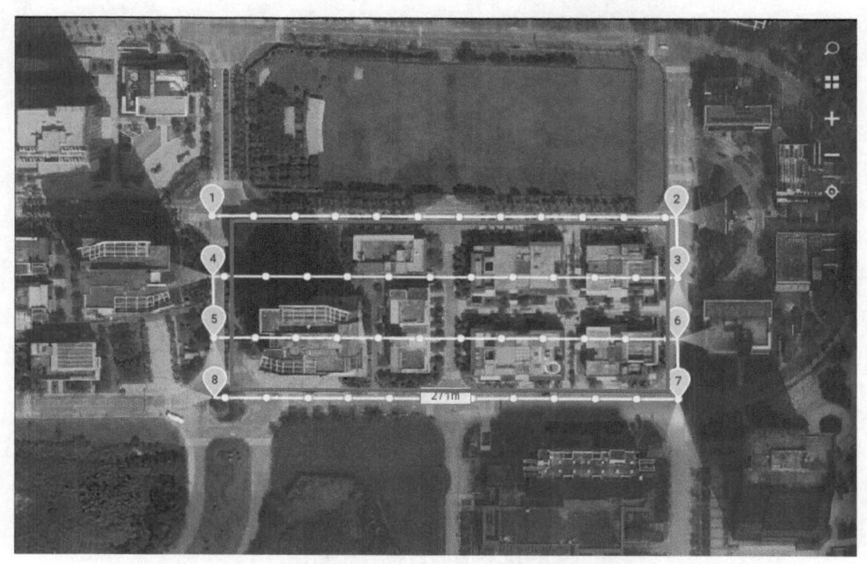

图 4-12 正射航线规划示意图

（2）像控点测量　像控点测量是航空摄影测量的一个重要组成部分，像控点的数量及精度直接影响后期数据成果的精度。高精度的倾斜数据成果可通过后期软件处理形成1:500、1:1000 等比例尺地形图，可应用于道路规划、土地测量等领域。

1）像控点预设。根据地面站航线规划区域，在影像上面进行像控点预设，原则上按飞行区域平均分布，每个架次至少有 4 个像控点，分别分布在 4 个角上，如图 4-13 所示。

2）像控点选择。像控点应选择在航摄图像上清晰、明显、空旷、色差较大的标识物，像控点所处地面尽量平整，无高低落差，确保刺点工作时不产生高程异议；点位所处位置应该规则，以多边形棱角为佳；城市内可选择斑马线等明显地物，如图 4-14 所示。

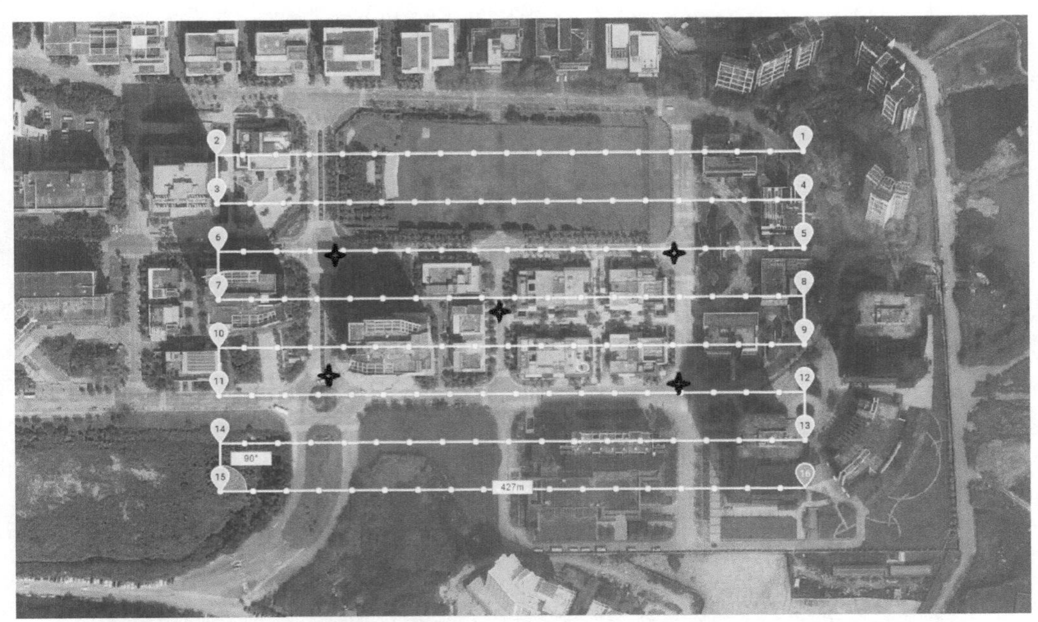

图 4-13　像控点预设示意图

图 4-14　像控点选择示意图

3）像控点敷设。在没有现成的明显标识物的情况下，飞行前要进行像控点敷设。敷设像控点时，应注意周围是否存在较高地物的遮挡，尽量选择较广阔的地方进行敷设；尽量选一些无干扰信息的位置，避免后期采集时出现较大误差。选点时还需查看点位地物近期是否会发生变化或遭人为破坏，尽量避开人流量大和人为活动较多的地方，如图 4-15 所示。

4) 像控点测量。根据项目需求采用 GNSS-RTK 方法，设置相应的坐标系参数进行测量，测量时每个像控点最好观测 2 个测回，每测回平滑 5 ～ 10 次，保证像控点的精度及可靠性。观测的每个像控点必须现场拍照，以便于外业回来后找到在航片上相对应的像控点。拍照时应注意远景和近景结合，必须把点位及其周边的信息记录完整。

图 4-15 像控点敷设示意图

4.3.3 无人机机载PPK的使用方法

下面内容选自广州中海达卫星导航技术股份有限公司《iFly D6 机载 PPK 使用手册》。

(1) 基站架设 基站架设的具体步骤如下。

1) 准备器材：中海达 GNSS-RTK 接收机、三脚架、基座、3m 钢卷尺。

2) 架设接收机：在飞行区域附近，选一块空旷无遮挡处，架设中海达 GNSS-RTK 接收机并开机。

3) 设置软件参数：

① 打开 Hi-Survey Road V1.3.2 软件，如图 4-16 所示；单击“设备连接”按钮进入“设备连接”界面，如图 4-17 所示，再单击“连接”按钮，进入图 4-18 所示的“搜索设备”界面。

图 4-16 Hi-Survey Road V1.3.2 界面

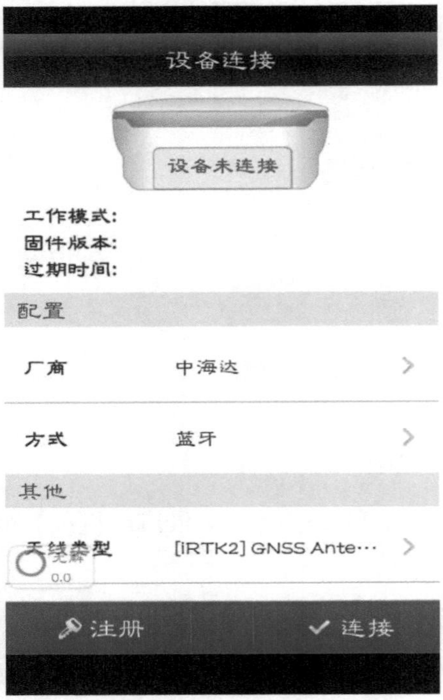

图 4-17 “设备连接”界面

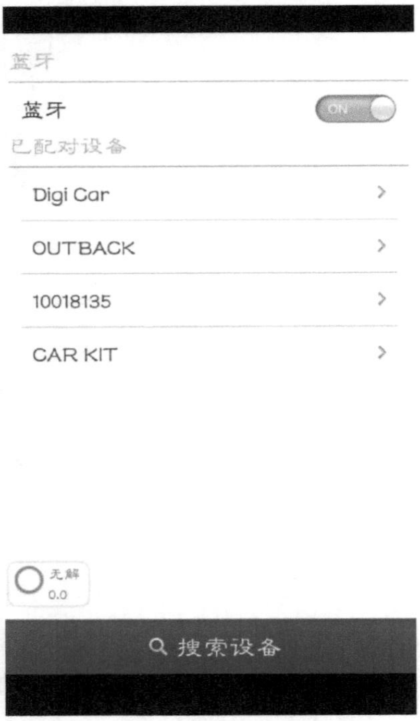

图 4-18 “搜索设备”界面

② 单击图 4-18 界面下方的“搜索设备”按钮，开始搜索设备，完毕后出现对应基准站的蓝牙编号并连接。连接蓝牙完毕，返回图 4-19 所示基准站“设备连接”界面。

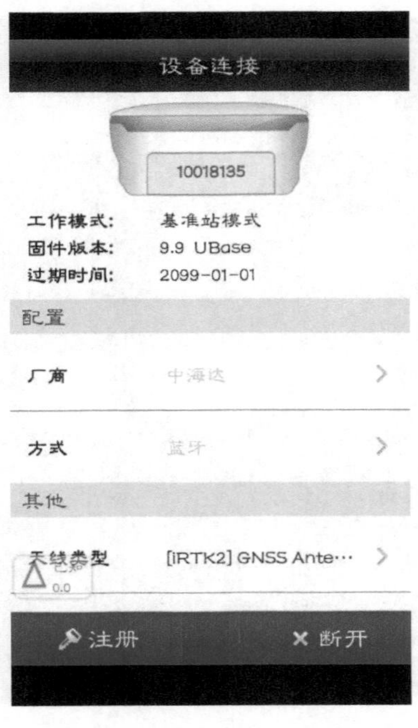

图 4-19 基准站“设备连接”界面

③ 单击图 4-16 所示界面右上角的“移动站”按钮，进入“设置移动站”界面，如图 4-20 所示。在图 4-20 所示界面单击“数据链”按钮，选择“手簿差分”，并输出可用 CORS 账号及对应参数，如图 4-21 所示。输入参数完毕后，在图 4-21 中单击右上角的“设置”按钮，则自动检查参数并登录。登录成功则返回图 4-16 所示界面；单击“基准站”按钮，进入“设置基准站”界面，如图 4-22 所示。

图 4-20 “设置移动站”界面

图 4-21 “手簿差分”设置界面

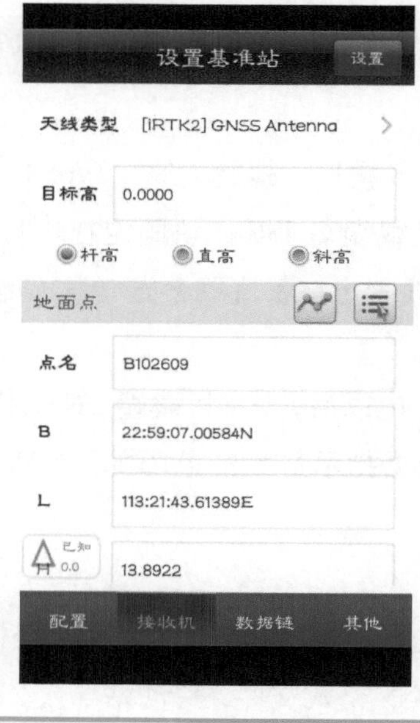

图 4-22 “设置基准站”界面

4）设置目标高：用钢卷尺测量地面点到 RTK 天线相位中心的距离，并填入相应数值（单位：m），高度类型根据测量时选择对应类型，在“固定解”状态下单击按钮进行“平滑”，获取基准站坐标，平滑完毕后单击右上角“设置”按钮完成设置。

基准站设置完成后，返回图 4–16 所示界面，单击“静态采集”按钮，进入“静态采集设置”界面，如图 4–23 所示。采样间隔选择 5Hz，然后输入文件名，杆高（P）栏填入基站设置高度，截止高度角根据用户需求填入。设置完成后单击“开始”按钮，开始记录静态数据，基站架设完成。

静态采集设置

采样间隔 5Hz

文件名 xxx

杆高(P) 0.0000 设置

截止高度角(<=30°) 12

纯静态

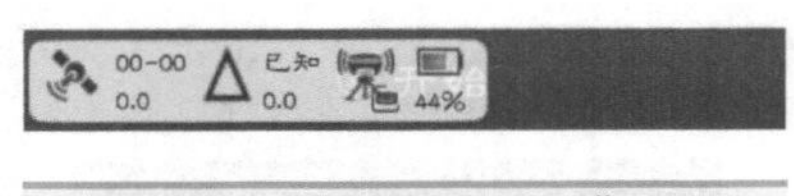

图 4–23 “静态采集设置”界面

（2）PPK 挂载调试

1）准备器材：机载端 GNSS 模块、螺旋天线、Type-C 5 转接线。

2）挂载 GNSS 模块。将机载端 GNSS 模块固定在机身下方合适位置，并用转接线连接机身黑盒子模块；将螺旋天线固定在整流罩上方（尽可能与云台同一中心线），并将另一端与机载端 GNSS 模块连接。

3）调试 GNSS 模块。飞机上电以后，观察机载端 GNSS 模块侧面三个显示灯：Power（电源指示灯）绿色常亮、SD（数据指示灯）红色闪烁、NAV（卫星指示灯）绿色常亮即可正常作业。

（3）数据解算

1）打开 UAV-PPK 软件，先新建项目，项目名称和路径根据需求自定，如图 4–24 所示。

2）导入数据。基站导入 GNS 格式文件，移动站导入 ZHD 格式文件，如图 4–25 所示。将“惯导数据”空置，然后单击“确定”按钮，完成后弹出“坐标系统”界面，如图 4–26

所示。其中“椭球”选项卡中，源椭球选择“WGS84”，当地椭球选择“北京 54”。

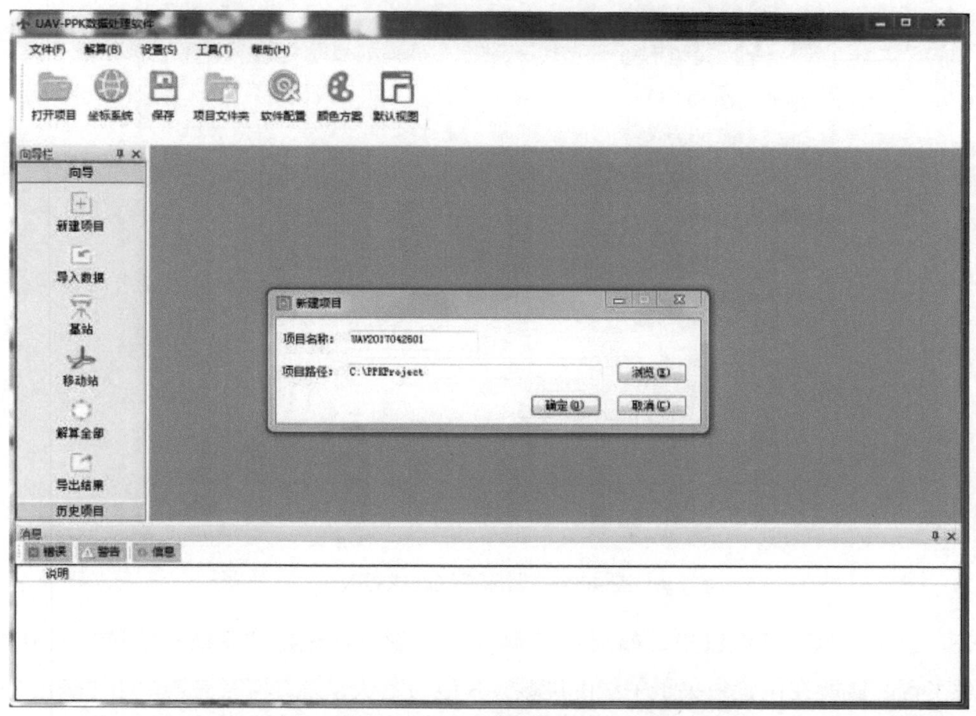

图 4-24　新建项目界面

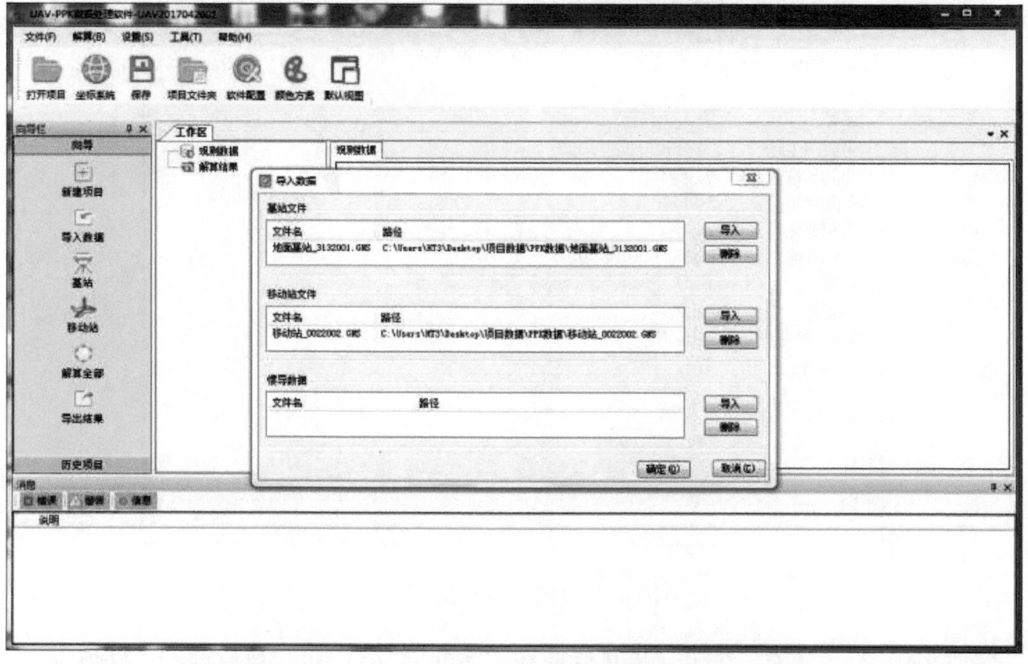

图 4-25　导入数据界面

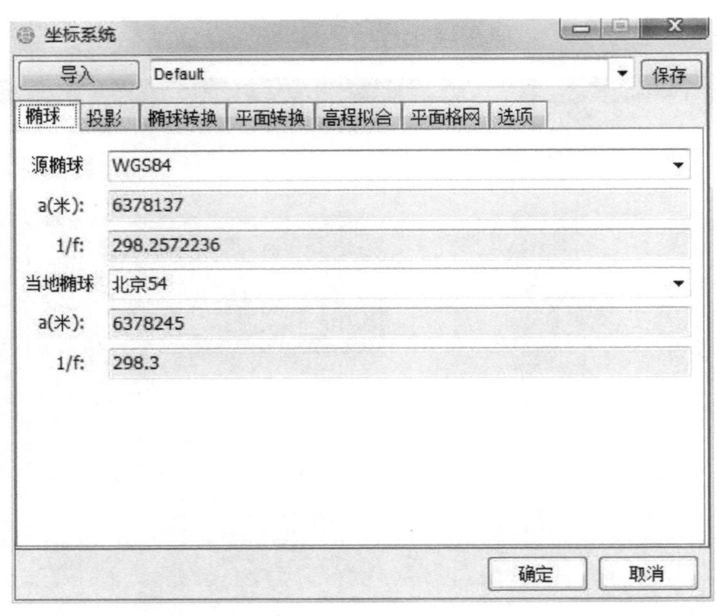

图 4-26　坐标系统椭球界面

在“投影”选项卡设置中，如图 4-27 所示，投影方法选择“高斯三度带”，中央子午线填写飞行区域所在位置中央子午线的度数，其他为默认设置，填写完毕单击“确定”按钮。

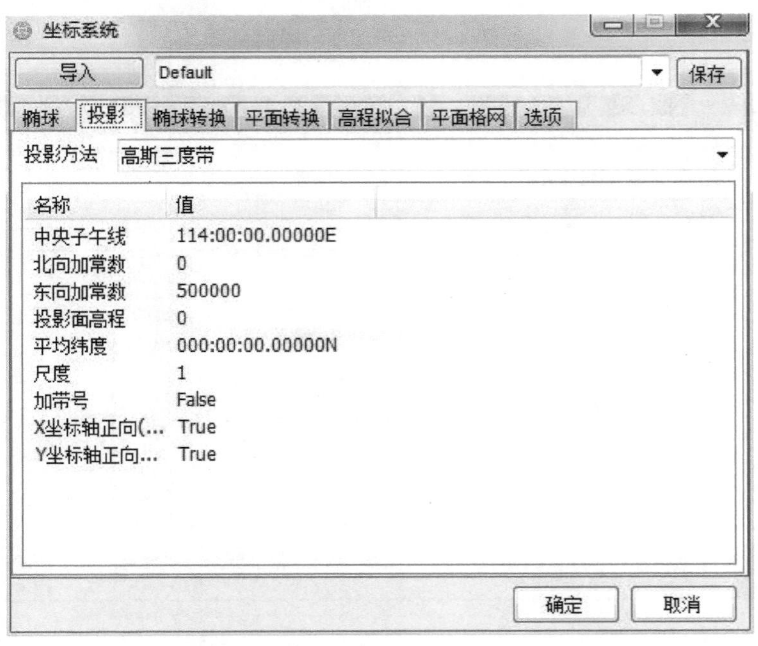

图 4-27　坐标系统投影界面

3）基站设置。基站“基本”设置界面如图 4-28 所示，在“基站坐标”选项组中，坐标椭球选择“WGS84”，坐标类型选择“BLH”，分别输入基站坐标点，然后单击“保存”

按钮。

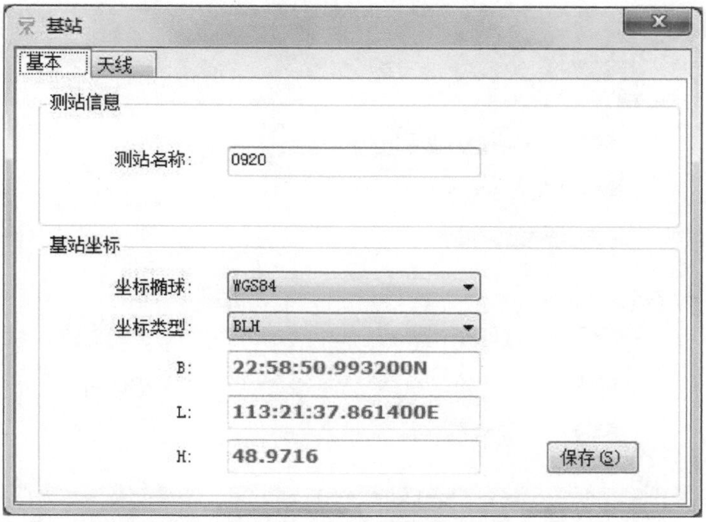

基站
基本　天线
测站信息
测站名称：0920
基站坐标
坐标椭球：WGS84
坐标类型：BLH
B：22:58:50.993200N
L：113:21:37.861400E
H：48.9716
保存(S)

图 4-28　基站“基本”设置界面

基站“天线”设置界面如图 4-29 所示，设置模式选择“按接收机类型”，接收机类型选择“unknown”，单击“保存”按钮；“仪器高”选项组中，量测至选择“天线相位中心”，量高填入基站架设高度，单击“保存”按钮，然后关闭基站窗口。

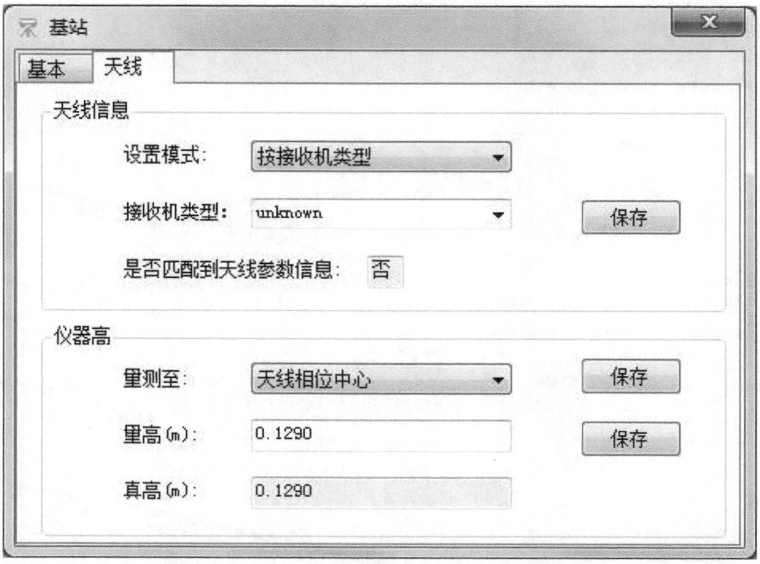

基站
基本　天线
天线信息
设置模式：按接收机类型
接收机类型：unknown　保存
是否匹配到天线参数信息：否
仪器高
量测至：天线相位中心　保存
量高(m)：0.1290　保存
真高(m)：0.1290

图 4-29　基站“天线”设置界面

4）移动站设置。移动站设置界面如图 4-30 所示，“天线信息”选项组中，设置模式选择“按接收机类型”，接收机类型选择“unknown”，单击“保存”按钮；“仪器高”选项组中，量测至选择“天线相位中心”，对于 Q5 型号的移动站天线，量高输入 0.029m；

对于 Q2 型号的移动站天线，量高输入 0.031m；单击“保存”按钮，然后关闭移动站窗口。

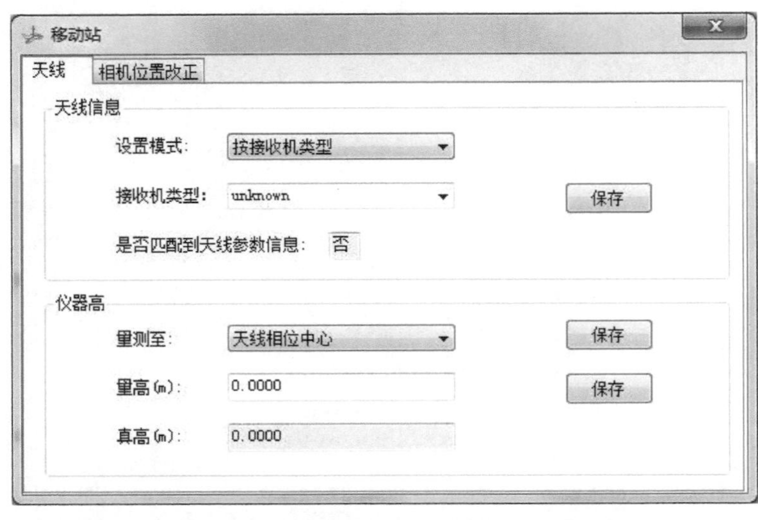

图 4-30　移动站设置界面

5）解算。解算过程界面如图 4-31 所示，解算过程中要看是否全程都是固定解，否则数据存在问题，解算结果不准确。待解算进度条显示完成后，界面左下角会有提示，解算完成界面如图 4-32 所示。

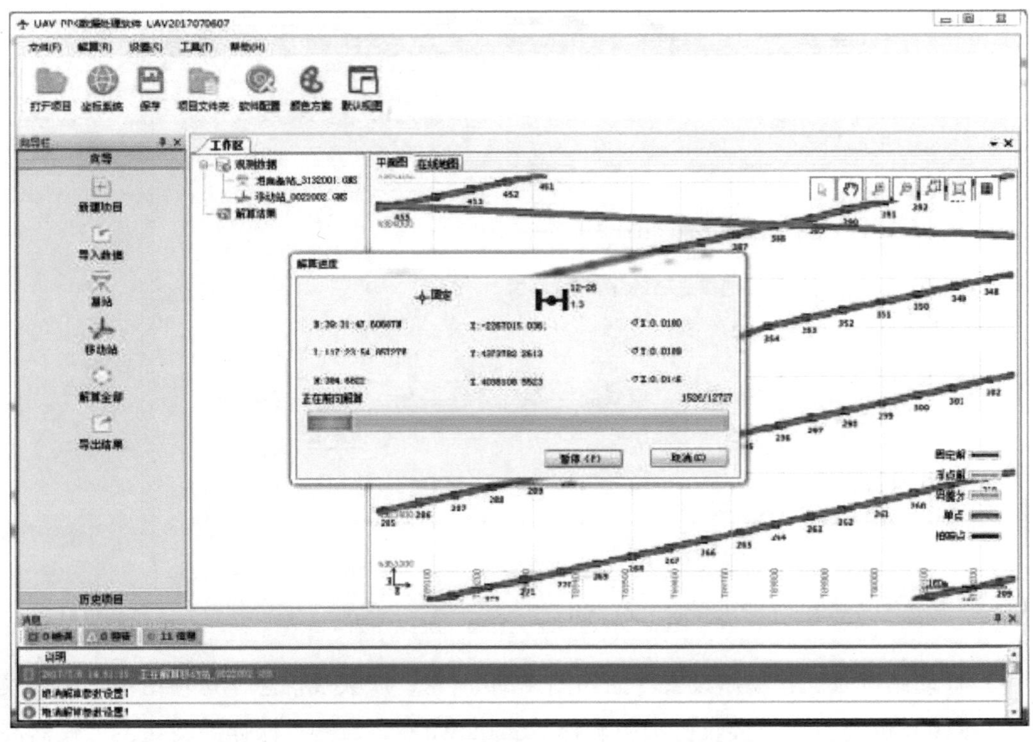

图 4-31　解算过程界面

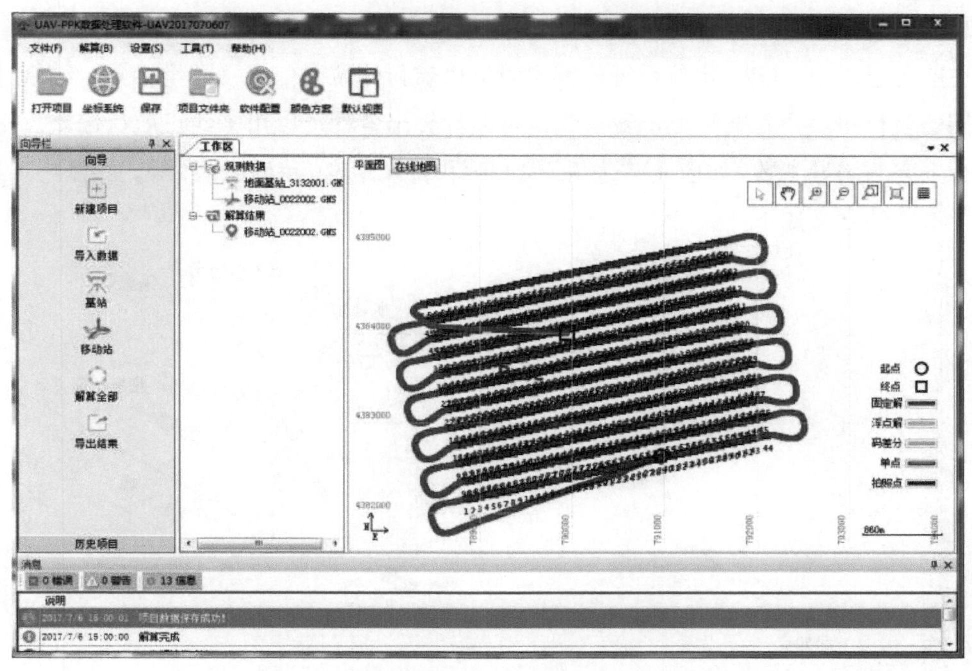

图 4-32　解算完成界面

6）导出数据。解算完成之后，单击“导出数据”按钮即可导出数据。

说明：以上解算是以 WGS84 坐标系为基础的，如采用其他坐标系，须进行相应坐标转换。

4.4　卫星导航与 RTK 测量

4.4.1　GPS卫星导航方法

导航的任务是引导航行体自起点出发沿着预定的航线，经济而安全地到达目的地。经常测定航行中的航行体位置，是完成导航任务的一个重要课题，因为引航人员需要随时了解航行体已经到达的位置，以便掌握航行体的运动状态，判明其有无偏离预定的航线，偏离的程度如何，当前的处境有无危险，原定计划航线能否继续实施，还是需做适当的调整和修正等。正因为在航行中定位问题如此重要，因此习惯上将测定位置的方法和技术称为导航。

1．基本概念

对于任何某一具体的导航过程，首先必须确定本次航行的起始点、目的点以及航行计划路径。路径的标定一般是用一系列均匀分布于路径上的坐标点来确定，这些坐标点称为航路点。起始点、目的点、航路点的位置坐标可以是从地图上量取的，也可以是直接测得的，总之必须是已知的，如图 4-33 所示。

在航行过程中，GPS 定位系统能够实时提供航行体位置信息（即坐标），结合计算机中存储的航行路径中各航路点位置信息，可以计算出各种可以用来纠正航行偏差、指导正确航行方向的制导参数，如应飞航迹角、偏航距和待航距离（待航时间）等，如图 4-34 所示。各制导参数的含义如下：

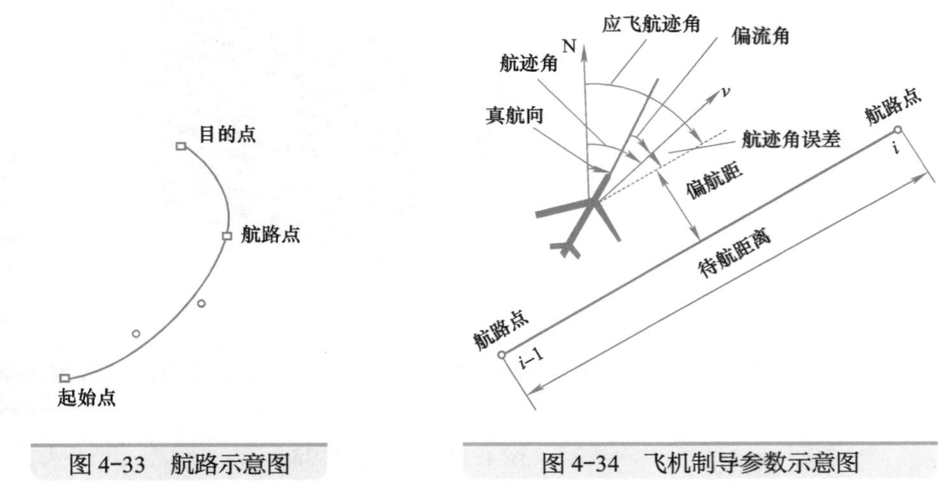

图 4-33　航路示意图

图 4-34　飞机制导参数示意图

（1）应飞航迹角　正北方向顺时针旋转到航行计划规定航线的角度。

（2）地速 v　邻近航路点相连构成的航行轨迹的前进方向。

（3）真航向　瞬间机身的飞行方向。

（4）航迹角　正北方向顺时针旋转到地速 v 方向的夹角。

（5）偏流角　真航向与地速 v 之间的瞬间夹角。

（6）航迹角误差　地速 v 与航行计划规定的航线间的夹角。

（7）偏航距　瞬间飞机的中心位置偏离航行计划规定航线的距离。

利用制导参数，可以计算出航行体的操作指令，再通过控制系统，可以实现航行的自动控制。按照给定的航行计划航行，常因自然条件和任务的改变而不可能实现。随着科学技术的发展，20 世纪 80 年代民用飞机以经济、准时、安全为目的，发展形成了飞行管理系统；军用飞机以完成军事任务为目的，发展形成了飞行综合控制系统；公路交通以经济、快速为目的，发展形成了智能交通管理系统。这些系统都能在任务和地理、交通、气象情况改变的条件下自动计算出最优的前进路径，并将控制系统和导航系统组合在一起，完成航行任务。这些系统对导航系统的准确性和可靠性提出了更高的要求，促使导航系统向综合化和容错化方向发展。

2．GPS单机导航

顾名思义，单机就是在航行体上仅仅装配一台 GPS 接收机，单独实时导航，其在地质勘探、资源调查、船只航行、汽车导航等方面得到了广泛应用。因为一台 GPS 接收机只要能接收到 4 颗以上的卫星信号便可测定出所在的位置。因此，GPS 单机导航操作和使用非常简单，价格也便宜，且具有全天候、全球性、较高精度及实时三维定位和测速能力。

但是在众多的情况下，单机导航还需要配备适当的辅助设备，以保证导航的可靠性。如船只航行不仅要确定船的实时位置，还必须实时测定水深，才不致使船只触礁而保证能够安全地航行。又如汽车导航时，当汽车行驶在高层建筑林立的街道或林荫道上时，可能 GPS 接收机接收不到足够的卫星数以满足定位的需要，故一般在汽车上还要配备电子罗盘，结合速度计和相应软件来实现不能实施 GPS 定位情况下的连续定位导航工作。在陆地车辆的导航中，还经常配备导航电子地图、交通信息库和智能选线功能，以帮助驾驶员安全、快速地到达目的地。

3．差分GPS导航

由于 SA（Selective Availability）政策即可用性选择政策降低了使用 C/A 码单频接收机民用用户的定位精度，因而提出了如何提高民用定位精度的问题。差分 GPS 导航就是适应这一要求而产生的，其原理如图 4-35 所示。在地面已知位置上设置一个地面站，地面站由一个 GPS 差分接收机和一个 GPS 差分发射机组成。差分接收机接收 GPS 卫星信号，监测 GPS 差分系统的误差，并按规定的时间间隔将修正信息发送给用户，用户再用修正信息校正自己的测量或位置解。差分 GPS 导航有以下两种工作方式。

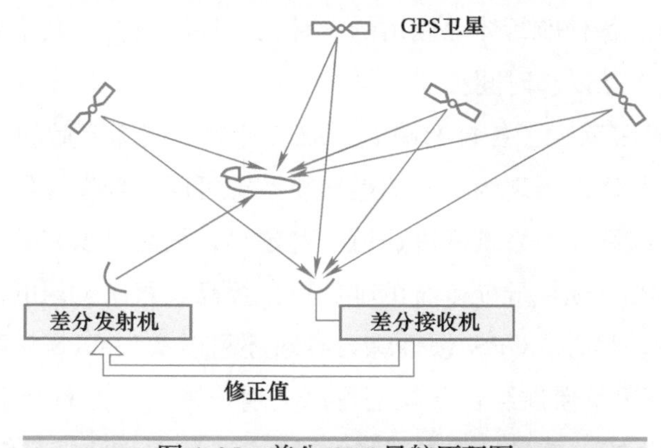

图 4-35 差分 GPS 导航原理图

（1）位置差分法　差分接收机和用户接收机一样，通过伪距测量确定自己的位置，即将测量确定的位置数据和已知位置数据进行比较，求得位置改正数 Δx、Δy、Δz。通过发射机将这些位置修正信息发送给用户接收机，用户接收机再用以校正自己的输出坐标。

（2）伪距差分法　地面接收机对所有可见卫星测距，并根据星历数据和已知位置计算用户到卫星的距离，两者相减得到伪距误差，将伪距误差作为修正信息发送给用户接收机，用户接收机用来修正自己测量的伪距，然后进行定位计算。这种方法不要求用户接收机和地面接收机使用相同的星座，使用方便，但对地面接收机要求的通道数多。

上述两种工作方式都是以用户接收机和地面接收机具有相同的误差为前提的。实际上两台接收机所处的位置不同，接收机本身也不一样，因此误差不可能相同，因而随着两台接收机间距离的增大，修正效果会变差。

在差分 GPS 导航中，如果地面站向用户发送修正信息时，能够完全按照导航卫星发送的信号格式发送信号，则用户接收机就可以把地面站也看作是一颗卫星，称为“伪卫星”。这种采用伪卫星的差分 GPS 相当于增加了一颗卫星，因而可以有效地改善导航卫星的几何配置，从而进一步提高导航精度，而且可以增强完整性自主检测的能力。

4．GPS/惯性综合导航

GPS 是一种高精度的全球三维实时导航的卫星导航系统，其导航定位的全球性和高精度，使之成为一种先进的导航设备。但是 GPS 也存在一些不足之处，主要是：卫星星座对地球覆盖不完善，特别是在中纬度地区，存在所谓的“间隔区”。另外，GPS 接收机的工作受到飞行器机动的影响，当飞行器的机动超过 GPS 接收机的动态范围时，接收机会失锁，从而不能工作，或者动态误差太大，超过允许值，不能使用。当用于无人驾驶的飞行器时，由于 GPS 接收机数据更新频率低（一般每秒一次），因而难以满足实时控制的要求。由于上述不足，目前 GPS 全球定位系统在高可靠性的领域，还只能作为一种辅助导航设备，而不能作为唯一的导航设备使用。

惯性导航系统由于工作的完全自主性，在航空、航天、航海和许多民用领域都得到了广泛的应用，成为目前各种航行体上应用的一种主要导航设备。其主要缺点是导航定位误差随着时间增长，因而难以长时间独立工作。

GPS/ 惯性综合导航克服了各自的缺点，取长补短，使综合后的导航精度高于两个系统单独工作的精度。其优点表现为：对惯性导航系统可以实现惯性传感器的校准、惯性导航系统的空中对准、惯性导航系统高度通道的稳定等，从而可以有效地提高惯性导航系统的性能和精度；对 GPS、惯性导航系统的辅助可以提高其跟踪卫星的能力，提高接收机的动态特性和抗干扰性。另外，GPS/ 惯性综合导航还可以实现 GPS 完整性的检测，从而提高了导航的可靠性。GPS/ 惯性综合导航还可以实现一体化，把 GPS 接收机放入惯性导航部件中，这样系统的体积、重量和成本都可以显著减小，且便于实现惯性导航和 GPS 的同步，减小非同步误差。总之，GPS/ 惯性综合导航可以构成一种比较理想的导航系统，是目前导航技术发展的主要方向。

GPS 接收机和惯性导航系统的综合，根据不同的应用要求，可以有不同水平的综合，即综合的深度不同。按照综合深度，可以把综合系统大体分为两类，一类称为松散综合或简易综合，另一类称为紧密综合。

(1) 松散综合　这是一种低水平的综合，其主要特点是 GPS 和惯性导航仍能独立工作，综合作用仅表现在用 GPS 辅助惯性导航。属于这类综合的有两种模式。

1）用 GPS 重调惯性导航。这是一种最简易的综合方式，可以有以下两种工作方式。

① 用 GPS 给出的位置、速度信息直接重调惯性导航系统的输出。实际上就是在 GPS 工作期间，惯性导航显示的是 GPS 的位置和速度；GPS 停止工作时，惯性导航在原显示的基础上变化，即 GPS 停止工作瞬时的位置和速度作为惯导系统的初值。

② 把惯性导航和 GPS 输出的位置和速度信息进行加权平均，其原理框图如图 4–36 所示。

在短时间工作的情况下，第二种工作方式精度较高。而长时间工作时，由于惯性导航误差随时间增长，因此惯性导航输出的加权随工作时间增长而减少，因而长时间工作时，其性能和第一种工作方式基本相同。

2）用位置、速度信息综合。这是采用综合卡尔曼滤波器的一种综合模式，其原理框图如图 4–37 所示。用 GPS 和惯性导航输出的位置和速度信息的差值作为量测值，经过综合卡尔曼滤波，估算惯性导航系统的误差，然后对惯性导航系统进行改正。

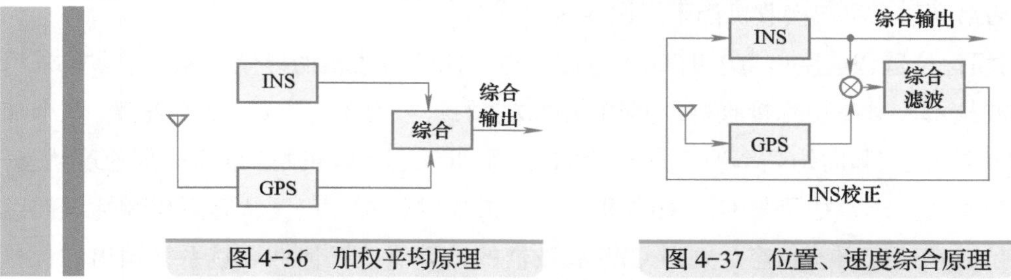

图 4–36　加权平均原理

图 4–37　位置、速度综合原理

这种综合模式的优点是综合工作比较简单，便于工程实现，而且两个系统仍然独立工作，使导航信息有一定余度。其缺点是 GPS 的位置和速度误差通常是与时间相关的，特别是 GPS 接收机应用卡尔曼滤波器时更是如此。

（2）紧密综合　紧密综合是指高水平的综合或深度综合，其主要特点是 GPS 接收机和惯性导航系统相互辅助。为了更好地实现相互辅助的作用，最好是将 GPS 和惯性导航系统按照综合的要求进行一体化设计。属于紧密综合的基本模式是伪距、伪距率的综合，以及在伪距、伪距率综合基础上再加上用惯性导航位置和速度对 GPS 接收机跟踪环节进行辅助，也可以再增加对 GPS 接收机导航功能的辅助。用于高动态飞行器上的 GPS/ 惯性综合导航通常都是采用紧密综合模式。

1）采用伪距、伪距率的综合。这种模式的原理框图如图 4–38 所示。用 GPS 给出的星历数据和 INS 给出的位置和速度计算相应于惯性导航位置和速度的伪距 ρ_I 和伪距率 $\dot{\rho}_I$。把 ρ_I 和 $\dot{\rho}_I$ 与 GPS 测量的 ρ_G 和 $\dot{\rho}_G$ 相比较作为量测值，通过综合卡尔曼滤波器估算惯性导航系统和 GPS 的误差量，然后对两个系统进行校正。由于 GPS 的测距误差容易建模，因而可以把它扩充为状态，通过综合滤波加以估算，然后对 GPS 接收机进行校正。因此，伪距、伪距率的综合模式比位置、速度信息综合模式具有更高的综合导航精度。在这种综合模式中，GPS 接收机只提供星历数据和伪距、伪距率即可，GPS 接收机可以省去导航计算处理部分。当然，如果仍保留导航计算部分作为备用导航信息，使导航信息具有余度，也是可取的一种方案。

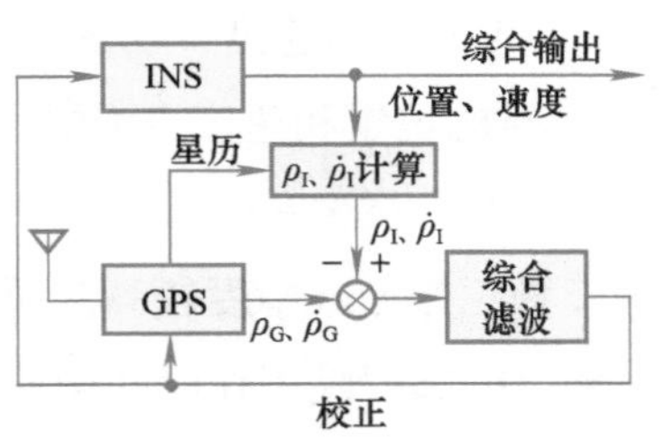

图 4-38 采用伪距、伪距率的综合

2）用惯性速度信息辅助 GPS 接收机环路。用惯性速度信息辅助 GPS 接收机环路，可以有效地提高环路的等效带宽，提高接收机的抗干扰性，减小动态误差，提高跟踪和捕获性能。通常高动态用户接收机都采用惯性速度辅助。

3）用惯性位置和速度信息辅助 GPS 导航功能 GPS 接收机的导航功能有很多也采用卡尔曼滤波技术。对高动态接收机，其导航滤波器的状态为 3 个位置、3 个速度、3 个加速度、用户时钟误差和时钟频率误差共 11 个状态。而低动态接收机则去掉 3 个加速度状态，只有 8 个加速度状态。如果把 GPS 接收机导航滤波器的位置、速度状态看作惯性导航系统简化的位置、速度误差状态，则用 GPS 滤波器的估算值校正惯性导航系统输出的位置和速度信息，即可得到 GPS 的导航解算。这种情况称为 GPS 的导航功能是在惯性辅助下完成的。

4.4.2 GNSS-RTK测量

下面内容摘自上海华测导航技术股份有限公司的 RTK 测量内部培训资料。

GNSS 是所有全球导航卫星系统及其增强系统的集合，是利用全球的所有导航卫星所建立的覆盖全球的全天候无线电导航系统。目前可供利用的全球卫星导航系统有中国的 BDS、美国的 GPS、俄罗斯的 GLONASS 以及欧空局的 Galileo。

1．传统RTK的含义

常规的 GNSS 测量方法，如静态、快速静态、动态测量都需要事后进行解算才能获得厘米级的精度，而 RTK 是能够在野外实时得到厘米级定位精度的测量方法，它采用了载波相位动态实时差分（Real Time Kinematic，RTK）方法，是 GNSS 应用的重大里程碑，它的出现为工程放样、地形测图和各种控制测量带来了新的曙光，极大地提高了外业作业效率。

2．RTK的定位原理

RTK 的定位原理是将一台接收机置于基准站上，另一台或几台接收机置于载体（称为流动站）上。基准站和流动站同时接收同一时间、同一 GNSS 卫星发射的信号，基准站所获得的观测值与已知位置信息进行比较，得到 GNSS 差分改正值。然后将这个改正值通过无线电数据链电台及时传递给共视卫星的流动站，精化其 GNSS 观测值，从而得到经差分改正后流动站较准确的实时位置。

差分的数据类型有伪距差分、位置差分和载波相位差分三类。前两类差分定位误差的相关性会随基准站与流动站的空间距离的增加而迅速降低，故 RTK 采用载波相位差分。

3．RTK数据链

（1）电台模式

1）超高频率（Ultra High Frequency，UHF），其频率为 300 ～ 300000MHz；其波属于微波，波长为 1mm ～ 1m 的空间波，小容量微波中继通信。

2）甚高频（Very High Frequency，VHF），其频率为 3 ～ 30MHz；其波属于短波，波长为 10 ～ 100m，空间波。

（2）网络模式

1）GPRS（General Packet Radio Service），通用分组无线业务，是在现有的 GSM 系统上发展出来的一种新的分组数据承载业务。

2）CDMA（Code Division Multiple Access），码分多址数字无线技术。

4．电台模式及具体操作

（1）电台模式的连接方式　电台模式基准站和移动站各部件的连接方式如图 4-39 所示。

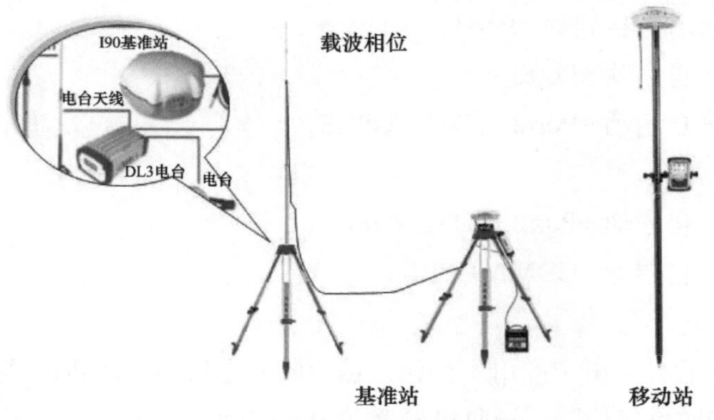

图 4-39　电台模式基准站和移动站各部件的连接方式

（2）电台模式的特点

1）作业距离一般为 0 ～ 28km，特别是在山区或城区传播距离会受到影响。

2）电台信号容易受干扰，所以要远离大功率干扰源。

3）电台的架设对环境有非常高的要求，一般选在比较空旷地域，周围没有遮挡物，而且基准站架设得越高，作业距离越远。

4）对汽车蓄电池的电量要求较高，出外业之前汽车蓄电池一定要充满电或有足够的电量。

（3）基准站的架设

1）对于任意架站，应选择地域相对空旷、地势相对较高且周围没有干扰的地方架设基准站。

2）架设仪器时，要注意仪器的安装以及各种数据线和电源线的连接。

3）发射天线最好远离基准站主机 3m 以上。

（4）基准站的启动

1）如果基准站是自启动的，则开机即可；主机搜完卫星后便可发射，然后电台连接上汽车蓄电池，注意正负极的连接。

2）如果用电子手簿去启动基准站，具体操作步骤如下：

① 打开华测测地通软件，通过蓝牙或串口线与基准站主机连接。

② 新建并保存任务。

③ 在“配置”→“基准站”选项中，天线高度、天线类型，测量到的位置要根据具体的情况进行设置，其他选项为默认设置。

④ 在“测量”→“启动基准站接收机”设置中，如果是在任意点架站，输入点名即可；如果是在已知点上架站，则直接选择这个点坐标即可。

3）对于自启动的方式也可以通过下载相关软件来设置。首先通过数据线将主机与计算机连接上（可以是 USB 或者串口连接）；打开下载功能，连接主机后单击“设置”按钮。

4）电台发射。

① 原始数据输出 + 自启动 +Port1。

② 正常模式 + 自启动 +Port2。

③ 正常模式 + 自启动 +Port2+CDMA/GPRS。

5）网络发射。

① 正常模式 + 自启动 +Port2+CDMA/GPRS。

② 正常模式 + 自启动 +CDMA/GPRS。

6）接收机复位。

以上设置完成后，单击“应用”按钮，然后断开主机与计算机的连接，用电子手簿测地通软件进行“接收机复位”，接收机设置如图 4-40 所示。

（5）查看基准站是否已经正常发射

1）查看 DL3 电台的电台灯是否一秒闪烁一次。

2）注意 DL3 电台面板上的电压是否存在跳动，发射功率越大，电压跳动的幅度也越大；如果显示“太低”，注意更换蓄电池或降低发射功率。

3）查看流动站电台灯是否闪烁，能否差分。

（6）移动站的启动

1）移动站与电子手簿测地通软件通过串口线或蓝牙进行连接。

2）移动站电台灯如果每秒闪烁一次，表示收到电台信号，在“单点定位”的情况下，直接单击“测量”→“启动移动站接收机”即可，大约 10s 多后就可差分，在移动站得到固定解后可进行测量。

注意：当基准站正常发射信号时，若移动站没有信号，应注意频率是否统一，要对移动站进行读写频率的设置。

（7）测量或放样　测量或放样界面如图 4-41 所示。

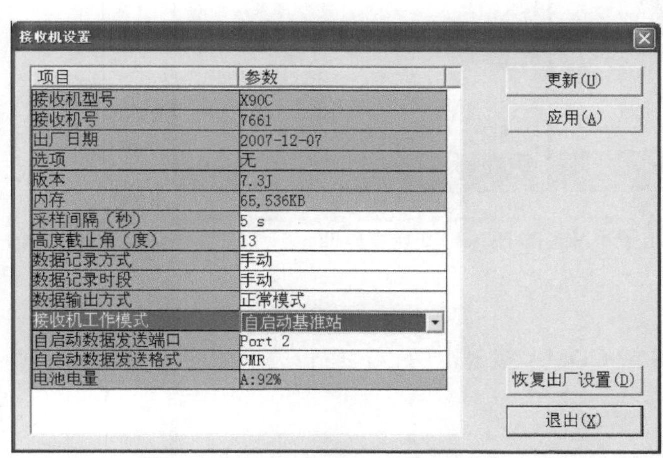

图 4-40　接收机设置界面

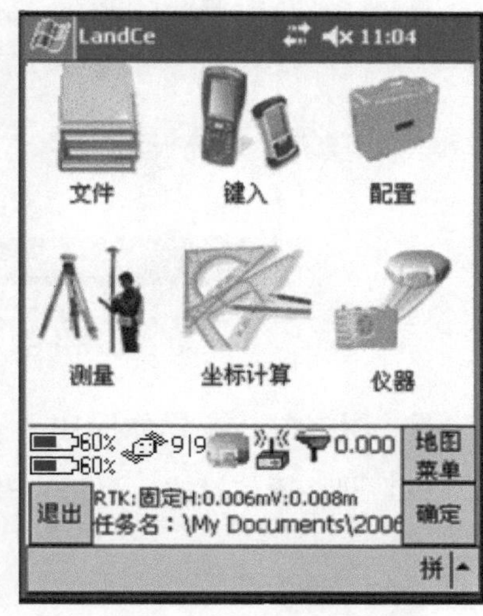

图 4-41　测量或放样界面

（8）对移动站进行读写频率的设置　对上海华测导航技术股份有限公司的产品 X90D\X90F\X91 等型号的仪器进行读写频率的设置，方法如下：

1）可直接在测地通软件的“内置电台和 GPRS”选项中设置模式和频率，如图 4-42 所示。

2）也可以用电子手簿上或计算机中的 HCGPRS 进行设置，改变频率，如图 4-43 所示。

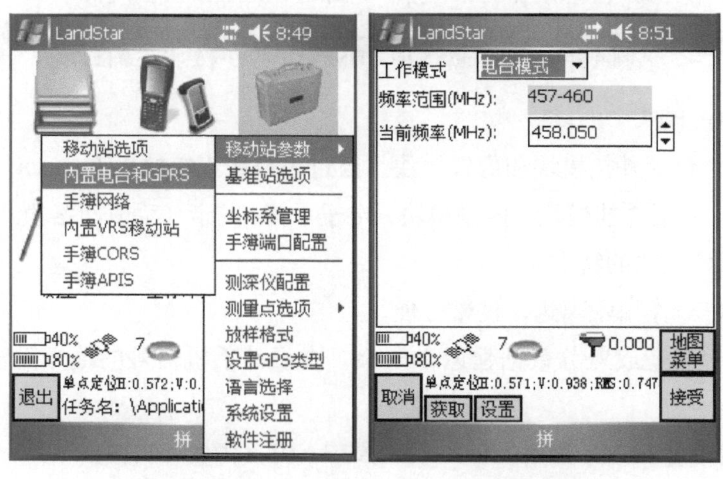

图 4-42 “内置电台和 GPRS”设置界面

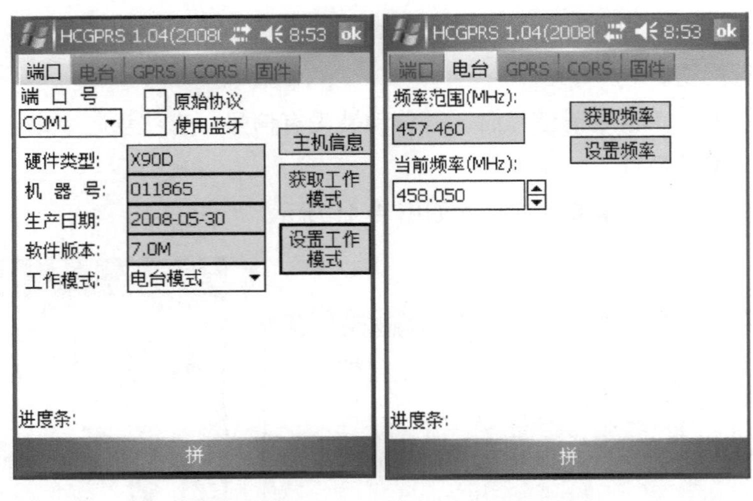

图 4-43 电子手簿上的 HCGPRS 设置界面

5. 网络模式及具体操作

(1) 网络通信模式 采用 GPRS 或 CDMA 拨号上网，其逻辑关系如图 4-44 所示。

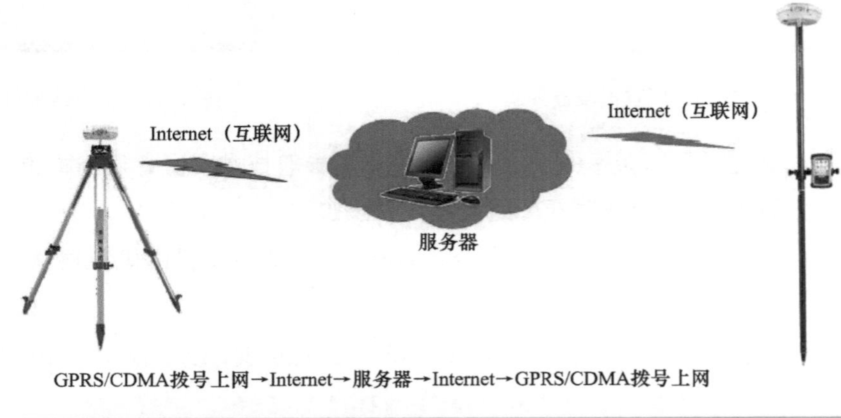

图 4-44 采用 GPRS 或 CDMA 拨号上网逻辑关系图

(2) 网络通信模式

1) 基准站：包括外挂模块和内置模块，通过串口线直接接入 Internet。

2) 移动站：包括外挂模块，内置模块，电子手簿 CF 卡（手簿网络模式）和蓝牙手机。

(3) 网络通信模式的特点

1) 优点：信号作用距离远，携带方便。

2) 缺点：容易造成差分数据延迟 2 ~ 5s；在没有手机信号的地方无法使用；需要一定的手机费用。

(4) 基准站设置——华测 X90G/X90D/X90F/X91（内置 GPRS）

1) 要设置成自启动，模式为：正常模式 + 自启动 +Port2+CDMA/GPRS；正常模式 +

自启动 +CDMA/GPRS。

2）对内置 GPRS 模块进行设置：可以通过计算机中的 HCGPRS 软件进行设置；或者通过电子手簿中的 HCGPRS 软件进行设置。华测 X90D/X90F/X91 也可直接在测地通软件的“内置电台和 GPRS”选项中进行设置。

3）通过计算机中的 HCGPRS 软件进行通信参数的设置。首先在计算机上安装华测 RTK 软件，通过单击“开始”→“程序”→“HUACE RTK”→“工具”下的 HCGPRS 软件，将主机与计算机连接上。

华测服务器地址为 222.44.183.12；UDP 协议端口选 9902；TCP 协议端口选 9901。具体设置如图 4-45 所示，通讯协议[⊖]选择“UDP 一对多”；服务器 IP 输入：222.44.183.12；端口输入 9902；APN 接入点名称：CMNET；移动服务商号码：*99***1#；拨号用户名、密码项不用输入；模式选择“基准站”；端口号是主机与计算机连接的端口；硬件类型选择“X90D”；“原始协议”不勾选（它是针对外置模块的），最后单击“更新”按钮。

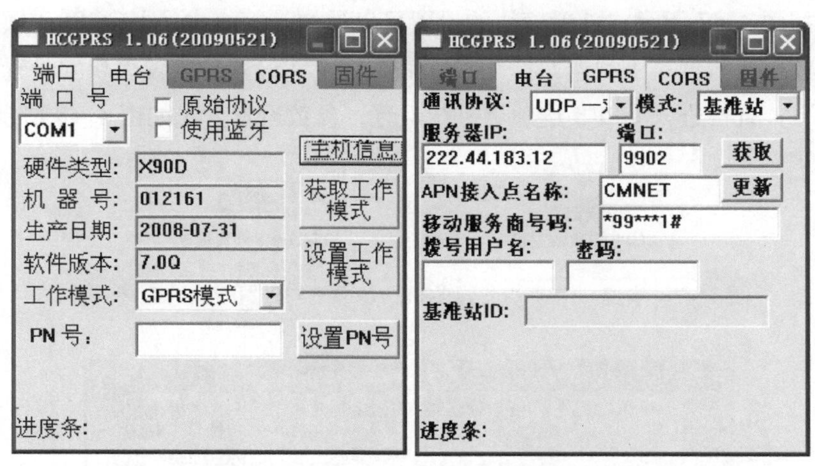

图 4-45 通过计算机上的 HCGPRS 软件进行参数设置界面

TCP（Transmission Control Protocol，传输控制协议）是基于连接的协议，也就是在正式发送数据前先建立可靠连接，比较安全，适用于数据量大的环境。

UDP（User Data Protocol，用户数据协议）是与 TCP 相对应的协议，是面向非连接的协议，它不与对方建立连接，而是直接将数据包发送过去。UDP 适用于一次只传送少量数据、对可靠性要求不高的应用环境。

4）通过电子手簿上的 HCGPRS 软件进行通信参数的设置。打开电子手簿，可以在手簿桌面上直接双击图标，也可以通过“开始”菜单打开 HCGPRS 软件，然后进行设置。首先通过蓝牙或数据线连接主机，单击“获取”按钮，然后打开软键盘，输入服务器 IP、端口和 APN 接入点名称，具体设置与在计算机上设置的方式一样；然后单击“更新”按钮，如图 4-46 所示。

⊖ 通讯协议与软件界面保持一致。

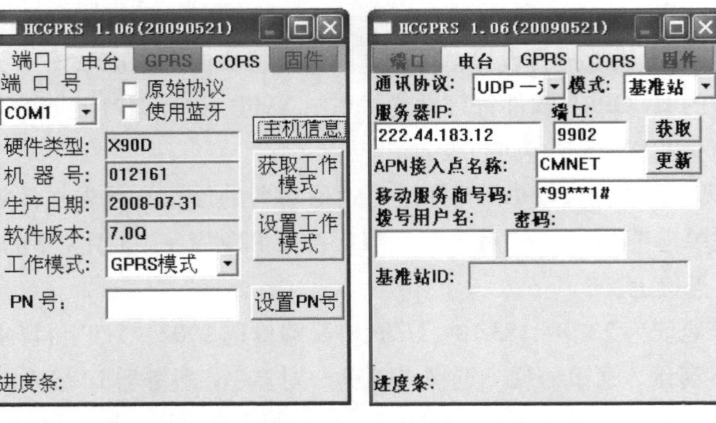

图 4-46　手簿 HCGPRS 软件设置界面

(5) 基准站设置——外置模块的设置　华测 GNSS RTK 接收机的基准站与外置模块的连接关系如图 4-47 所示。外置模块的设置可以通过计算机中的 HCGPRS 软件来设置，将模块通过数据线与计算机相连，打开 HCGPRS，具体设置与内置模块的设置一样。勾选“原始协议”，直接进入 GPRS 选项卡进行设置，参数设置方法如图 4-48 所示。

图 4-47　华测 GNSS RTK 接收机的基准站与外置模块的连接关系

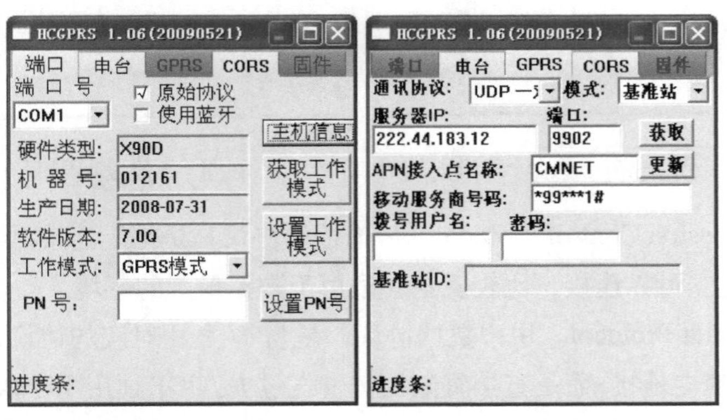

图 4-48　GNSS RTK 接收机的基准站外置模块的设置界面

(6) 移动站的设置——外置模块的设置　移动站外置模块的设置方法同上，其中基准站 ID 是基准站模块的 S/N 号，如果是华测内置的基准站，则输入基准站主机的 S/N 号即可。模块设置好后直接连接到主机上，启动移动站即可。

华测 GNSS RTK 接收机移动站外置模块的设置界面基本如图 4-48 所示，只是模式应为移动站。

对于内置的GPRS，如果已经设置好了，开机即可自动上线并获取基准站数据，直接单击“启动移动站接收机”即可。在移动站得到固定解后便可开始测量。

6．网络RTK以及仪器的操作

(1) 网络RTK简介　网络RTK技术实际上是一种多基准站技术，它利用了多个参考站的联合数据。该系统不仅是GNSS产品，并且是集Internet技术、无线通信技术、计算机网络管理和GNSS定位技术于一身的系统，包括通信控制中心、固定站和用户部分。其常用的技术和软件如下：

1）天宝（Trimble）公司的VRS虚拟参考站技术，GPSnet软件。

2）德国徕卡（Leica）公司的MAX主辅站技术，SpiderNET软件。

3）株式会社索佳·拓普康公司的TOPnet软件。

4）上海华测导航技术股份有限公司的APIS软件。

(2) 网络RTK的优势

1）无须架设参考站，省去了野外工作中的值守人员和架设参考站的时间，降低了作业成本，提高了生产率。

2）使得传统作业模式的“1+1”GNSS接收机真正等于2，生产率得到双倍提高。

3）不需要再四处寻找控制点。

4）扩大了作业半径，网络覆盖范围内能够得到均等的精度。

5）在CORS（连续运行参考站）覆盖区域内，能够实现测绘坐标系和定位精度的统一，便于测量成果的系统转换和多用途处理。

(3) CORS系统　连续运行参考站（CORS）也称为台站网，是一个或若干个固定的、连续运行的GNSS参考站，利用现代计算机、数据通信和互联网（LAN/WAN）技术组成的网络，实时地向不同类型、不同需求、不同层次的用户自动提供经过检验的不同类型的GNSS观测值（如载波相位、伪距），各种改正数、状态信息，以及其他有关GNSS服务项目的系统。

目前，国内外CORS的研究主要集中在基础设施建设、系统自动化管理、数据采集域分发、基于网络的GNSS定位技术的开发等方面。CORS系统组成如图4-49所示，参考站观测墩及室外天线如图4-50所示，控制中心CORS软件界面如图4-51所示。目前出现了大量的CORS工程项目，其中具有代表性的全球和国家项目包括：IGS（International Gnss Service）跟踪站网络；美国国家大地测量局（NGS）CORS；欧洲永久性连续网（EPN）；中国地壳运动观测网络（CMONOC）；中国沿海无线电指向标——差分定位系统（RBN-DGPS）等项目。

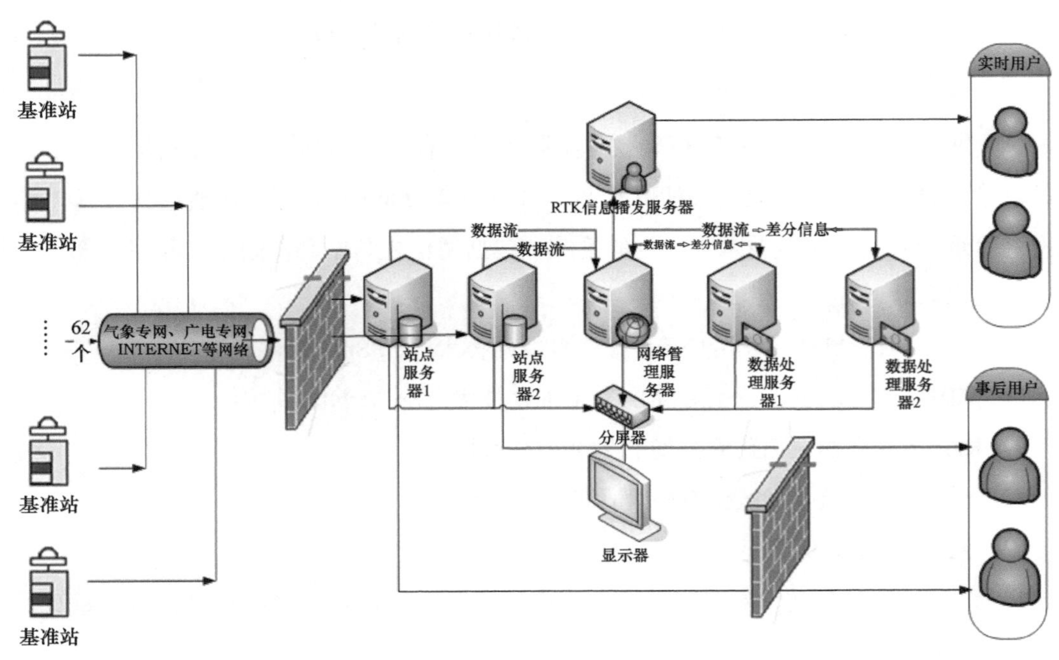

图 4-49　CORS 系统组成（参考站 + 控制中心 + 用户部分）

图 4-50　参考站观测墩及室外天线

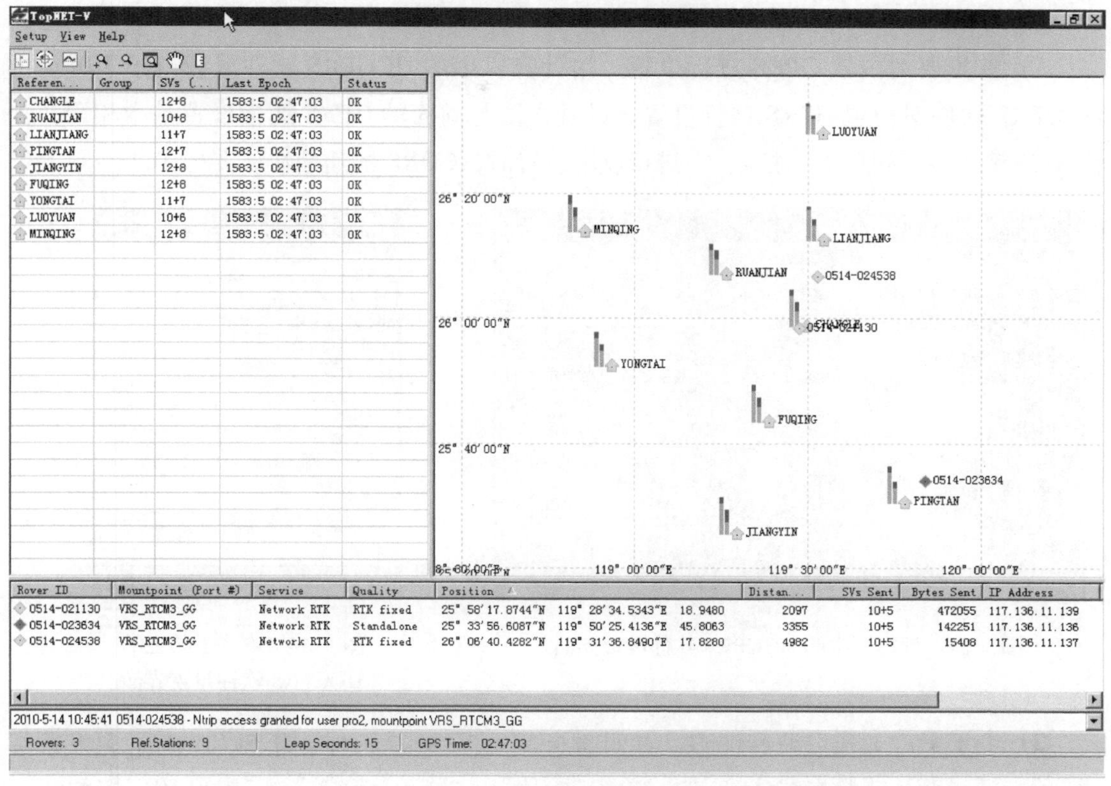

图 4-51 控制中心 CORS 软件界面

(4) CORS 流动站配置 CORS 流动站的数据链可由以下部分组成，其配置方法如图 4-52 所示。

1）外挂模块：对 CORS 系统升级。

2）电子手簿 CF 卡。

3）蓝牙手机。

4）内置模块。

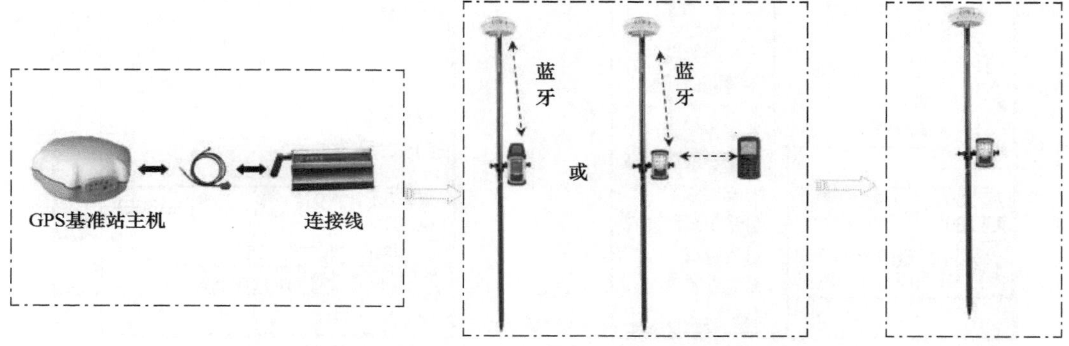

图 4-52 CORS 流动站配置方法

(5) 内置 GPRS 的设置

1) 首先要对内置 GPRS 进行设置。用计算机中的 HCGPRS 软件或者电子手簿上的 HCGPRS 软件对内置 GPRS 进行设置，设置方法与前面的 GPRS 通信设置基本相同，如图 4-53 和图 4-54 所示。注意：在进行以上设置时，CORS 的通信协议要选 TCP。

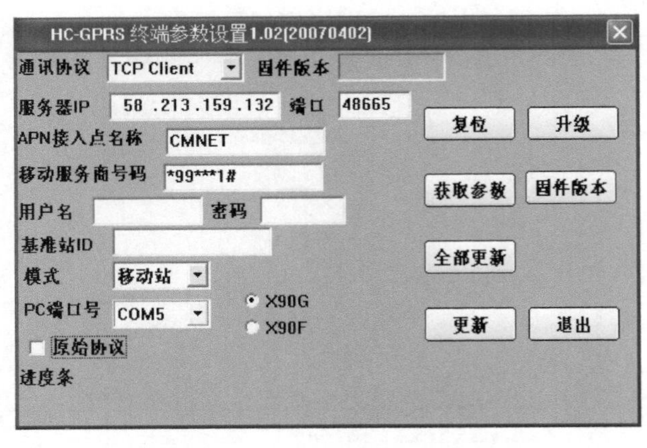

图 4-53　计算机中的 HCGPRS 软件设置界面

图 4-54　电子手簿上的 HCGPRS 软件设置界面

2) 电子手簿上测地通软件的设置如图 4-55 ～图 4-57 所示。主机开机后，打开测地通软件，通过蓝牙或数据线连接主机，单击“配置”→“移动站参数”→“内置 VRS 移动站”，输入源列表、用户名、密码等，如果 GPRS 状态显示“连上 TCP 服务端”，直接单击“设置”按钮，5s 后如果登录成功，GPRS 状态会有提示，然后单击“确定”按钮，再单击启动移动站接收机。对于华测 X90D 型接收机，不需要单击启动移动站接收机。

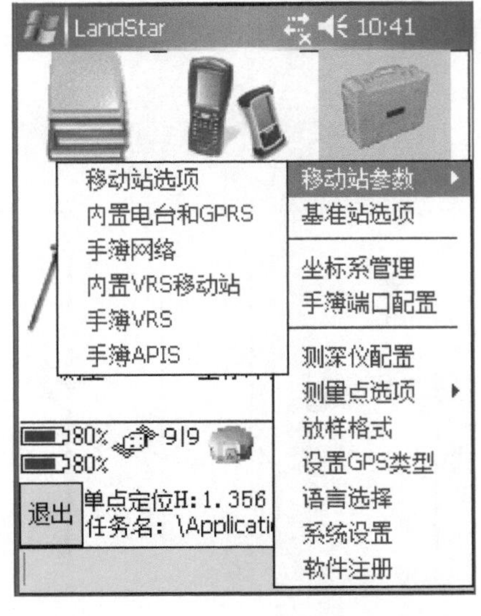

图 4-55　内置 VRS 移动站设置界面

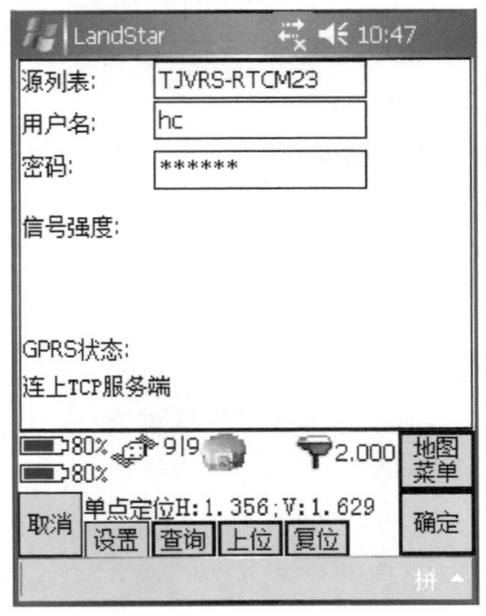

图 4-56　源列表、用户名和密码设置界面

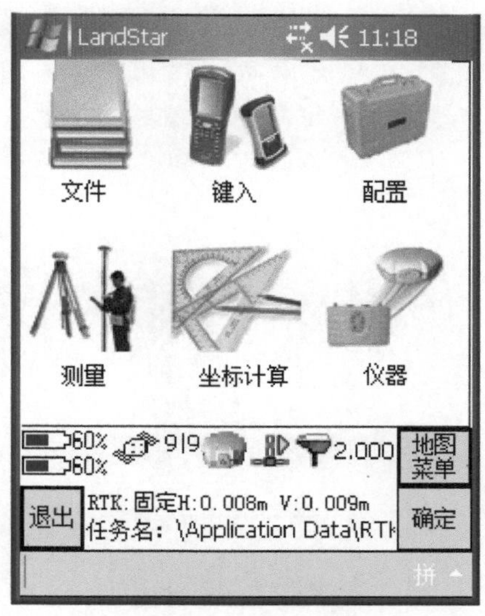

图 4-57 启动移动站接收机设置界面

思考题

1. 简述 GIS 的组成。
2. 简述 GIS 的基本功能。
3. 简述北斗卫星导航系统的空间段是如何构成的。
4. 简述北斗卫星导航系统采用的是什么时间系统。
5. 简述北斗卫星导航系统采用的是什么坐标系。
6. 简述无人机机载 PPK 测量基准站和移动站的设置方法。
7. 简述差分 GPS 导航方法。
8. 简述网络 RTK 作业 CORS 流动站通信参数的设置方法。

第5章 航空摄影测量基础

5.1 摄影测量基础知识

5.1.1 航空摄影与航摄像片

1．航空摄影

为了测绘地形图和获取地面信息，空中摄影要按航摄计划去进行，并确保航摄像片质量。在整个摄区，飞机要按规定的航高和设计的方向直线飞行，并确保各航线的平行。

安装在航摄飞机上的航摄仪从空中一定角度对地面物体进行摄影，飞行航线一般为东西方向，或者按照测区确定飞行航线，要求航线上相邻两张像片应有 60% 左右的重叠度，相邻航线的像片应有 30% 左右的重叠度，航摄机在摄影曝光的瞬间物镜主光轴保持与地面垂直。

竖直摄影是指摄影瞬间摄影机的主光轴近似与地面垂直，偏离铅垂线的夹角小于 3°。由于主光轴与像片严格保持垂直，所以主光轴与铅垂线的夹角称为像片倾角，如图 5-1 所示。但对于低空摄影来说，像片倾角一般不大于 5°，最大不超过 12°，超过 8° 的片数应不多于总数的 10%；特别困难地区一般不大于 8°，最大不超过 15°，超过 10° 的片数应不多于总数的 10%。

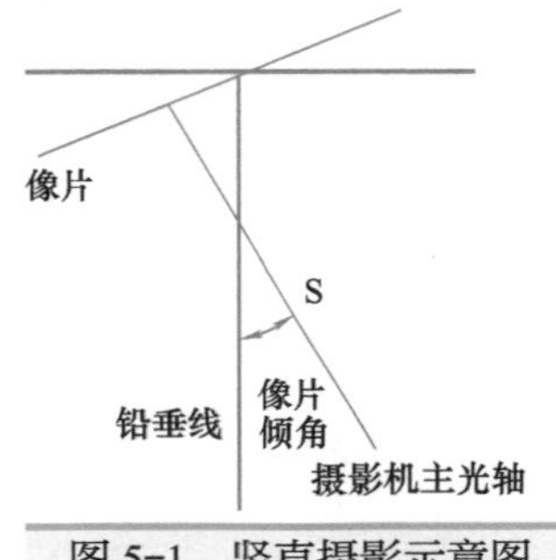

图 5-1 竖直摄影示意图

2．摄影比例尺

由于摄影像片的倾斜与地形的起伏使得像点发生位移，所以摄影比例尺在航摄像片上处处不等。摄影比例尺是将摄影像片当作水平像片，地面取平均高程，这时像片上的一线段 l 与地面上相应线段的水平距 L 之比，也可以为航空摄影机的主距 f 与航高 H 之比，即

$$\frac{1}{m}=\frac{l}{L}=\frac{f}{H} \tag{5-1}$$

航高是指航摄飞机在摄影瞬间相对某一水准面的高度。根据所取基准面的不同，航高可分为相对航高和绝对航高。

1）相对航高（摄影航高）：航摄飞机在摄影瞬间相对某一水准面的高度，它是相对于航摄区域内地面平均高程基准面的设计航高，是确定航摄飞机飞行的基本数据，按 $H=mf$ 计算得到。

2）绝对航高 $H_{绝}$ 是航摄飞机相对于平均海平面的航高，是摄影物镜在摄影瞬间的真实海拔高度，通过相对航高 H 与摄影地区地面平均高度 $H_{地}$ 计算得到，即

$$H_{绝}=H+H_{地} \tag{5-2}$$

3．摄影比例尺的选择

摄影比例尺的选择要以成图比例尺、摄影测量内业成图方法和成图精度等因素来考虑选取，另外还要考虑经济性和摄影资料的可使用性。

摄影比例尺越大，像片地面分辨力越高，越有利于影像的解译与提高成图精度。但摄影比例尺过大，则要增加费用和工作量，所以要根据测绘地形图的精度要求与获取地面信息的需要，按测图规范使用摄影比例尺。

当选定了摄影机和摄影比例尺，航空摄影就要按计算的航高 $H=mf$ 飞行，以获取相应的航摄像片。但由于受到空中气流等因素的影响，使得摄影时的飞机航高发生变化。同一航线上相邻像片的航高差不应大于 30m，最大航高与最小航高之差不应大于 50m，实际航高与设计航高之差不应大于 50m。

4．像片重叠

为了立体测图及航线间的接边，要求像片间有一定的重叠，包括航向重叠和旁向重叠。同一航线内相邻两张像片的重叠称为航向重叠，航向重叠部分与整个像幅长的百分比称为航向重叠度，如图 5-2 所示。

相邻航线间的影像重叠称为旁向重叠，旁向重叠部分与整个像幅长的百分比称为旁向重叠度，如图 5-3 所示。

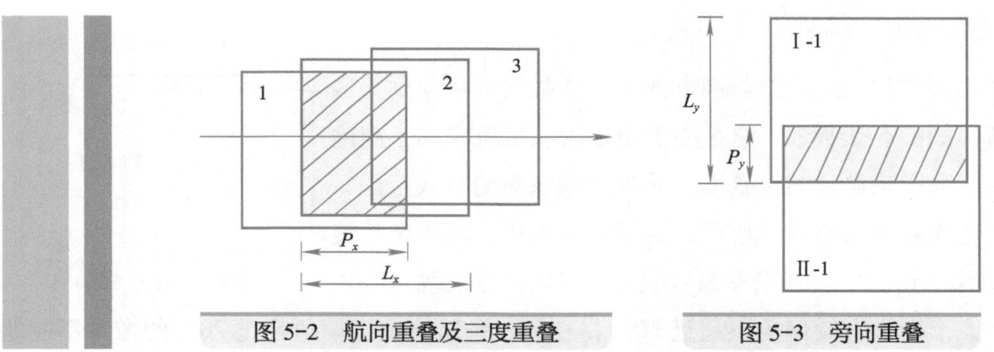

图 5-2　航向重叠及三度重叠　　图 5-3　旁向重叠

航向重叠度
$$p_x\%=\frac{p_x}{L_x}\times100\% \tag{5-3}$$

旁向重叠度
$$p_y\%=\frac{p_y}{L_y}\times100\% \tag{5-4}$$

式中，L_x、L_y 表示像幅边长；p_x、p_y 表示航向和旁向重叠影像部分的长度。

像片的重叠部分是立体观察和像片连接的必要条件，除航向重叠和旁向重叠外，在航线方向必须要三张相邻像片有公共重叠影像，称为三度重叠（图 5-2），这是摄影测量选定控制点的要求。由于像片边缘部分的影像清晰度差，会影响量测的精度，所以三度重叠中 1、3 像片的重叠部分不能太小。地面起伏大时，重叠度要大才能保持像片立体量测与拼接，所以一般情况下，航向重叠度应为 60% ～ 80%，最小不能小于 53%，旁向重叠度应为 15% ～ 60%，不能小于 8%。

5. 航带弯曲

将一条航线的航摄像片根据地物影像拼接起来，各张像片的主点连线不在一条直线上，而呈现弯弯曲曲的折线，称为航带弯曲或航线弯曲。

航带弯曲度是指航带两端像片主点之间的直线距离 L 与偏离该直线最远的像片主点到该直线垂距 l 比值的倒数，一般采用百分比表示，如图 5-4 所示。

航带弯曲会影响航向重叠、旁向重叠的一致性，若弯曲度太大，可能会产生航摄漏洞，甚至影响摄影测量作业，所以一般要求航带弯曲度不得大于 3%。

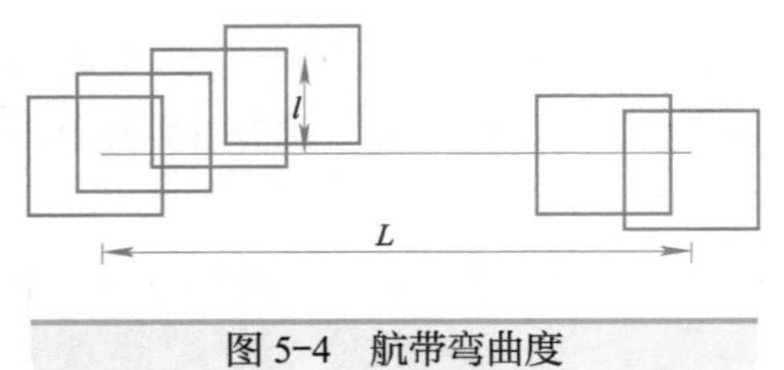

图 5-4 航带弯曲度

6. 像片旋偏角

两张相邻像片主点连线与同方向框标连线间的夹角称为像片旋偏角，如图 5-5 所示。它是由于摄影时航摄机定向不准确而产生的，会影响像片的重叠度，减少立体像对的有效范围，给航测内业作业增加困难。所以，对于低空摄影，要求像片旋偏角一般不大于 15°，在确保像片航向和旁向重叠度满足要求的前提下，个别最大旋偏角不超过 30°，在同一条航线上旋偏角超过 20° 的像片不应超过 3 片，超过 15° 的像片数不得超过分区像片总数的 10%。像片倾角和像片旋偏角不能同时达到最大值。

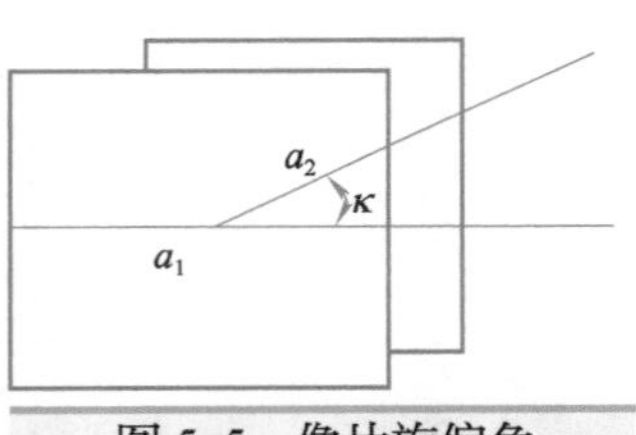

图 5-5 像片旋偏角

7. 像对

航线上相邻两张像片组成一个像对，拍摄时受到各种因素的影响，像对有以下几种：相邻两像片水平、摄影基线水平组成的像对称为理想像对（图 5-6）；相邻两像片水平、摄影基线不水平组成的像对称为正直像对（图 5-7）；相邻两像片不严格水平、摄影基线不水平组成的像对称为竖直像对。

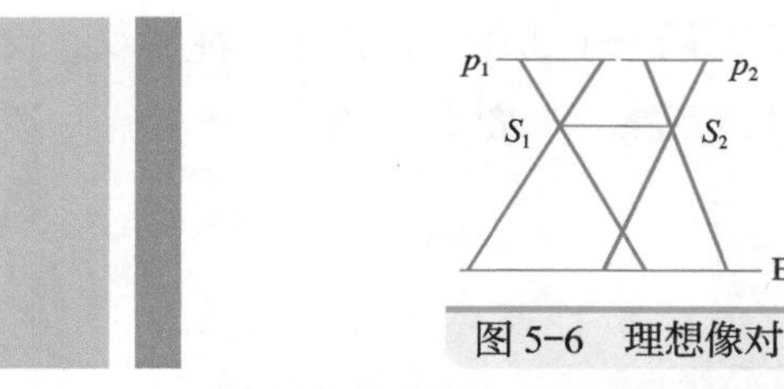

图 5-6　理想像对

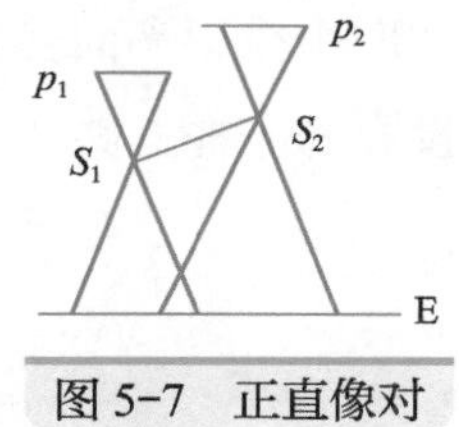

图 5-7　正直像对

摄影基线是指航线上相邻两张像片摄站间的连线。

5.1.2　航摄像片与地形图

1．中心投影和正射投影

用一组假想的直线将物体向几何面投射称为投影，投影直线称为投影射线，投影的几何面通常为平面，称为投影平面。在投影平面上得到的图形为该物体在投影平面上的投影。其中投影射线汇聚于一点的投影称为中心投影（图 5-8），投影射线相互平行的投影称为平行投影。投影射线的汇聚点 S 称为投影中心。航摄像片是地面的中心投影。

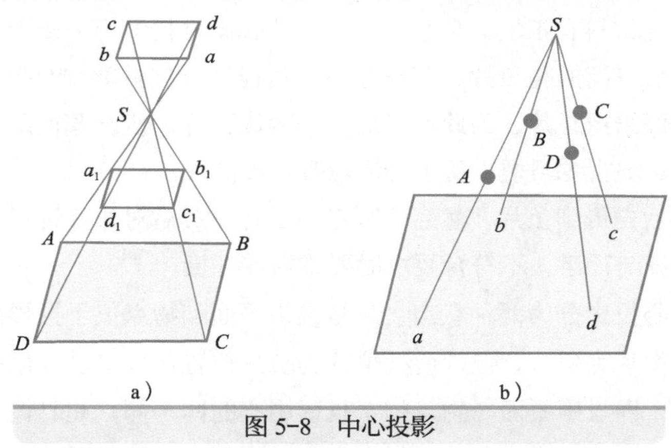

图 5-8　中心投影

平行投影又分为斜投影和正射投影，投影射线与投影平面斜交的称为斜投影，投影射线与投影平面正交的称为正射投影，图 5-9a 所示为斜投影，图 5-9b 所示为正射投影。在测量中，地面与地形图的投影关系为正射投影。

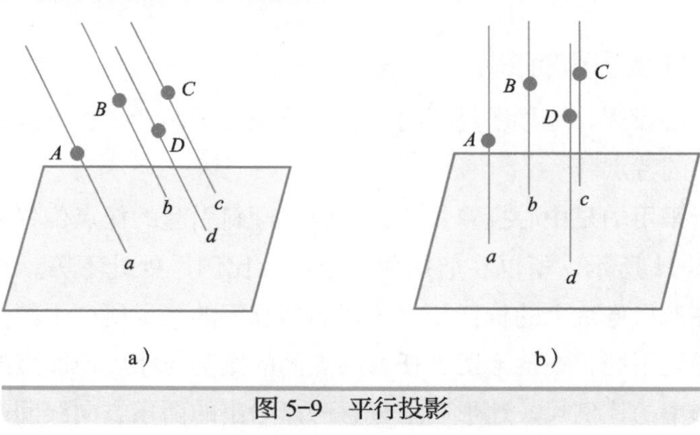

图 5-9　平行投影

将两个投影中心和两个投影平面当作一个整体，对同一个物体进行投影，称为双心投影。双心投影是中心投影的一种，类似于人眼对物体的观察，如图 5-10 所示。

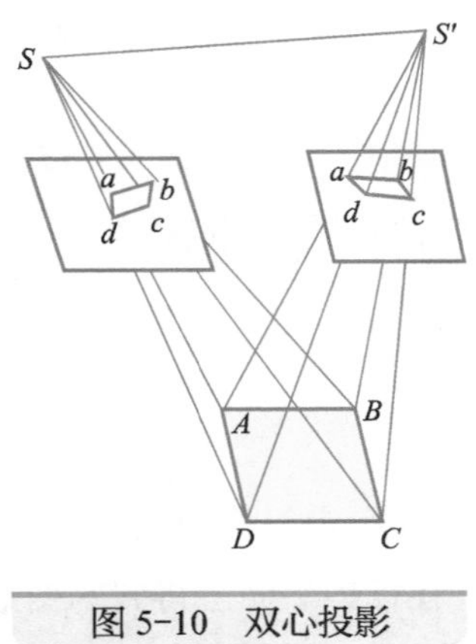

图 5-10 双心投影

2. 中心投影的两种状态

在拍摄时，感光材料有正性、负性之分。负性感光材料多用于摄影，曝光后的负性感光材料经摄影处理后得到的是负片，其影像的明暗程度与被摄景物的明亮程度相反。对于摄影测量作业，一般采用正片，因此需将负片翻晒成正片，使影像色调与被摄景物的明暗相对应，以适应人眼的视觉习惯，便于立体观察与量测。

航空摄影完毕后先得到负片，然后翻晒得到正片，最后对像片进行调绘、重叠度、航带弯曲等方面的检查与评定，不符合要求时要重摄或补摄。

航空摄影的中心投影分为两种状态，一是投影平面和物点位于投影中心两侧，如同摄影时的情况，此时像片为负片，像片所处位置为负片位置；如果以投影中心为对称中心，将负片转到物空间，即投影平面与物点位于投影中心的同一侧，此时像片为正片，像片所处位置为正片位置。正片相当于负片以投影中心做同等大小的晒印片。不论像片处在正片位置还是负片位置，像点、物点之间的几何关系都没有改变，数学表达式仍一样。所以，不论在仪器设计方面，还是在讨论像点、物点间相互关系时，可根据需要采用正片位置或负片位置。

3. 航摄像片与地形图的区别

航摄像片是中心投影，地形图是正射投影，正是由于两者投影方式的不同，使得像片和地形图具有各自的特点。

航摄像片由于采用的是中心投影，会存在像片倾斜引起的像点位移和地形起伏引起的像点位移，如图 5-11 所示，所以在航摄像片上摄影比例尺处处不等。当像片倾斜、地形起伏时，地面点在航摄像片上的构像相对于理想情况下的构像所产生的位置差异，称为像点位移；而地形图则不同，在地形图上任意两点间的距离与相应地面点的水平距离之比为一常数，等于地形图的比例尺，地形图上任意一点引出的两条方向线间的夹角等于地面上对应的水平角。

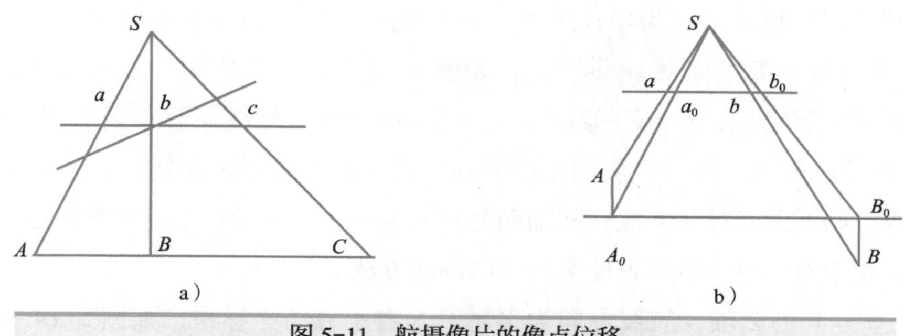

图 5-11 航摄像片的像点位移

a）像片倾斜引起的像点位移 b）地形起伏引起的像点位移

5.2 双像解析摄影测量

5.2.1 共线方程

1．摄影测量常用坐标系

摄影测量中常用的坐标系包括两大类：一类是用于描述像点位置的坐标系，称为像方坐标系；另一类是用于描述物点位置的坐标系，称为物方坐标系。像方坐标系包括像平面坐标系、像空间坐标系和像空间辅助坐标系；物方坐标系包括摄影测量坐标系、地面测量坐标系和地面摄影测量坐标系。

（1）像平面坐标系 像平面坐标系是在影像平面内的直角坐标系，用以表示像点在像平面上的位置，如图5-12所示。由投影中心作像片平面的垂线，其垂足o称为影像的像主点。像平面坐标系的原点就位于像主点。对于航空影像，两对边机械框标的连线为xy轴的坐标系称为框标坐标系，原点为框标连线的交点，其中与航线方向一致的连线为x轴，航线方向为正向。像平面坐标系的方向与框标坐标系的方向相同。

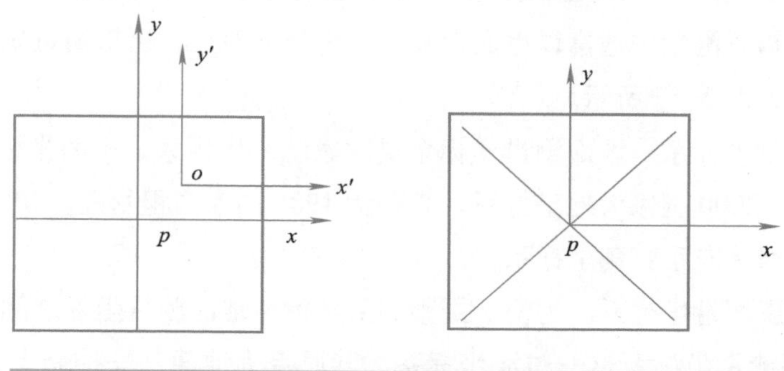

图 5-12 像平面坐标系

（2）像空间坐标系　像空间坐标系用来表示像点在像方空间的位置，是一种过渡坐标系。该坐标系以投影中心 S 为坐标原点，摄影机的主光轴 So 为坐标系的 z 轴，像空间坐标系的 xy 轴与像平面坐标系 xy 轴平行，如图 5–13 所示。像空间坐标系可以方便地与像平面坐标系联系起来，在这个坐标系中，每一个像点的 z 坐标都等于 So 的长度，即主距（焦距）f，但符号是负的，每一个像点的 xy 坐标与其在像平面坐标系中的 xy 坐标值相等。

（3）像空间辅助坐标系　像空间辅助坐标系是一种过渡坐标系，以投影中心 S 为坐标原点，在应用中有三种像空间辅助坐标系的确定方法。

1）铅垂方向为 Z 轴，航线方向为 X 轴，为右手直角坐标系，如图 5–14 所示，这有利于改正航线方向累积的系统误差。

2）以每条航线内第一张像片的像空间坐标系作为像空间辅助坐标系，用于连续像对的相对定向。

3）以每个像对的左片摄影中心为坐标原点，摄影基线为 X 轴，以摄影基线及左片主光轴构成的面作为 XZ 平面构成右手直角坐标系，用于单独像对的相对定向。

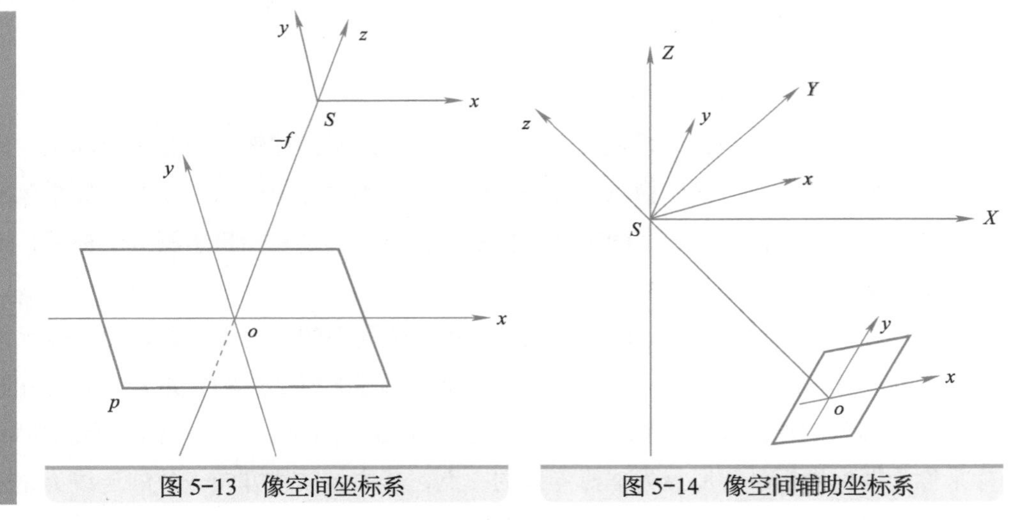

图 5–13　像空间坐标系　　图 5–14　像空间辅助坐标系

（4）摄影测量坐标系　该坐标系是一种过渡坐标系，用来描述摄影测量过程中模型点的坐标，在航空摄影测量中通常以地面上某一点为坐标原点，摄影测量坐标轴与像空间辅助坐标轴平行，如图 5–15 所示。

（5）地面测量坐标系　地面测量坐标系是国家统一坐标系，平面坐标系为高斯 - 克吕格 3° 带或 6° 带 2000 国家大地坐标系，高程为 1985 国家高程基准，如图 5–15 所示。测量中所用的坐标系为左手直角坐标系。

（6）地面摄影测量坐标系　为便于摄影测量坐标与地面测量坐标之间的转换，通常还需加上地面摄影测量坐标系这一过渡坐标系。其原点为地面某一控制点，Z_{tp} 轴与地面测量坐标系的 Z 轴平行，X_{tp} 轴与航线（X_p）一致，但呈水平状态，如图 5–16 所示。

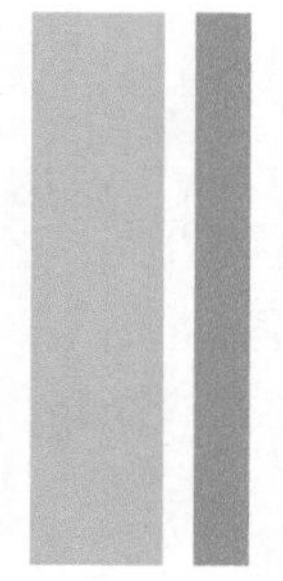

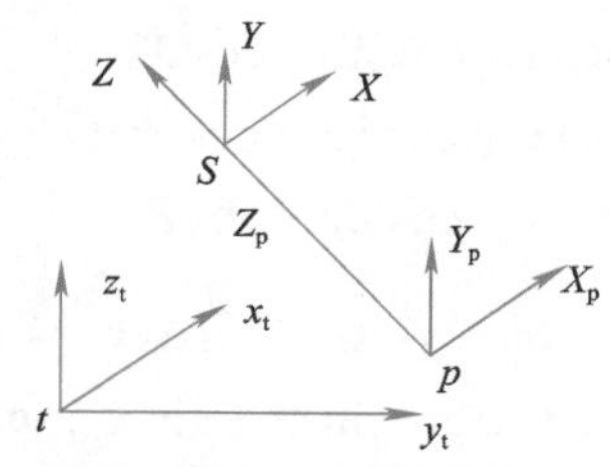

图 5-15 摄影测量坐标系与地面测量坐标系

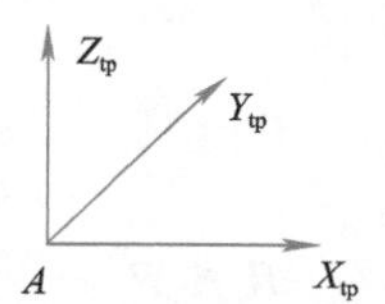

图 5-16 地面摄影测量坐标系

2. 影像的内外方位元素

1）确定摄影机的物镜中心相对于影像位置关系的参数称为内方位元素。内方位元素包括：像主点相对于影像中心的位置（x_0，y_0）及镜头中心到影像面的垂距f，如图 5-17 所示。对于航空影像，（x_0，y_0）即像主点在框标坐标系中的坐标。内方位元素一般由摄影机检验校正确定。

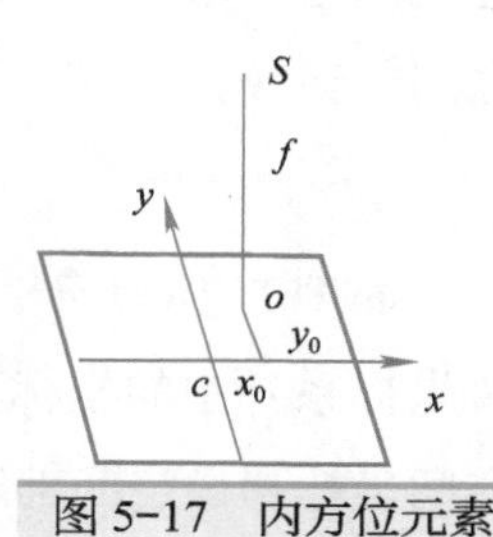

图 5-17 内方位元素

2）确定影像或摄影光束在摄影瞬间的空间位置和姿态的参数称为外方位元素。一幅影像的外方位元素包括 6 个参数，其中 3 个是线元素，用于描述投影中心相对于物方空间坐标系的位置（X_S，Y_S，Z_S）；另外 3 个是角元素，用于描述影像面在摄影瞬间的空中姿态 φ、ω、κ。

3. 像点空间直角坐标系的旋转变换

像点空间直角坐标系的旋转变换是指像空间坐标系与像空间辅助坐标系之间的变换。由高等数学可知，空间直角坐标的变换是正交变换，一个坐标系按某种顺序依次地旋转 3 个角度即可变换为另一个同原点的坐标系。

设像点在像空间坐标系中的坐标为（x，y，$-f$），在像空间辅助坐标系中的坐标为（X，Y，Z），两者之间的变换关系为

$$\begin{pmatrix} X \\ Y \\ Z \end{pmatrix} = \boldsymbol{R} \begin{pmatrix} x \\ y \\ -f \end{pmatrix} = \begin{pmatrix} a_1 & a_2 & a_3 \\ b_1 & b_2 & b_3 \\ c_1 & c_2 & c_3 \end{pmatrix} \begin{pmatrix} x \\ y \\ -f \end{pmatrix} \tag{5-5}$$

或

$$\begin{pmatrix} x \\ y \\ -f \end{pmatrix} = \boldsymbol{R}^{\mathrm{T}} \begin{pmatrix} X \\ Y \\ Z \end{pmatrix} = \begin{pmatrix} a_1 & b_1 & c_1 \\ a_2 & b_2 & c_2 \\ a_3 & b_3 & c_3 \end{pmatrix} \begin{pmatrix} X \\ Y \\ Z \end{pmatrix} \tag{5-6}$$

式中，$\boldsymbol{R}$ 是一个正交矩阵，由 9 个方向余弦构成。

$$\boldsymbol{R}=\begin{pmatrix}a_1 & a_2 & a_3\\ b_1 & b_2 & b_3\\ c_1 & c_2 & c_3\end{pmatrix}=\begin{pmatrix}\cos Xx & \cos Xy & \cos Xz\\ \cos Yx & \cos Yy & \cos Yz\\ \cos Zx & \cos Zy & \cos Zz\end{pmatrix}$$

$$=\boldsymbol{R}_{\varphi}\boldsymbol{R}_{\omega}\boldsymbol{R}_{\kappa}=\begin{pmatrix}\cos\varphi & 0 & -\sin\varphi\\ 0 & 1 & 0\\ \sin\varphi & 0 & \cos\varphi\end{pmatrix}\begin{pmatrix}1 & 0 & 0\\ 0 & \cos\omega & -\sin\omega\\ 0 & \sin\omega & \cos\omega\end{pmatrix}\begin{pmatrix}\cos\kappa & -\sin\kappa & 0\\ \sin\kappa & \cos\kappa & 0\\ 0 & 0 & 1\end{pmatrix} \tag{5-7}$$

由式（5-7）可知，如果已知一幅影像的 3 个姿态角元素，就可以求出 9 个方向余弦，也就确定了像空间坐标系转换到像空间辅助坐标系之间的正交矩阵 $\boldsymbol{R}$，可实现两种坐标系之间的转换。

4．共线方程

如图 5-18 所示，（X_S，Y_S，Z_S）是投影中心 S 在某一规定的的物方坐标系（摄影测量坐标系）中的坐标，A 为任一物方点，其物方坐标为（X_A，Y_A，Z_A），对应像点 a 的像空间坐标和像空间辅助坐标分别为（x，y，$-f$）和（X，Y，Z）。此时，可以得到

$$\frac{X}{X_A-X_S}=\frac{Y}{Y_A-Y_S}=\frac{Z}{Z_A-Z_S}=\frac{1}{\lambda} \tag{5-8}$$

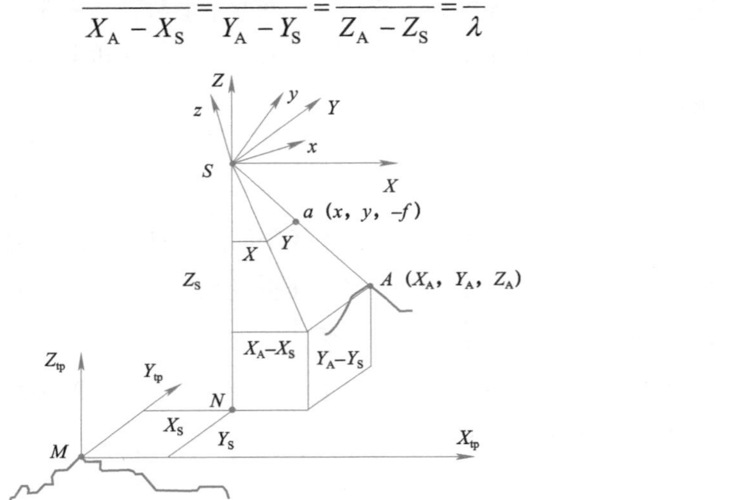

图 5-18　共线方程

如果将式（5-8）分别表示为 X、Y、Z 关于 λ 的表达式，就可以得到

$$X=\frac{1}{\lambda}(X_A-X_S)，Y=\frac{1}{\lambda}(Y_A-Y_S)，Z=\frac{1}{\lambda}(Z_A-Z_S) \tag{5-9}$$

又因为

$$\begin{pmatrix}x\\ y\\ -f\end{pmatrix}=\begin{pmatrix}a_1 & b_1 & c_1\\ a_2 & b_2 & c_2\\ a_3 & b_3 & c_3\end{pmatrix}\begin{pmatrix}X\\ Y\\ Z\end{pmatrix}$$

所以

$$
\begin{aligned}
\frac{x}{-f} &= \frac{a_1X - b_1Y - c_1Z}{a_3X - b_3Y - c_3Z} \\
\frac{y}{-f} &= \frac{a_2X - b_2Y - c_2Z}{a_3X - b_3Y - c_3Z}
\end{aligned} \tag{5-10}
$$

将式（5-9）代入式（5-10），可得

$$
\begin{aligned}
\frac{x}{-f} &= \frac{a_1(X_A - X_S) - b_1(Y_A - Y_S) - c_1(Z_A - Z_S)}{a_3(X_A - X_S) - b_3(Y_A - Y_S) - c_3(Z_A - Z_S)} \\
\frac{y}{-f} &= \frac{a_2(X_A - X_S) - b_2(Y_A - Y_S) - c_2(Z_A - Z_S)}{a_3(X_A - X_S) - b_3(Y_A - Y_S) - c_3(Z_A - Z_S)}
\end{aligned}
$$

由此可得共面方程为

$$
\begin{aligned}
x &= -f\frac{a_1(X_A - X_S) - b_1(Y_A - Y_S) - c_1(Z_A - Z_S)}{a_3(X_A - X_S) - b_3(Y_A - Y_S) - c_3(Z_A - Z_S)} \\
y &= -f\frac{a_2(X_A - X_S) - b_2(Y_A - Y_S) - c_2(Z_A - Z_S)}{a_3(X_A - X_S) - b_3(Y_A - Y_S) - c_3(Z_A - Z_S)}
\end{aligned} \tag{5-11}
$$

式（5-11）就是常见的共线条件方程式，即共线方程。共线方程是中心投影构像的数学基础，也是各种摄影测量处理方法的重要理论基础，如单像空间后方交会、双像空间前方交会、光束法（双像解析计算）区域网平差等一系列问题，都是以共线方程作为出发点的。

5.2.2 人眼的立体视觉

1. 人眼的立体视觉原理

单眼观察景物时，人感觉到的仅是景物的中心构像，好像一张像片，得不到景物的立体构像，无法判断远近。只有用双眼观察景物，才能判断景物的远近，得到景物的立体效应。这种现象称为人眼的立体视觉，即在双眼观察下能感觉出景物有远近凸凹的视觉。正是根据这一原理，在摄影测量中要求对同一地区在两个不同位置拍摄两张像片，构成一个立体像对，进行立体观察与量测。

在双眼观察（立体观察）时，两眼晶状体中心之间的距离称为眼基线。眼基线的长度约为 65mm。如图 5-19 所示，双眼观察点 A 时，两眼的视轴本能地交会于该点，交会角为 γ，点 A 在左右眼的视网膜上的构像为 a、a'；同时观察点 B 时，交会角为 $\gamma+\mathrm{d}\gamma$，在左、右眼视网膜上的构像为 b、b'。由于交会角的差异，使得两弧长 $\overset{\frown}{ab}$、$\overset{\frown}{a'b'}$ 不相等，其差 $\sigma=\overset{\frown}{ab}-\overset{\frown}{a'b'}$ 称为生理视差，即空间物体在两眼视网膜上形成的弧长差。生理视差通过视神经传到大脑，通过大脑的综合，做出景物远近的判断。生理视差是判断景物远近的根源，这种生理视差正是物体远近交会角

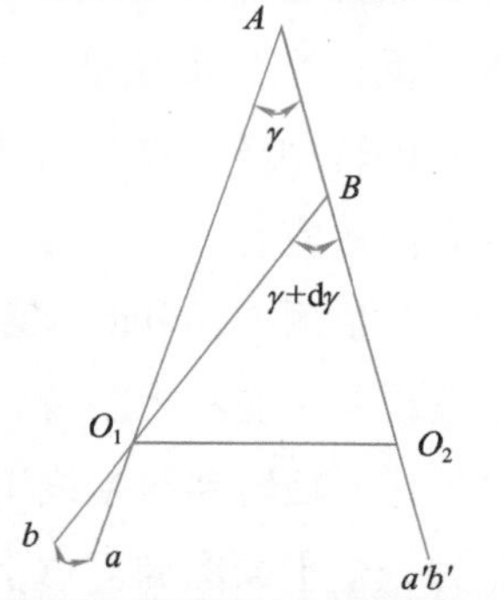

图 5-19　人眼的立体视觉

不同的反映。

如果在双眼的视网膜上各设一平面坐标系，则点 A 构像的左、右坐标差 $p_A=X_a-X_{a'}$，点 B 构像的左、右坐标差 $\Delta p_B=X_b-X_{b'}$，p_A 与 p_B 均称为点的左右视差。两点的左右视差之差

$$\Delta p=p_A-p_B=X_a-X_{a'}-（X_b-X_{b'}）=X_a-X_b-（X_{a'}-X_{b'}）=ab-a'b'$$

Δp 称为左右视差较，左右视差较和生理视差是同一含义。

2．人造立体视觉

如图 5-20 所示，当我们用双眼观察空间远近不同的两处景物 A、B 时，两眼内产生生理视差，得到立体视觉，可以判断景物的远近。若此时在双眼前各放置一片玻璃片，如图中 p_1、p_2，则 A、B 两点分别得到影像 a_1、b_1 和 a_2、b_2。若玻璃片上有感光材料，则景象分别记录在 p_1、p_2 上。当移开实物 A、B，各眼观看各自玻璃上的构像，仍能看到与实物一样的空间景物 A、B，这就是空间景物在人眼视网膜上产生生理视差的人造立体视觉效应。其过程为：空间景物在感光材料上构像，再用人眼观察构像的像片产生生理视差，重建空间景物的立体视觉，所看到的空间景物为立体影像，产生的视觉称为人造立体视觉。借用空间物体的构像信息而在视觉上感受出空间物体的存在称为人造立体效能。

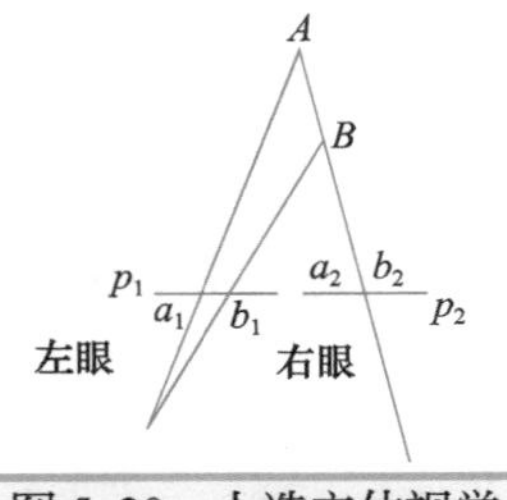

图 5-20 人造立体视觉

根据人造立体视觉原理，在摄影测量中，规定摄影时保持像片的重叠度在 60% 以上，是为了保证同一地面景物在两张像片上都有影像，它完全类同于上述两玻璃片上记录的景物影像。利用相邻像片组成的像对，进行双眼观察（即左眼看左片、右眼看右片），同样获得所摄地面的立体模型，并进行量测，这样就奠定了摄影测量的基础，也是双像解析摄影测量量取像点坐标的依据。

如图 5-21a 所示，把左方摄站获得的像片 p_1（正像）用左眼观察，右方摄站获得的像片 p_2（正片）用右眼观察，就得到一个与实物相似的立体效果，称为正立体效应；如图 5-21b、c 所示，如果把像对的左右像片对调，即左眼看右片、右眼看左片，或者把左右像片在原位各自旋转 180°，这样产生的生理视差就改变了符号，导致观察到的立体远近正好与实际景物相反，称为反立体效应；在正立体效应的基础上左右像片按同一方向旋转 90°，使像片上的纵横坐标互换方向，起伏的视模型变平，这种立体视觉称为零立体效应。

在量测中，用正、反两种立体效应交替进行立体观察，可以检查和提高立体量测精度。生理视差是左右视差较，纵方向的视差为上下视差。在零立体效应时，由于像片上原来的纵坐标 y 轴转到与基线平行，此时生理视差变为像片的 y 方向视差，因而失去了立体感觉成为一个平面图像。由于人眼观测左右视差较的精度高于上下视差，为了提高量测精度，

可采用零立体效应进行 y 方向的坐标量测。

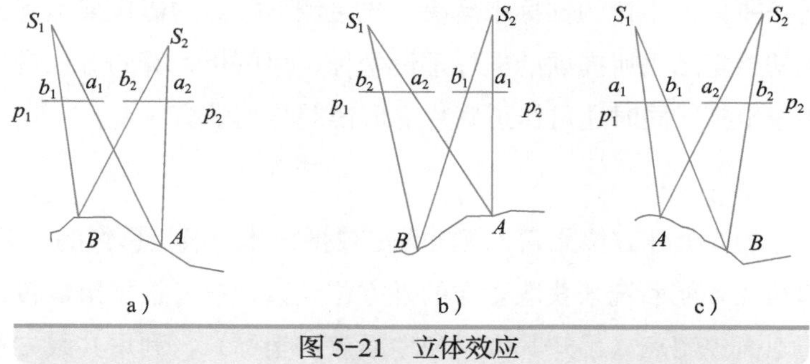

图 5-21 立体效应

5.2.3 后方交会与前方交会

1．内定向

要从影像中提取出物体的空间信息，首先要确定物点对应的像点坐标。

在传统摄影测量中，利用平面相似变换等公式，将所量测的影像架坐标或仪器坐标（像点坐标）变换为以影像上像主点为原点的像坐标系中的坐标，该变换称为影像内定向；如果影像为数字化影像，由于在影像扫描数字化过程中，影像在扫描仪上的位置通常也是任意放置的，因此所量测的像点坐标也存在着从扫描坐标到像坐标的转换。

内定向通常采用多项式变换公式，常采用的多项式变换公式有以下几种。

（1）线性正形变换公式（4 个参数）

$$\begin{aligned} x &= a_0 + a_1 x' - a_2 y' \\ y &= b_0 + a_2 x' + a_1 y' \end{aligned} \tag{5-12}$$

（2）仿射变换公式（6 个参数）

$$\begin{aligned} x &= a_0 + a_1 x' + a_2 y' \\ y &= b_0 + b_1 x' + b_2 y' \end{aligned} \tag{5-13}$$

（3）双线性变换公式（8 个参数）

$$\begin{aligned} x &= a_0 + a_1 x' + a_2 y' + a_3 x'y' \\ y &= b_0 + b_1 x' + b_2 y' + b_3 x'y' \end{aligned} \tag{5-14}$$

（4）投影变换公式（8 个参数）

$$\begin{aligned} x &= a_0 + a_1 x' + a_2 y' + a_3 x'^2 + b_3 x'y' \\ y &= b_0 + b_1 x' + b_2 y' + a_3 x'y' + b_3 y'^2 \end{aligned} \tag{5-15}$$

在以上公式中，(x', y') 为量测的像点坐标或扫描坐标，(x, y) 为变换后的像点坐标。在实际作业中，若仅量测三个框标，则采用线性正形变换公式；若量测了 4 个框标，则用仿射变换公式；只有量测了 8 个框标时，才宜用双线性变换公式和投影变换公式。

内定向问题需要借助影像的框标来解决，先量测框标点的影像架坐标或扫描坐标，然后根据量测相机的检定结果所提供的框标理论坐标，用解析计算的方法进行内定向，以获得量测各点的影像坐标，同时还可修正底片变形误差与光学畸变差。

2．后方交会

已知每幅影像的 6 个外方位元素，就能确定被摄物体与航摄影像的关系。可利用雷达、全球定位系统和惯性导航系统来获取影像的外方位元素；或者根据影像覆盖范围内一定数量、分布合理的地面控制点（已知其像点和地面点的坐标），利用共线方程求解像片外方位元素，这种方法称为单幅影像的空间后方交会。

在解析计算的过程中，共需计算 6 个未知数，由于根据 1 个控制点及其像点坐标可以列出 1 组共线方程，共 2 个方程，因此至少需要 3 个控制点及其像点坐标，才能反求出影像的外方位元素。

3．前方交会

利用后方交会求得影像的外方位元素后，仍无法由单幅影像上的像点坐标反求相应地面点的空间坐标，此时可由立体像对中两张像片的内、外方位元素和像点坐标来确定相应地面点的空间坐标。

利用点投影系数的空间前方交会方法步骤如下：

1）获取已知数据，包括左右影像的外方位元素及量测的像点坐标 x_1，y_1 和 x_2，y_2。

2）由外方位角元素及像点坐标计算像空间辅助坐标 X_1，Y_1，Z_1 和 X_2，Y_2，Z_2。

3）由外方位线元素计算基线分量 B_X，B_Y，B_Z。

$$\begin{aligned} B_X &= X_{S2} - X_{S1} \\ B_Y &= Y_{S2} - Y_{S1} \\ B_Z &= Z_{S2} - Z_{S1} \end{aligned} \tag{5-16}$$

4）计算点投影系数 N_1，N_2。

$$\begin{aligned} N_1 &= \frac{B_X Z_2 - B_Z X_2}{X_1 Z_2 - X_2 Z_1} \\ N_2 &= \frac{B_X Z_1 - B_Z X_1}{X_1 Z_2 - X_2 Z_1} \end{aligned} \tag{5-17}$$

5）计算地面点坐标 X_A，Y_A，Z_A。

$$\begin{aligned} X_A &= X_{S1} + N_1 X_1 = X_{S2} + N_2 X_2 \\ Y_A &= \frac{1}{2}[(Y_{S1} + N_1 Y_1) + (Y_{S2} + N_2 Y_2)] \\ Z_A &= Z_{S1} + N_1 Z_1 = Z_{S2} + N_2 Z_2 \end{aligned} \tag{5-18}$$

5.2.4 相对定向绝对定向

1．相对定向

立体像对的相对定向就是要恢复摄影时相邻两影像摄影光束的相互关系，从而使同名光线对对相交。相对定向的方法有两种：一种是单独像对相对定向，采用两幅影像的角元素运动实现相对定向，定向元素为（$\varphi, k, \varphi_2, \omega_2, k_2$）；另一种是连续像对相对定向，以左影像为基准，采用右影像的直线运动和角运动实现相对定向，定向元素为（$B_Y, B_Z, \varphi_2, \omega_2, k_2$）。在多个连续模型的处理中多采用连续法相对定向。

图 5-22 所示为一个立体模型实现正确相对定向后的示意图，图中 a_1 和 a_2 表示模型点 A 在左右两幅影像上的构像，S_1a_1、S_2a_2 表示一对同名光线，S_1a_1、S_2a_2 和基线 S_1S_2 共面，即三矢量共面，则其混合积 =0，即

$$(\overrightarrow{S_1a_1} \times \overrightarrow{S_2a_2}) \cdot \overrightarrow{S_1S_2} = 0 \tag{5-19}$$

式（5-19）改用坐标形式表示，为一个三阶行列式等于零。

$$\boldsymbol{F} = \begin{vmatrix} B_X & B_Y & B_Z \\ X_1 & Y_1 & Z_1 \\ X_2 & Y_2 & Z_2 \end{vmatrix} = 0 \tag{5-20}$$

其中 $\begin{pmatrix} X_1 \\ Y_1 \\ Z_1 \end{pmatrix} = \boldsymbol{R}\begin{pmatrix} x_1 \\ y_1 \\ -f \end{pmatrix}$，$\begin{pmatrix} X_2 \\ Y_2 \\ Z_2 \end{pmatrix} = \boldsymbol{R}\begin{pmatrix} x_2 \\ y_2 \\ -f \end{pmatrix}$，表示相应像点的像空间辅助坐标。

这个三阶行列式等于零的公式即为解析相对定向的共面条件方程式。

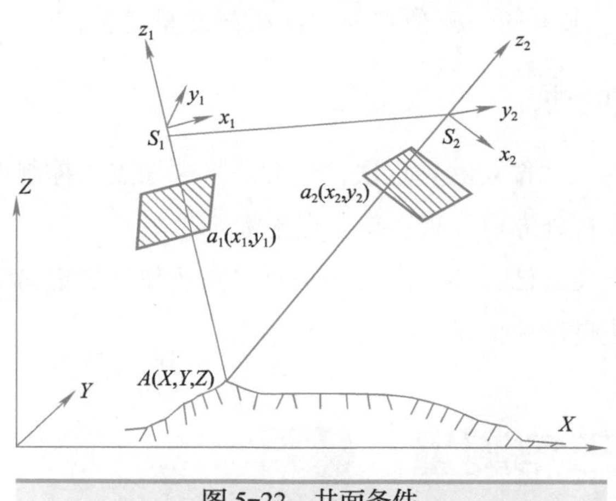

图 5-22 共面条件

不管是单独像对相对定向，还是连续像对相对定向，它们都具有 5 个相对定向元素。在解析计算时，由一对同名像点的像点坐标，即可列出一个共面方程，为了计算出 5 个相

对定向元素，至少需要 5 对同名像点的像点坐标，以列出 5 个共面方程，解算出 5 个未知数（相对定向元素）。

2. 绝对定向

由于相对定向只是恢复的两影像的相对位置关系和姿态，其建立模型的大小、位置和姿态均与实际模型不同。因此，为了确定立体模型在实际物空间坐标系中的正确位置，则需要把模型点的像空间辅助坐标转换为物空间坐标。通过将相对定向模型进行缩放、平移和旋转，使其达到绝对位置，即可完成绝对定向。其数学模型即为空间相似变换公式，绝对定向元素即为三个角元素（Φ，Ω，K）、三个平移量（X_0，Y_0，Z_0）和一个缩放量 λ。

$$\begin{pmatrix} X_{tp} \\ Y_{tp} \\ Z_{tp} \end{pmatrix} = \lambda \boldsymbol{R} \begin{pmatrix} X \\ Y \\ Z \end{pmatrix} + \begin{pmatrix} X_0 \\ Y_0 \\ Z_0 \end{pmatrix} \tag{5-21}$$

在航空摄影测量中，为便于计算，通常先将控制点的地面测量坐标转换为地面摄影测量坐标，然后根据控制点的地面摄影测量坐标进行绝对定向，最后再将绝对定向后的任一模型点的地面摄影测量坐标转换为地面测量坐标。所以，在式（5-21）中，（X，Y，Z）为任一模型点的像空间辅助坐标；（X_{tp}，Y_{tp}，Z_{tp}）为该点的地面摄影测量坐标；λ 为空间相似变换的缩放系数；$\boldsymbol{R}$ 为由三个角元素（Φ，Ω，K）组成的变换矩阵；（X_0，Y_0，Z_0）为坐标原点的平移量。

若已知一个平面高程控制点的两套坐标（即地面摄影测量坐标和像空间辅助坐标），即可列出一组空间相似变换公式，即三个方程，所以为了解算 7 个未知数（绝对定向元素），至少需要 2 个平面高程控制点和 1 个高程控制点，列出 7 个方程以解算绝对定向元素，完成绝对定向，求得任一模型点的地面摄影测量坐标。

5.2.5　一步定向法

一步定向法又称为立体像对的光束法，该方法将未知点、控制点同时列共线方程，在平差过程中整体求解像片外方位元素和待定点坐标。

在后方交会—前方交会法、相对定向—绝对定向法和一步定向法三种双像解析摄影测量方法中，一步定向法是理论上最严密的一种方法。

5.3　空中三角测量

空中三角测量是指利用航空航天影像与所摄目标之间的空间几何关系，根据少量像片控制点，计算出像片外方位元素和其他待求点的平面位置、高程的测量方法。

利用计算机解析空中三角测量可以采用多种不同的方法。根据平差中所采用的数学模型，解析空中三角测量可分为航带法、独立模型法和光束法；根据平差范围的大小，解析空中三角测量可分为单模型法、单航带法和区域网法。

1．航带法空中三角测量

航带法空中三角测量研究的对象是一条航带的模型，其基本思想是把许多立体像对构成的单个模型连接成一个航带模型，然后把航带模型视为单元模型进行解析处理。由于在单个模型连接成航带模型的过程中，各单个模型的偶然误差和残余的系统误差会传递到下一个模型中，这些误差的传递累积会使航带模型扭曲变形，所以航带模型在绝对定向后还需做非线性改正，以消除航带模型中累积的系统误差，将航带模型整体纳入到测图坐标系中，从而确定加密点的地面坐标。

航带法空中三角测量的主要工作流程如下。

1）像点坐标量测与系统误差预改正。

2）立体像对相对定向。

3）模型连接构建自由航带网。将各航带分别进行相对定向和模型连接，然后求出各航带模型中摄站点、控制点和待定点的摄影测量坐标。由于此时求得的摄影测量坐标在坐标系原点和模型比例尺方面都是各自独立的，因此称之为自由比例尺的航带网。

4）航带模型绝对定向，建立松散区域网。为了将区域中各自由比例尺的航带网拼成松散的区域网，需要将自由比例尺的航带网逐条依次进行空间相似变换，即各航带网进行概略绝对定向。利用本航带的控制点及与上一条相邻航带的公共点进行本航带的三维线性变换，把整个区域内的各条航带都纳入到统一的摄影测量坐标系中。

5）航带模型非线性改正，区域网整体平差。由于误差的传递累积使得航带模型产生扭曲变形，所以此时需要利用多项式对各航带网同时进行非线性改正，整体平差后求得待定地面点坐标。

2．独立模型法空中三角测量

为了避免累积误差，可以把单个模型作为平差计算单元。由一个个相互连接的单个模型既可以构成一条航带网，也可以组成一个区域网，但构网过程中的误差却被限制在单个模型范围内，不会形成传递累积，这样就可以克服航带法空中三角测量的不足，有利于加密精度的提高。

独立模型法空中三角测量的基本思想是把一个单元模型视为刚体，利用各单元模型彼此间的公共点连成一个区域，在连接过程中，每个单元模型只能做平移、缩放和旋转，通过单元模型的三维线性变换（空间相似变换）实现。在变换中要使模型间公共点的坐标尽可能一致，控制点的摄测坐标与其地面摄测坐标尽可能一致（差值尽可能小），同时观测值改正数的平方和最小。在满足这些条件的情况下，按最小二乘原理求得待定点地面摄测坐标。

独立模型法空中三角测量的主要内容包括：

1）求出各单元模型中模型点的坐标，包括摄站点的坐标。

2）利用相邻模型之间的公共点和所在模型中的控制点，对每个模型分别进行空间相似变换，整体平差求得每个模型的 7 个参数（与绝对定向类似）。

3）由已经求得的每个模型的 7 个参数，计算每个模型中待定点平差后的坐标。若为相邻模型的公共点，则取其平均值作为最后结果。

3．光束法空中三角测量

光束法空中三角测量的基本思想是以一张像片组成的一束光线作为一个平差单元，以中心投影的共线方程作为平差的基础方程，通过各光线束在空间的旋转和平移，使模型之间的公共点的光线实现最佳交会，将整体区域最佳地纳入到控制点坐标系中，从而确定加密点的地面坐标及像片的外方位元素。这里的旋转相当于光线束的外方位角元素，而平移相当于摄站点的空间坐标（外方位线元素）。变换中，相邻影像公共交会点坐标应相等，控制点的加密坐标与地面测量坐标应一致。

光束法空中三角测量的主要内容包括：

1）各像片外方位元素和地面点坐标近似值的确定。可以利用航带法区域网空中三角测量的方法提供影像外方位元素和地面点坐标的近似值。

2）利用区域网中所有地面点的坐标，包括控制点坐标、待定点的近似坐标，及其对应的像点坐标列出共线方程。

3）共同解算每张像片的外方位元素和待定点的坐标。

4．GPS/POS辅助空中三角测量

GPS 辅助空中三角测量是利用安装于无人机上、与航摄仪相连接的和设在地面一个或多个基准站上的至少两台 GPS 信号接收机同步、连续地观测 GPS 卫星信号，经过 GPS 载波相位测量差分定位技术的离线数据后处理获取航摄仪曝光时刻摄站的三维坐标，然后将其视为附加观测值引入摄影测量区域网平差中，以取代地面控制，经采用统一的数学模型和算法来整体确定目标点位和像片方位元素，并对其质量进行评定的理论、技术和方法。研究表明，将 GPS 所确定的摄站位置作为辅助数据用于区域网联合平差，可以极大地减少甚至完全免除常规空中三角测量所必需的地面控制点，从而大量节省野外测量工作量，缩短成图周期，降低生产成本和提高生产率。

POS（机载定位定向系统）辅助空中三角测量是基于 GPS 和 IMU（惯性测量装置）直接测定影像外方位元素的现代航空摄影导航系统，可用于在无地面控制或仅有少量地面控制点情况下的航空遥感对地定位和影像获取。

5.4 正射影像的制作

用线划图表示实际的地物地貌通常并不十分直观，而航空影像或卫星影像才能最真实、客观地反映地球表面的一切景物，具有十分丰富的信息。然而航空影像或卫星影像并不是与地表面保持相似、简单地线性缩小，而是中心投影或其他投影构像。由于影像具有像片倾斜和地形起伏等引起的变形，所以需要将其纠正为既有正确的平面位置又保持原有丰富信息的正射影像。

根据相应的参数与数字地面模型，利用相应的构像方程式，或按一定的数学模型用控制点解算，从原始非正射投影的数字影像获取正射影像，这种过程是将影像化为很多微小的区域逐一进行，且使用的是数字方式，所以称为数字微分纠正或数字纠正。

从正射影像过程中被纠正的最小单元来区分微分纠正的类别，基本上可分为两类：一类是点元素纠正，另一类是线元素纠正。而数字影像是由像元素排列而成的矩阵，其处理的最基本单元是像素。因此，对数字影像进行数字微分纠正，在原理上最适合点元素微分纠正。但是否能真正做到点元素微分纠正，取决于是否能真实地测定每个像元的物方坐标。实际上，大部分的数字纠正是以面元素作为纠正单元，像元的物方坐标一般采用线性内插得到。

1．数字微分纠正的基本原理

数字微分纠正的基本任务是实现两个二维图像之间的几何变换，所以在纠正过程中，必须首先确定原始图像与纠正后的图像之间的几何关系。设某一像元在原始图像和纠正后图像中的坐标分别为（x，y）和（X，Y），它们之间存在着映射关系，即

$$x=f_x(X, Y),\ y=f_y(X, Y) \tag{5-22}$$

$$X=\varphi_x(x, y),\ Y=\varphi_y(x, y) \tag{5-23}$$

式(5-22)是由纠正后的像点坐标(X, Y)出发反求其在原始图像上的像点坐标(x, y)，这种方法称为反解法（间接法）数字微分纠正。而式（5-23）是由原始图像上的像点坐标（x，y）出发反求其在纠正后影像上的像点坐标（X，Y），这种方法称为正解法（直接法）数字微分纠正。

在数字纠正中，则是通过反解公式（5-22）解求相应像元素的位置，然后进行灰度内插与赋值运算制作正射影像。下面结合航空影像的纠正过程分别介绍反解法与正解法数字微分纠正。

2．反解法（间接法）数字微分纠正

（1）计算地面点坐标　设正射影像上任意点（像素中心）P 的图上坐标为（X'，Y'），

由正射影像左下角图廓点地面坐标（X_0，Y_0）与正射影像比例尺分母 M 计算点 P 所对应的地面坐标（X，Y）为

$$X=X_0+MX' \quad Y=Y_0+MY' \tag{5-24}$$

（2）计算像点坐标　应用反解公式（5-22）计算原始图像上相应像点坐标 p（x，y），在航空摄影测量情况下，反解公式为共线方程，即

$$\begin{aligned} x&=-f\frac{a_1(X_A-X_S)-b_1(Y_A-Y_S)-c_1(Z_A-Z_S)}{a_3(X_A-X_S)-b_3(Y_A-Y_S)-c_3(Z_A-Z_S)} \\ y&=-f\frac{a_2(X_A-X_S)-b_2(Y_A-Y_S)-c_2(Z_A-Z_S)}{a_3(X_A-X_S)-b_3(Y_A-Y_S)-c_3(Z_A-Z_S)} \end{aligned} \tag{5-25}$$

式中，Z 是点 P 的高程，由 DEM 内插求得。

需要注意的是，原始数字影像是以行列数进行计量的。所以，应利用扫描坐标与影像坐标之间的关系，求得相应的像元素坐标（内定向的反运算），或者也可由 P（X，Y，Z）直接获得数字影像的像元素坐标（扫描行、列号）。

（3）灰度内插　由于所求得的原始影像像点不一定正好落在像元素中心（此时像元素坐标为非整数），因此必须进行灰度内插，一般可采用双线性内插公式，求得像点 p 的灰度值 g（x，y）。

（4）灰度赋值　最后将像点 p 的灰度值赋值给纠正后的像元素 P，即

$$G(X,Y)=g(x,y) \tag{5-26}$$

依次对每个纠正后的像元素进行上述运算，即可得到纠正后的正射影像。这就是反解法的原理和基本步骤。所以，从原理上来说，数字纠正属于点元素纠正。

3．正解法（直接法）数字微分纠正

正解法（直接法）数字微分纠正是从原始图像出发，将原始图像上的每一个像点用正解公式（5-23）反求其在纠正后影像上的对应像点坐标（X，Y）。正解法（直接法）数字微分纠正有一个很大的缺陷是在纠正后的影像上，所得的像点是非规则排列的，有的像元素内可能出现“空白”，没有计算出的像点坐标（X，Y）在其中，而有的像元素可能出现重复，出现计算出的多个像点坐标，因此很难实现灰度内插并获得规则排列的数字影像。

在航空摄影测量情况下，正解公式为

$$\begin{aligned} X&=Z\frac{a_1x+a_2y-a_3f}{c_1x+c_2y-c_3f} \\ Y&=Z\frac{b_1x+b_2y-b_3f}{c_1x+c_2y-c_3f} \end{aligned} \tag{5-27}$$

在式（5-27）中，要想计算出（X，Y），必须先求出 Z，而 Z 又是待定量（X，Y）

的函数。所以，为了由（x，y）计算出（X，Y），必须先假定一近似值 Z_0，利用正解公式求得（X_1，Y_1）后，再由 DEM 内插求得点（X_1，Y_1）处的高程 Z_1；然后再由正解公式求得（X_2，Y_2），如此反复迭代。所以，利用正解公式计算（X，Y），实际上是由一个二维图像（x，y）变换到三维空间（X，Y，Z）的过程，它必须是一个迭代求解的过程。

由于正解法的上述缺点，正射影像的制作一般采用反解法进行。对于一幅影像中个别点的纠正，则可以采用正解法进行。

思考题

1. 航摄像片采用什么投影方式？像片上各处地物的比例尺是否一致？说明原因。

2. 航摄像片和地形图有什么区别？

3. 摄影测量中常用的坐标系有哪些？各坐标系的坐标原点和坐标轴如何选择？

4. 什么是正立体效应、反立体效应和零立体效应？

5. 当在一个立体像对上量测了若干点的像点坐标（包括地面控制点坐标）时，如何计算待定点的地面点坐标？

第6章 无人机航测数据处理

6.1 无人机航测数据处理软件

1. Pix4D mapper

Pix4D mapper 是一款完全基于无人机影像的测绘软件，特点是操作简单、测量精度高，可将无人机、移动电话等设备拍摄的像片生成带有地理坐标的二维图片和三维模型。

Pix4D mapper 软件无须 IMU，只需要获取影像的 GPS 位置信息，即可实现一键操作，自动生成正射影像并自动镶嵌及匀色，将所有数据拼接成一个大影像。影像成果可用 GIS 和 RS 软件显示。Pix4D mapper 软件可同时处理多达 10000 张影像，可以处理多个不同相机拍摄的影像，也可以将多个数据合并成一个工程进行处理。

用户操作Pix4D mapper软件无须专业知识，基本可实现一键式操作，但如果使用Pix4D mapper软件运行较大的数据，则对硬件要求较高。

2. Photoscan

Photoscan 是一款将二维像片自动生成三维模型的三维建模软件。该软件不仅用于三维建模，也可用于全景像片的拼接，具有进行空中三角测量，生成多边形 Mesh 网模型、数字高程模型和正射影像图等功能。

Photoscan 软件支持各类影像的自动空三处理；具有影像掩模添加、畸变去除等功能；能处理非常规航线数据，能够高效、快速地处理大数据；支持多种格式的模型输出，操作简单，易掌握。但是，Photoscan 软件不能对正射影像进行编辑修改；在点云环境下无法进行测量；生成的模型比较粗糙，后期需要使用 3ds Max、Maya 等软件进行加工；选择高密度生成密集点云时建模速度慢；选择较低密度时建模的精度不够高。

在使用上，Photoscan 软件的操作流程很简单，即使非专业人员也能很快上手。

3. Altizure

Altizure 软件提供从无人机航拍设计到生成三维模型，以及后续模型应用的全套工作服务。Altizure 软件的最大特色是对硬件要求较低，操作时无须专业知识，在很大程度上节省了人力，深得无人机爱好者和专业人士的喜爱。

Altizure 软件拥有拍摄方便，建模操作简单快速，小项目观看模型免费等优点，但也存在建模精细度不足，建模数据较大或下载模型时需要付费，而且将数据上传到网络时保密性不高，对测绘工程等需要保密的领域不适用等缺点，但总体来说是一款实用的软件。

4. ContextCapture

ContextCapture 软件有两个版本，一个是普通版本 ContextCapture，一个是中心版本

ContextCapture Center，后者可以进行多任务并行处理，处理速度更快。

ContextCapture 软件由几个模块组成，包括 Master、Engine、Viewer 等。其中，Master 模块具有创建任务、管理任务、监视任务的进度等功能；Engine 模块负责对数据进行处理，生成三维模型；Viewer 模块可以预览生成的三维模型。使用 ContextCapture 软件，可通过 Master 建立任务，可以导入数据，进行空三处理，并形成不同的任务，然后使用 Engine 进行优化计算，形成三维模型。

1）ContextCapture 作为一款使用广泛的三维建模软件，其特色体现在以下几个方面：模型真实，信息全面。其生成的模型具有全面的信息，包括准确的地理位置信息。

2）数据量小，处理速度快。ContextCapture 软件对算法进行了优化，减少了模型数据量，而且 ContextCapture 软件具有多任务并行处理的功能，运算效率高。

3）支持多种数据格式。无论是导入或导出数据，ContextCapture 软件都支持多种数据格式。

4）建模效果好，工作效率高。ContextCapture 软件的建模效果优于其他建模软件，而且优化的算法大大提高了工作效率。

5. Inpho

Inpho 软件是航空摄影中使用范围很广的一款软件，可处理无人机、有人机拍摄的垂直影像数据，支持大规模数据量，数据处理精度高，可人工参与数据处理流程，即人工控制中间过程数据的精度，以达到最终控制精度。Inpho 软件对专业性要求较高，入门需要认真学习。

6. DPGrid

DPGrid 系统是将计算机网络技术、并行处理技术、高性能计算技术与数字摄影测量处理技术相结合的新一代摄影测量处理平台。针对不同传感器类型，DPGrid 系统分为航空摄影测量分系统（框幅式影像）、低空摄影测量分系统（框幅式影像）、正射影像快速更新分系统（基于航空影像和卫星影像）和机载三线阵 ADS 分系统。

7. PixelGrid

PixelGrid 系统全面实现了卫星影像、航空影像（包括传统扫描航空影像数据和新型数字航空影像，如 UltraCam 系列、RC30、SWDC、DMC 等）、低空无人机影像、ADS40 等航空影像数据的集群分布式和自动化快速处理，能够完成遥感影像在稀少控制点或无控制点条件下从空中对各种比例尺的 DSM/DEM、DOM 等进行三角测量的生产任务。PixelGrid 系统共分为 7 个功能模块，包括 PixelGrid-SAT、PixelGrid-AEO、PixelGrid-UAV、PixelGrid-ADS、PixelGrid-OIM、PixelGrid-SI、PixelGrid-Geo。其中，PixelGrid-UAV 为低空飞行器影像数据处理系统，PixelGrid-OIM 为倾斜航空影像数据处理系统，PixelGrid-SI 为影像快速拼接处理系统。

8. GodWork

GodWork 摄影测量系统是一款摄影测量软件，GodWork 系统的空三模块为 God Work-AT，空三计算采用特征匹配，对国内无人机数据具有很强的适应性，适用于大偏角影像、大高差地区，且具有空三和 DEM 生成一体化特点，其所有点（每片有 5000 ～ 20000 个像点）参与光束法平差，空三结果直接生成 DEM；针对无人机影像，处理效率高，从空三到正射影像生成平均每片仅需 6s，较传统空三增加了上百倍的观测值；系统具备更强的粗差检测能力，处理自动化程度高，支持多核 CPU 与多线程 CPU，支持 CUDA 并行计算。GodWork 系统的正射处理模块为 God Work-EOS，其主要功能是实现 DOM、DEM、DSM 同步编辑，以 GodWork 系统的空三成果为输入数据，计算和编辑出 DSM、DOM、DEM 三个成果，专注于生产高精度的 DSM，有自动滤波功能，能基本过滤人造的地物，以及小型的植被与树木。

另外，GodWork 系统还有飞行质检模块，主要用于外业第一时间检查航片质量，可以帮助避免因返工而造成的时间损耗与效能降低，能够在第一时间检查航片质量与效果，保证航摄飞行质量任务的顺利完成。

9. 航天远景

本书中的数据处理案例还用到了航天远景的 HAT V1.0、MapMatrix Grid 1.0 和 Feature One 等软件。

HAT V1.0 无人机稀少控制空三平台是一款空中三角测量系统，利用少量地面控制点来计算测区中所有影像的外方位元素和所有加密点的地面坐标。HAT V1.0 系统主要针对小数码影像，也支持大数码影像和胶片影像。除半自动测量控制点之外，其他所有作业，如内定向、连接点提取等都可以自动完成，且连接点自动提取模块算法先进、效率高、运行可靠、结果精确。由于 HAT V1.0 系统集成了 PATB 光束法区域网平差软件，因此粗差检测功能和平差计算功能都很强大。所有成果基于数据库文件管理模式，更加安全、方便，恢复机制较好。

MapMatrix Grid 1.0 是基于无人机、航空、卫星遥感等数据的新一代网络版数字摄影测量系统。该系统采用网络化集群模式进行协同作业，具备强大的基础测绘标准 4D 产品能力。

FeatureOne 软件是“特征采集处理专家”，可以完成 DLG（数字线划图）产品的制作，集立体采集、编辑、检查、出图、入库于一体，具有无须切换软件和数据格式的特点，可进一步提高工作效率。

6.2 无人机航测数据获取及内业处理流程

6.2.1 准备工作

接受相应的测图任务后，应了解测区自然地理概况，可收集已有资料并对资料进行分析。

1）收集测区自然地理概况数据，熟悉测区飞行空域状况。现场踏勘，了解测区地理位置、人文环境、气候情况，以及测区内的主要地物、地物覆盖情况、地质地貌特点、交通情况等。因为是无人机航测，所以还要了解该测区的飞行空域状况，地形海拔高低起伏情况，建筑物高度和密集度，以及高压线塔、通信信号塔等信号影响源的分布状况，附近是否有军事区域、民用机场，是否在机场空域、民航航路上。

2）收集测区的相应测绘数据，包括已有地形图数据、航摄影像，已有控制点成果（平面控制点和高程控制点）、点之记等。另外，由于现在的像控点测量多采用全球定位导航系统，所以还要了解该测区是否有 CORS（连续运行参考站），该系统是否覆盖本测区，网络 RTK（实时动态）信号是否稳定，精度是否可靠。其中，可用的国家等级平面控制点可用作控制测量的检测点、解算 RTK 转换参数等工作；现势性较好的地形图和航摄影像等可作为航线设计、估算测区困难类别、生产调度等工作底图，也可以作为测量成果的重要检核数据。

3）确定要使用的坐标系、中央子午线、投影面高程、高程系统、基本等高距、图幅分幅规格及图号编排、数据格式等，并了解是否有规范之外的特殊要求。

4）查阅现行相关技术文件，如 CJJ/T 8—2011《城市测量规范》、CJJ/T 73—2019《卫星定位城市测量技术标准》、GB/T 20257.1—2017《国家基本比例尺地图图式 第 1 部分：1:500 1:1000 1:2000 地形图图式》、GB/T 14912—2017《1:500 1:1000 1:2000 外业数字测图规程》、GB/T 7930—2008《1:500 1:1000 1:2000 地形图航空摄影测量内业规范》、GB/T 23236—2019《数字航空摄影测量 空中三角测量规范》、GB/T 7931—2008《1:500 1:1000 1:2000 地形图航空摄影测量外业规范》、CH/Z 3005—2010《低空数字航空摄影规范》、CH 1016—2008《测绘作业人员安全规范》、GB/T 18316—2008《数字测绘成果质量检查与验收》等国家标准及行业规范。

5）制订人员配备、设备配备计划。根据测量要求和对测区的实地踏勘，在充分了解该测区的特点、线路特征以及实施难度的基础上，制订航飞像控投入、内业投入、外业调绘投入等人员配备计划；根据测量任务要求制订需要投入的仪器设备计划。

6.2.2 航摄计划与航摄设计

1．航摄计划

航摄计划宜采用 1:10000 或更大比例尺地形图或影像图进行，也可以在三维建模系统中进行，需要明确任务范围、精度、用途等基本内容，制订详细的实施计划。

2．航摄设计

（1）摄影比例尺及地面分辨力的选择　各摄影分区基准面的地面分辨力应根据不同比例尺航摄成图的要求，结合分区的地形条件、测图等高距，考虑基高比及影像用途等，在确保成图精度的前提下，本着有利于缩短成图周期，降低成本，提高测绘综合效益的原则进行选择，其选择范围见表 6-1。

表 6-1　地面分辨力的选择范围

测图比例尺	地面分辨力 /cm
1:500	≤ 5
1:1000	8 ～ 10
1:2000	15 ～ 20

（2）航空摄影航高的确定　数码航空摄影的地面采样间隔（GSD）取决于飞行高度，同样的像元尺寸 a，飞行高度 h 越高，地面分辨力越小，GSD 越大，如图 6-1 所示，有下面关系式

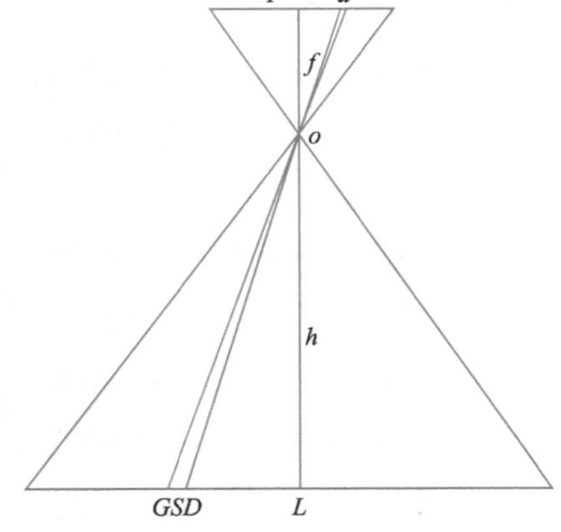

图 6-1　航高与地面分辨力关系图

$$\frac{a}{GSD}=\frac{f}{h}=\frac{1}{m} \tag{6-1}$$

$$h=\frac{f \cdot GSD}{a}=fm \tag{6-2}$$

式中　h——飞行高度；

f——镜头焦距；

m——摄影比例尺；

a——像元尺寸；

GSD——地面分辨力。

在实际飞行中，也可通过飞控软件自动计算相对飞行高度。

（3）航摄仪的选择　根据成图比例尺、测图精度及测区的综合条件，选择合适的航摄无人机及航摄仪。无人机各项参数均应通过检验，符合航空摄影规范要求。

（4）航摄分区的划分及航线敷设　航空摄影规范要求在进行航线设计之前，先进行航摄区域的分区设计。划分航摄分区应遵循以下原则：

1）分区界线应与图廓线相一致。

2）分区内的地形高差不应大于 1/6 摄影航高。

3）在地形高差符合上一条规定且能够保持航线的直线性的情况下，分区的跨度应尽

量划大，能完整覆盖整个测区。

4）当地面高差突变，地形特征差别显著或有特殊要求时，可以破图廓划分航摄分区。

在实际作业中，如果测区较小且测区内地形高差不大，则可以不进行航摄分区的工作。

航线敷设应遵循以下原则：

1）航线一般按东西向平行于图廓线直线飞行，特定条件下也可做南北向飞行或沿线路、河流、海岸、境界等方向飞行。

2）曝光点应尽量采用数字高程模型依地形起伏逐点设计。

3）进行水域、海区摄影时，应尽可能避免像主点落水，要确保完整覆盖所有岛屿，并能够成立体像对。

（5）航摄季节和航摄时间的确定　航摄季节和航摄时间的选择应遵循以下原则：

1）航摄季节应选择有利拍摄的气象条件，应尽量避免或减少地表植被或其他覆盖物（如积雪、洪水、扬沙等）对摄影和测图的不利影响，确保航摄影像能真实地显现地面细部。

2）航摄时，既要保证具有充足的光照度，又要避免过大的阴影。航摄时间一般应根据表 6–2 规定的摄区太阳高度角和阴影倍数确定。

表 6–2　摄区太阳高度角和阴影倍数

地 形 类 别	太阳高度角 /（°）	阴影倍数
平地	＞ 20	＜ 3
丘陵地和一般城镇	＞ 25	＜ 2.1
山地和大、中城市	≥ 40	≤ 1.2

3）沙漠、戈壁、森林、草地、大面积的盐滩、盐碱地，在当地正午前后 2h 内不应摄影。

4）陡峭山区和高层建筑物密集的大城市应在当地正午前后 1h 内摄影。条件允许时，可实施云下摄影。

6.2.3　像片控制点的布设与测量

1．像片控制点选点条件

实际作业时，应根据飞行计划、飞行高度，并结合现场情况确定像片控制点的数量及分布。

1）像片控制点的目标影像应清晰，易于判断和测量，如选在交角良好的细小线状地物交点、明显地物拐角点、原始影像中不大于 33 像素的点状地物中心，同时应是高程起伏较小、常年相对固定且易于准确定位和测量的地方，如图 6–2 所示。需要注意的是，弧形地物及阴影等不应选作点位目标。

图 6-2　像片控制点的选择

2）高程控制点的点位目标应选在高程起伏较小的地方，以线状地物的交点和平山头为宜；狭沟、尖锐山顶和高程起伏较大的斜坡等，均不宜选作点位目标。

3）所选点位距像片边缘不应小于 150 像素。

需要注意的是，当测区内不易寻找标志明显的特征点时，应使用油漆或其他材料在地面绘制人工标记作为像片控制点。

2．区域网布点

（1）区域网布点基本要求　区域网的划分应根据成图比例尺、地面分辨力、测区地形特点、摄区的实际划分、图幅分布等情况全面考虑，根据具体情况选择最优实施方案。区域网的图形宜呈方形，区域网的大小和像控点之间的跨度以能够满足空中三角测量精度要求为原则，主要依据成图精度。

（2）区域网布点方案　对于两条或两条以上的平行航线采用区域网布点时，要求如下：

1）航向相邻平面控制点间隔基线数用式（6-3）估算，式中所涉及的参数由所采用的相机、地面分辨力等参数确定。

$$m_s = \pm 0.28Km_q\sqrt{n+2n+46} \tag{6-3}$$

式中　m_s——连接点（空三加密点）的平面中误差（mm）；

m_q——视差量测的单位权中误差；

K——像片放大的成图倍数；

n——航向相邻平面控制点的间隔基线数。

2）旁向相邻平面控制点的航线跨度要求不超过表 6-3 中的要求。

表 6-3　旁向相邻平面控制点的航线跨度

比 例 尺	航 线 数
1:500	4 ～ 5
1:1000	4 ～ 5
1:2000	5 ～ 6

3）航向相邻高程控制点间隔基线数用式（6-4）估算，按不同比例尺分影像短边平行航向和垂直航向两种摄影方式进行计算。控制成果仅为数字正射影像图和数字正射影像图（B类）生产使用时，高程控制点间的间隔基线数可适当放宽。

$$m_{\mathrm{h}}=\pm 0.088\frac{H}{b}m_{\mathrm{q}}\sqrt{n+23n+100} \tag{6-4}$$

式中 m_{h}——连接点（空三加密点）的高程中误差（m）；

m_{q}——视差量测的单位权中误差；

H——相对航高（m）；

b——像片基线长度（mm）。

4）制作数字线划图、数字高程模型和数字正射影像图成果时，高程控制点宜按航线逐条布设且航线两端应布点；制作数字线划图和数字正射影像图（B类）成果时，高程控制点间的航线跨度可适当放宽。

5）特殊地区（大面积沙漠、戈壁、沼泽、森林等）的平面和高程中误差均可按相应要求放宽50%，布点要求做出相应放宽。

3．GPS辅助航摄、IMU/GPS辅助航摄区域网布点

平面控制点采用角点布设法，即在区域网凸角转折处和凹角转折处布设平面点。区域网的航线数和基线数应相对区域网布点方案适当放宽，也可根据需要加布高程控制点。区域网中应至少布设一个平面检查点。具体要求如下：

1）区域网内不应包括像片重叠不符合要求的航线和像对，不应有大片云影、阴影等影响航线模型连接的像对。

2）规则区域网可在角点处布设控制点；不规则区域网应在凸角处增补平高点，凹角处增补高程点。但当凹、凸角之间距离超过2条基线时，凹角处也应布平高点，如图6-3所示。

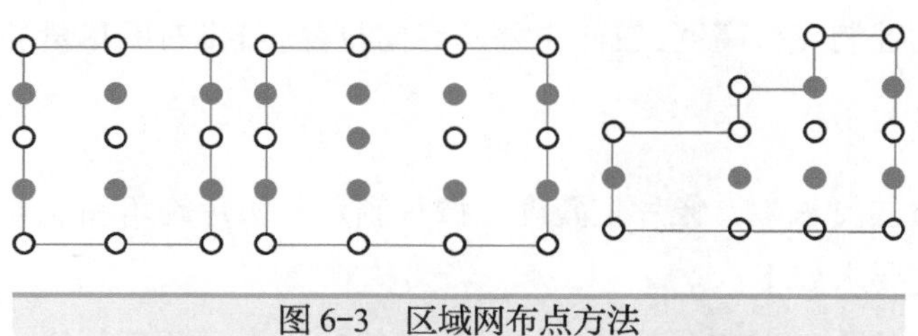

图6-3 区域网布点方法

根据像控点的选点条件和区域网布点原则完成布点后，接下来可以进行像控点测量。

4．像控点测量

一般情况下，测区已有高等级的控制点数量有限，分布也不均匀，难以满足航测成图要求，这就要求适当加密一些基础控制点，先进行基础控制点测量，再进行像片控制点测量。

（1）基础控制点测量　基础控制点是指可作为首级像片控制测量起、闭点的控制点。目前基础控制点测量主要采用 GNSS 静态测量或光电测距导线测量。测量完成后应检查原始观测记录手簿，没有错误方可进行计算，并确保测量成果的精度符合规范要求。

（2）像片控制点测量　像控点包括平高点、平面点、高程点三种类型。要建立立体模型，必须以像控点为基础。因此像片控制点测量是内业采集的重要依据。目前采用的测量方法主要有 GNSS-RTK 测量、光电测距导线等方法。检查员应认真检查像控点的选择质量、整饰质量、记录质量，以及文字说明是否清楚，各项限差是否超限等。

6.2.4　航摄实施及质量检查

1．航摄实施要求

1）应根据飞行器的性能要求，选择起降场地和备用场地。

2）航测实施前，应在地面站的计算机上制订详细的飞行计划，保证飞行器在可控范围内和最大航飞时间内飞行，且应针对可能出现的紧急情况制订应急预案。

3）在起飞前，检查飞行器的各项性能指标，确保各项检查合格后方能起飞。

4）超轻型飞行器航摄系统实施航摄时，风力应不大于 5 级；无人机航摄系统实施航摄时，固定翼无人机、无人直升机要求风力应不大于 4 级；无人飞艇要求风力应不大于 3 级。

5）需要进行差分 GPS 测量计算实际曝光点坐标的情况下，可就近布设 GPS 地面基站点。

6）作业过程中，施测人员须通过地面站软件和图传实时监控无人机的各项飞行参数，包括姿态、高度、电量、空速、风速、卫星数、信号强度等。当现场环境或无人机状态发生突变时，应尽快控制无人机返航，确保人员和仪器的安全。

7）在飞行器安全落下后及时进行数据的传输与匹配处理。

2．飞行参数设置

根据飞行计划控制飞行高度、航向重叠及旁向重叠。航摄时间尽量控制在 9:00～16:00。

3．飞行质量要求

在对飞行质量的要求中，像片重叠度、像片倾角、像片旋角和航高保持的质量要求见 5.1.1，其他方面的要求如下：

（1）摄区覆盖保证　航向覆盖超出摄区边界线应不少于两条基线。旁向覆盖超出摄区边界线一般不少于像幅的 50%；在便于施测像控点及不影响内业正常加密时，旁向覆盖超出摄区边界线应不小于像幅的 30%。

（2）漏洞补摄　航摄中出现的相对漏洞和绝对漏洞均应及时补摄，应采用前一次航摄飞行的数码照相机进行补摄，补摄航线的两端应超出漏洞外两条基线。

(3) 飞行记录资料的填写　每次飞行结束，应填写航摄飞行记录表，表格填写应准确、清晰、齐全。

4．影像质量要求

1）影像应清晰，层次丰富，反差适中，色调柔和；应能辨认出与地面分辨力相适应的细小地物影像，能建立清晰的立体模型。

2）影像上不应有云影、烟雾、大面积反光、污点等缺陷。

3）确保因飞行器速度的影响，在曝光瞬间造成的像点位移一般不应大于1像素，最大不应大于1.5像素。

4）拼接影像应无明显模糊、重影和错位。

5．航摄成果质量检查

空中摄影的成果，即航空像片是摄影测量的基本原始资料，其质量的优劣直接影响摄影测量过程的繁简，以及成图的工效和精度。因此，需要对摄影的成果应进行详细的质量检查。检查内容包括飞行质量检查和影像质量检查，根据前面的要求进行即可。

6.2.5 内业处理

将获取的影像数据首先利用相应软件进行空三处理，然后在此基础上进行DSM生成、DEM生成、DOM生成以及DLG制作，根据需要生成相应产品。

1．空三加密注意事项

在平差过程中像控点分布要符合规范要求，不允许轻易剔除像控点，特别是位于区域网边角处的像控点。如发现像控点成果有问题，要及时报告负责人，以便外业进行检测。加密过程中，应按照规范的要求记录像点测量误差、相对定向误差、模型连接误差、定向后的定向点残差、多余控制点不符值、区域网内部公共点较差、区域网间公共点较差等，估算内业加密点中误差。

2．外业调绘基本要求

调绘应判读准确、描绘清楚、图式运用恰当、注记准确；调绘人员应坚持“走到、看到、问到”的原则；应在野外对航测内业成图进行全面实地检查、修测、补测、地理名称调查注记、房檐改正等工作。

实地调绘前应对内业判绘的数据进行分析，做好内、外业技术上的沟通，以保证地形图要素（包括图形要素和属性信息）表达的完整性和正确性。

对内业预判的地形图要素进行核查、纠错、定性，对内业漏测和难以准确判绘的图形信息（如遮盖区域）和无法获取的属性信息（如地理名称等）进行调绘。

对于地物性质可采用符号化表示或注记表示，如对于内业量测的不明的线或符号，待外业确定后，可标注文字注记，不必再绘制符号表示，但文字注记应标注清楚，做到与地物一一对应。

调绘时间、作业员姓名、检查员姓名应记录清晰。

3．外业补测具体要求

外业补测内容主要为遮挡地物。立体测图阶段，内业作业人员应按照要求对遮挡等辨别不清的地物进行着重标注，以便外业人员调绘补测。

利用 RTK 或基于 CORS 的网络 RTK 进行补测。

对于零星新增地物或单个建（构）筑物，可根据相关地物丈量定位；对于大面积新增地物，采用全野外数字测图方法进行补测。

6.3 无人机航测数据处理案例

6.3.1 数据准备

需要提前准备的数据包括相机文件、控制点文件、POS 文件、影像文件。

1．相机文件

一般情况下，客户会提供相机检校文件。从相机检校文件中，可获取像素大小、像主点偏心、焦距、畸变参数等信息，然后编辑成所需的相机文件。

HAT 软件要求像元大小以及像主点偏心和焦距的单位为 mm，畸变参数的单位可以是 mm，也可以是像素。相机报告中 k1 对应输入到相机文件 k3 中，k2 对应输入 k5 中，k3 对应输入 k7 中。

2．控制点文件

在控制点文件中，第一行为控制点的点数，接下来各行分别为各控制点坐标，控制点坐标行数据顺序分别为点号、X、Y、Z。其中，控制点的点数可以大于或等于控制点的总数；点号为 4 ～ 9 位数字，首位不能是 0；X 指的是向东，Y 指的是向北；点号、X、Y、Z 之间为空格。

3．POS文件

POS 文件可以是低精度的 POS 数据，也可以是采用双屏 GPS 接收机数据解算得到的高精度仅有 GPS 信息的 POS 数据，并且要求将 POS 的坐标转换成与控制点的坐标系一致，主要是为了在转点的过程中能够正确读取 POS 数据；否则，在后期的转点工程中会读取不到 POS 数据。

在 POS 文件中，各行分别是不同影像的 POS 数据，每一行的数据顺序依次为影像号、E、

N、Z、Omega、Phi、Kappa，并且以空格隔开，文本中的空格必须使用 <Space> 键，不能是 <Tab> 键。ID 号必须与影像的 ID 名字完全一致，包括后缀名。

全自动建工程转点，POS 文件中的影像 ID 需要带后缀。如果要让 GPS 辅助平差，则在后面参数引入 POS 文件时，影像 ID 的后缀需要去掉，后缀是在转完点后在 HAT 主界面引入时去掉的，而不是一开始转点时就去掉。

4．影像文件

影像文件命名为 images 名称，软件支持影像格式为 JPG 或标准 tif 格式，不能是压缩的 tif 格式。

以下为软件的操作说明。

6.3.2　空三解算

1．新建工程

通过单独转点自动创建工程，需要有影像、POS（不是必需的）。如果有 POS 文件，则可以提高转点精度和速度，启动 HAT 安装目录下的 PMO 转点程序，弹出图 6-4 所示对话框。

新建工程

图 6-4　PMO 转点程序界面

在“影像路径”选项区域中指定影像文件夹，在“GPS 路径”选项区域中指定 POS 文本。“模式”列表框中有“普通”和“自检校”两个选项，如果已有相机文件，则选择“普通”模式；如果没有相机文件，则选择“自检校”模式（一般情况下建议用“自检校”模式，转点效果会优于普通模式，包含专业测量相机影像），如图 6-5 所示。但是根据作业经验，建议无论是否有相机文件都选择“自检校”模式，转点精度会更高。参数设置完成以后，单击“开始处理”按钮，进入 PMO 转点处理界面，如图 6-6 所示。在转点处理快要完成时，系统会自动弹出“PATB”对话框处理数据，如图 6-7 所示，反复处理后，在进度条完成 100% 的时候，自动跳转到 HAT 1.0 软件主界面，如图 6-8 所示。

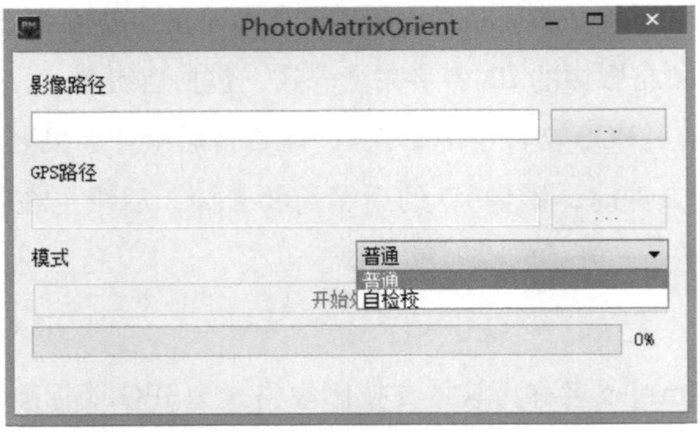

图 6-5　模式选择界面

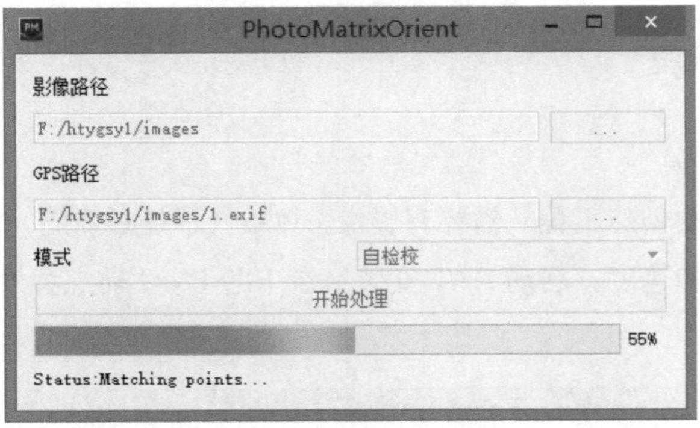

图 6-6　PMO 转点处理界面

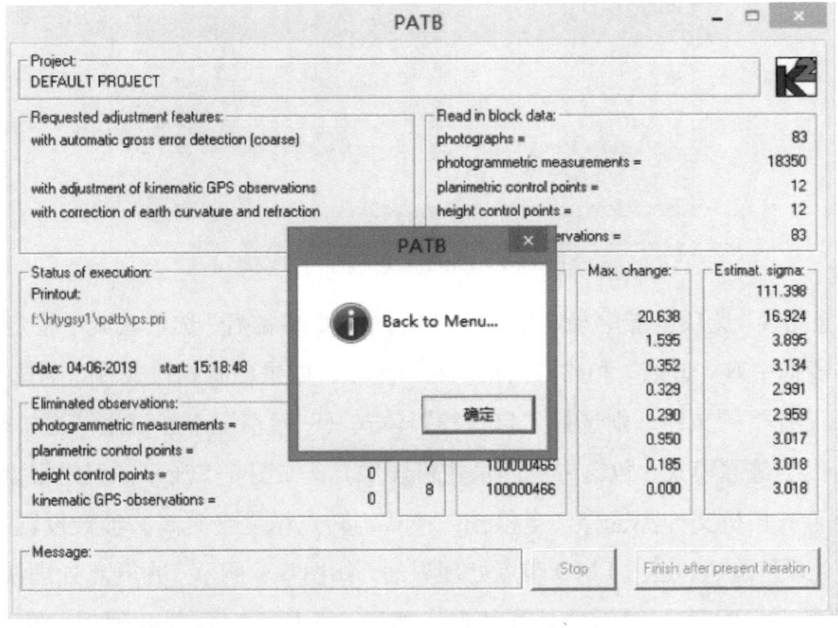

图 6-7　PATB 数据处理界面

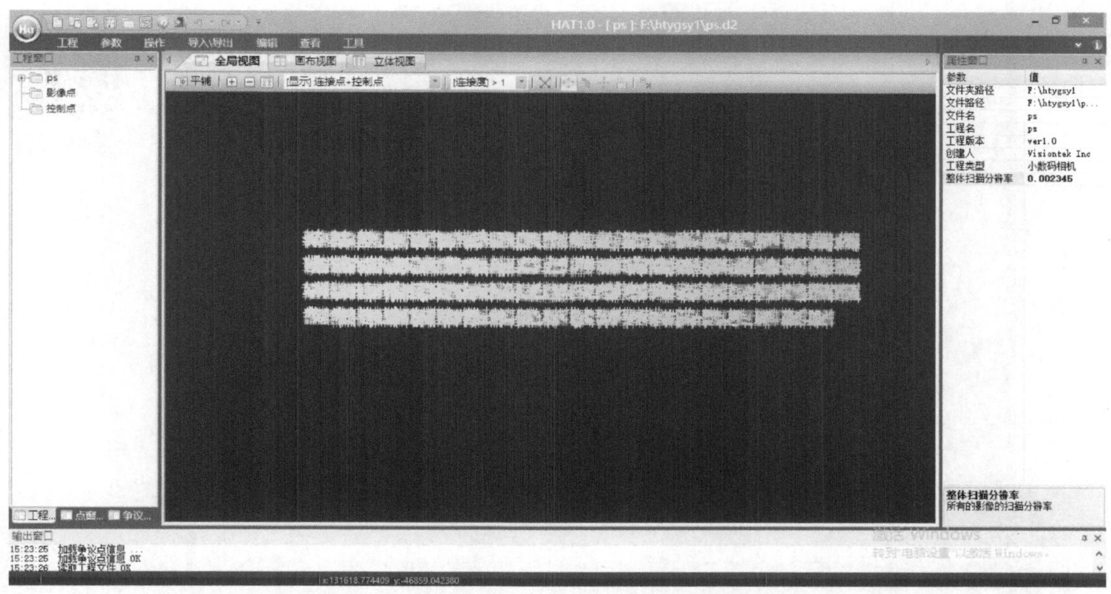

图 6-8 HAT 1.0 软件主界面

2. 设置扫描分辨力

执行内定向操作前，需要为工程的所有影像指定正确的扫描分辨力。在“工程窗口”面板中单击“工程名”选项卡，然后在“属性窗口”面板中设置“整体扫描分辨率”，如图 6-9 所示。

程序执行完“整体扫描分辨率”设置后，会在输出窗口中提示“设置整体扫描分辨率”成功。

也可以单击“工程窗口”面板中的 Strip-* 航节点或单击某影像 ID 节点，设置航带扫描分辨力参数或单张影像的扫描分辨力参数。

属性窗口

参数	值
文件夹路径	F:\htygsy1
文件路径	F:\htygsy1\p...
文件名	ps
工程名	ps
工程版本	ver1.0
创建人	Visiontek Inc
工程类型	小数码相机
整体扫描分辨率	0.002345

图 6-9 “属性窗口”对话框

3. 参数编辑

(1) 相机文件编辑　在前面 PMO 转点处理中如果选择了“自检校”选项，软件会自动生成相机文件并且填写在相机文件编辑中，此时自动生成的相机文件未必正确，可以手动填写相机参数。如果有自检校相机文件，则选择“参数”→“相机文件”命令，在弹出的对话框中选择导入已经编辑好的相机文件，另外还有相机文件“畸变差参数”设置，如图 6-10 所示。

在后期的平差中，建议先使用自检校的相机文件查看 PATB 的收敛情况，如果效果不佳，则再使用已有的检校的相机文件；若仍然效果不佳，则需要配合 Photoscan 重新检校一个相机文件。

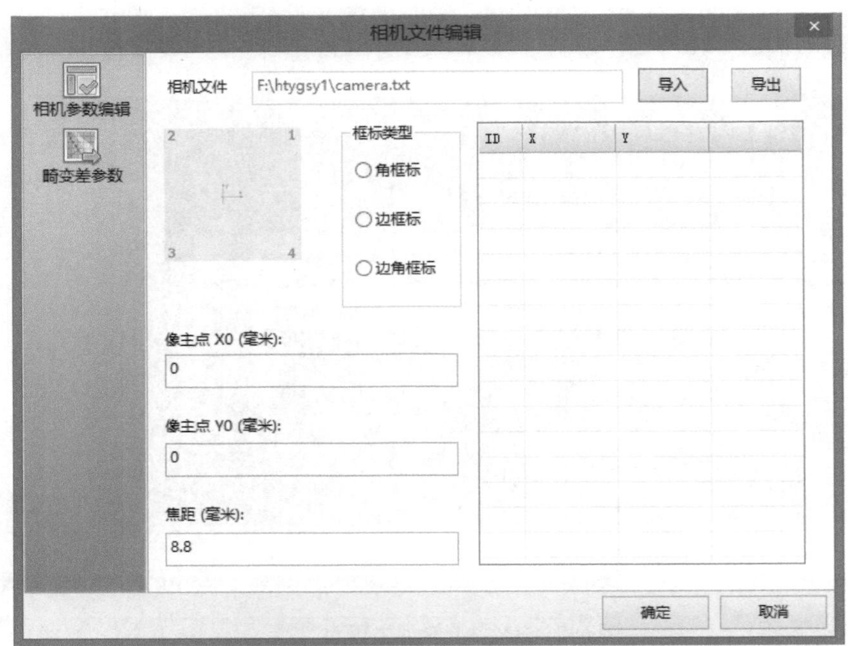

参数设置

图 6-10 “相机文件编辑”对话框

(2) 控制点文件编辑　选择“参数”→“控制点文件”命令，在弹出的图 6-11 所示的“控制点编辑”对话框中，选择导入已经编辑好的控制点文件，也可以手动输入编辑控制点文件。在“平面”列表框与“高程”下拉列表框中有 0 ～ 9 的数字，0 代表不参与平差，1 ～ 9 既代表参与平差，又代表分组，可以将控制点分为一组或多组进行平差，如图 6-12 所示。

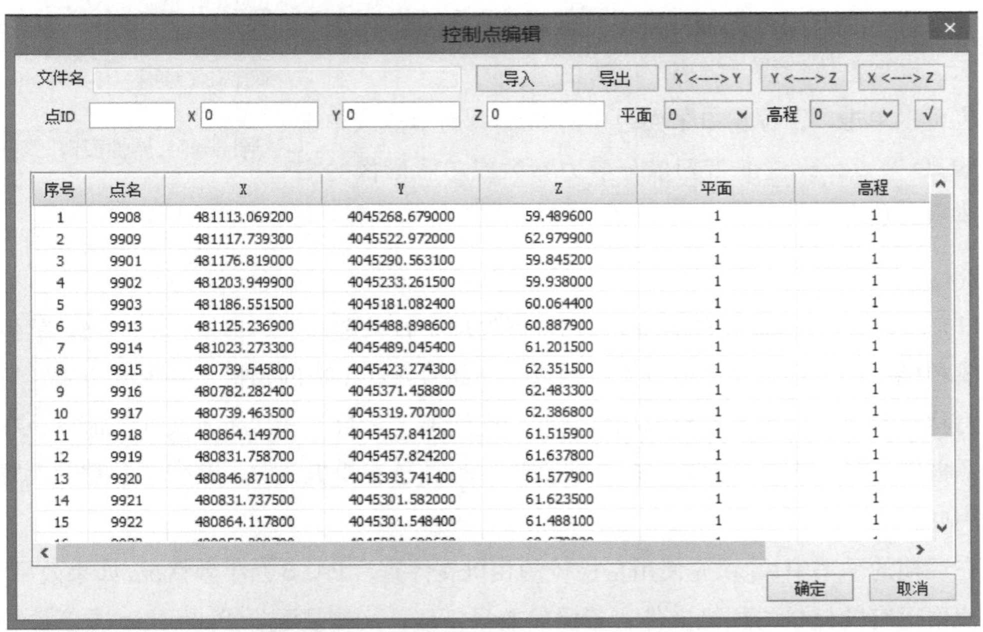

序号	点名	X	Y	Z	平面	高程
1	9908	481113.069200	4045268.679000	59.489600	1	1
2	9909	481117.739300	4045522.972000	62.979900	1	1
3	9901	481176.819000	4045290.563100	59.845200	1	1
4	9902	481203.949900	4045233.261500	59.938000	1	1
5	9903	481186.551500	4045181.082400	60.064400	1	1
6	9913	481125.236900	4045488.898600	60.887900	1	1
7	9914	481023.273300	4045489.045400	61.201500	1	1
8	9915	480739.545800	4045423.274300	62.351500	1	1
9	9916	480782.282400	4045371.458800	62.483300	1	1
10	9917	480739.463500	4045319.707000	62.386800	1	1
11	9918	480864.149700	4045457.841200	61.515900	1	1
12	9919	480831.758700	4045457.824200	61.637800	1	1
13	9920	480846.871000	4045393.741400	61.577900	1	1
14	9921	480831.737500	4045301.582000	61.623500	1	1
15	9922	480864.117800	4045301.548400	61.488100	1	1

图 6-11　控制点文件编辑界面

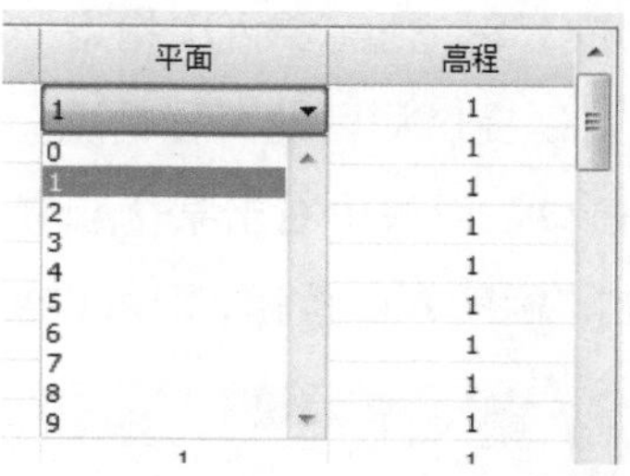

图 6-12 平高点是否参与平差的编辑界面

（3）POS 文件编辑 选择“参数”→“POS 文件”命令，在弹出的图 6-13 所示的“POS 参数设置”对话框中，选择导入已经编辑好的 POS 文件。

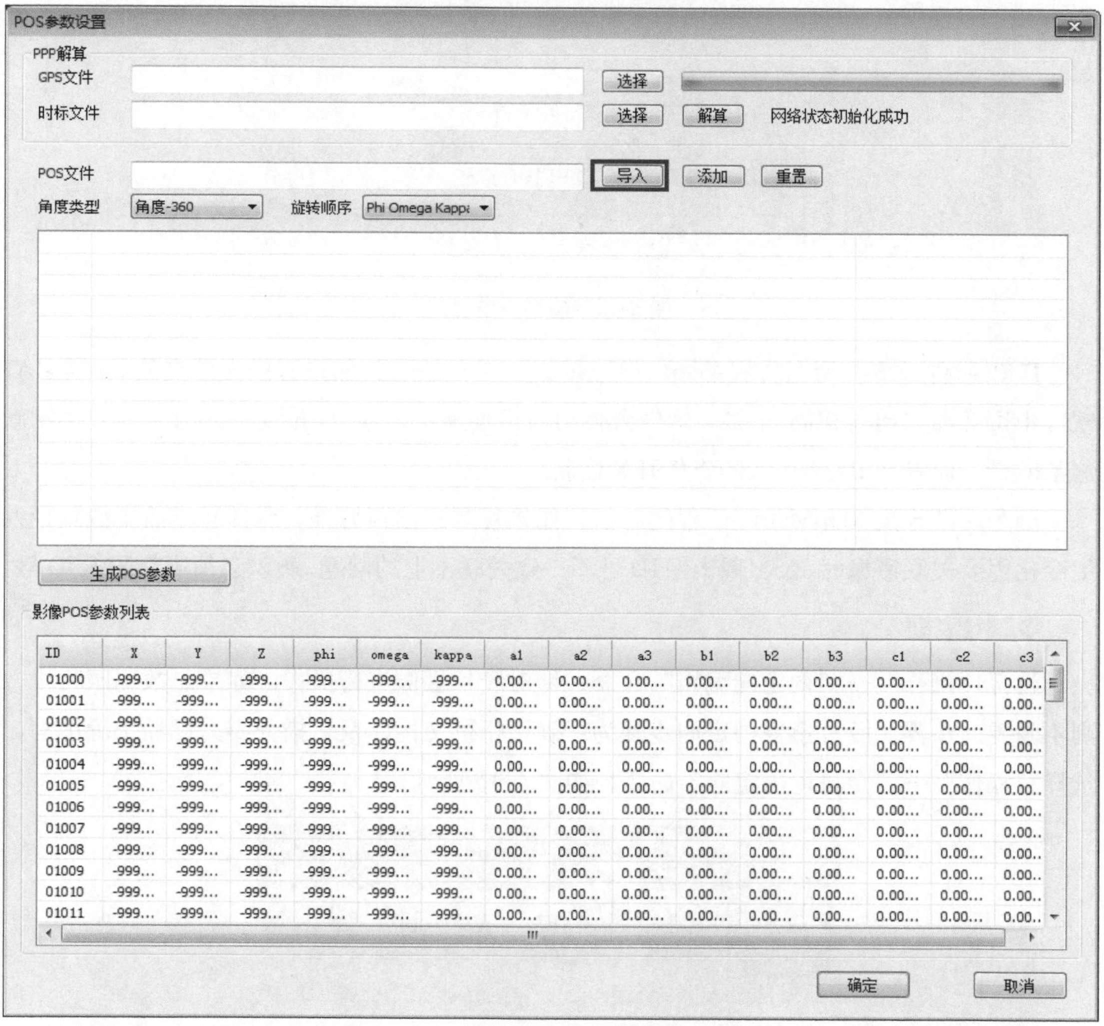

POS参数设置

PPP解算

GPS文件 选择

时标文件 选择 解算 网络状态初始化成功

POS文件 导入 添加 重置

角度类型 角度-360 旋转顺序 Phi Omega Kappa

生成POS参数

影像POS参数列表

ID	X	Y	Z	phi	omega	kappa	a1	a2	a3	b1	b2	b3	c1	c2	c3
01000	-999...	-999...	-999...	-999...	-999...	-999...	0.00...	0.00...	0.00...	0.00...	0.00...	0.00...	0.00...	0.00...	0.00..
01001	-999...	-999...	-999...	-999...	-999...	-999...	0.00...	0.00...	0.00...	0.00...	0.00...	0.00...	0.00...	0.00...	0.00..
01002	-999...	-999...	-999...	-999...	-999...	-999...	0.00...	0.00...	0.00...	0.00...	0.00...	0.00...	0.00...	0.00...	0.00..
01003	-999...	-999...	-999...	-999...	-999...	-999...	0.00...	0.00...	0.00...	0.00...	0.00...	0.00...	0.00...	0.00...	0.00..
01004	-999...	-999...	-999...	-999...	-999...	-999...	0.00...	0.00...	0.00...	0.00...	0.00...	0.00...	0.00...	0.00...	0.00..
01005	-999...	-999...	-999...	-999...	-999...	-999...	0.00...	0.00...	0.00...	0.00...	0.00...	0.00...	0.00...	0.00...	0.00..
01006	-999...	-999...	-999...	-999...	-999...	-999...	0.00...	0.00...	0.00...	0.00...	0.00...	0.00...	0.00...	0.00...	0.00..
01007	-999...	-999...	-999...	-999...	-999...	-999...	0.00...	0.00...	0.00...	0.00...	0.00...	0.00...	0.00...	0.00...	0.00..
01008	-999...	-999...	-999...	-999...	-999...	-999...	0.00...	0.00...	0.00...	0.00...	0.00...	0.00...	0.00...	0.00...	0.00..
01009	-999...	-999...	-999...	-999...	-999...	-999...	0.00...	0.00...	0.00...	0.00...	0.00...	0.00...	0.00...	0.00...	0.00..
01010	-999...	-999...	-999...	-999...	-999...	-999...	0.00...	0.00...	0.00...	0.00...	0.00...	0.00...	0.00...	0.00...	0.00..
01011	-999...	-999...	-999...	-999...	-999...	-999...	0.00...	0.00...	0.00...	0.00...	0.00...	0.00...	0.00...	0.00...	0.00..

确定 取消

图 6-13 “POS 参数设置”对话框

如果 POS 文件是精度不高的 POS 数据，则这一步不需要指定，因为后期 POS 数据 /

文件不参与平差；如果是带差分 GPS，则需要再次指定 POS 文件，并且去掉影像 ID 中的后缀。高精度 GPS 参与平差，可以提供测区的高程精度，并有效减少外业控制点数量。

（4）影像管理　在“工程窗口”面板中右击某个航带节点，选择“影像管理”命令，弹出“航带设置 1”对话框，单击“刷新 ID”按钮，即可按影像名规则命名，如图 6-14 所示。

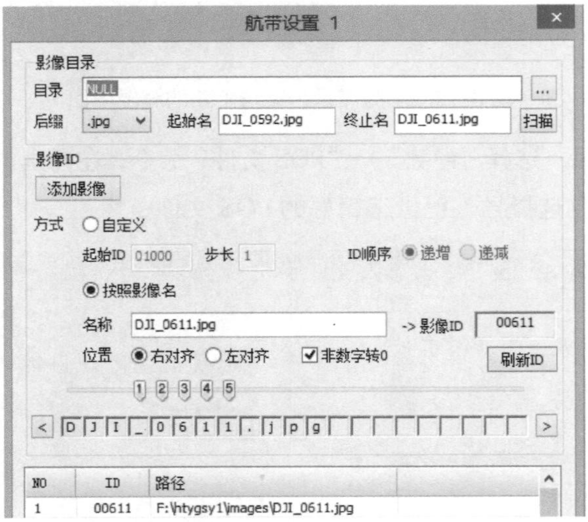

图 6-14　航带设置界面

HAT 软件对影像命名方式是 起始ID 01000 步长 1 ID顺序 ◉递增，如果影像文件夹的 ID 与 HAT 软件中影像命名出现相同的 ID，软件会弹出对话框提示影像 ID 重复，此时可以先不刷新这条航带，而是从 ID 号最大的影像开始刷新。

因为后期导出 MapMatrix 工程的时候，如果复制数据到另外一台计算机而影像路径发生变化需要关联影像时，会出现影像 ID 号不一致关联不上的问题，所以必须刷新影像 ID 号。

4．内定向

选择“操作”→“内定向编辑”命令，针对胶片影像进行操作，如果是数码照相机，则不需要此步骤。胶片影像内定向步骤为：确认相机文件以及扫描分辨力已经正确填写，选择“操作”→“全自动内定向”命令，如图 6-15 所示。

图 6-15　“全自动内定向”按钮

输出窗口中提示内定向成功。

5. 交互编辑

转点完成后，如比较关心转点完成后的效果，可以查看连接点分布以及精度。此时，可在“全局视图”选项卡的“平铺”模式下查看连接点的分布情况，并且可以根据需要在交互编辑前对影像旋转设置显示（不会改变原始影像文件），还可以调整航带顺序、航带内影像的顺序，使整个工程的影像按照从上到下、从左到右的重叠顺序排列显示，便于查看、添加、编辑点。

（1）添加编辑点　自动转点后，可先在工程区域内刺入几个控制点（没有 POS 信息时至少刺入 3 个 ID 控制点）。在刺入控制点前需要指定控制点文件。下面是两种控制点添加方法，第一种是完全手动加入控制点，第二种方法可以借助之前匹配的连接点加入控制点。

1）手动加入控制点。

① 在“全局视图”选项卡的工具条上单击“加点”按钮，进入加点状态，接着单击“补齐”按钮。

单击“补齐”按钮时，在某影像上添加某点，其他相关影像上的同名点位处会自动添加点位；否则，在某影像上添加某点，其他相关影像上的同名点位处只会以绿色方框显示标记同名点位，需要在同名点位处单击，逐个进行点位的添加。

② 在影像信息界面（图 6-16）中找到要刺入控制点的影像。若影像 ID 是按影像文件名规则命名的，则可在“工程窗口”面板中展开“Strip-*”节点，查看需要的影像 ID 名并单击，此时全局视图窗口中被选择影像的缩略图有边框显示，在全局视图中单击鼠标中键并拖动鼠标，可移动视图找到这张影像，必要时可向下滚动鼠标中键缩小视图查找。

添加控制点

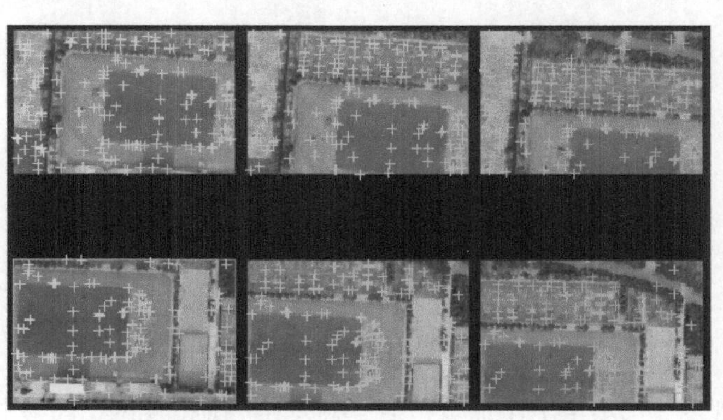

图 6-16　影像信息界面

在“全局视图”选项卡中找到要刺入控制点的影像后，在控制点点位处单击，即在影像上添加一个点，相关影像的同名点位处也自动添加了点，此时“全局视图”选项卡的工具条上的“补充点锁”按钮被按下（进入补充点状态）。在“属性窗口”面板中可查看新增加 ID 点的重叠度数。[连接点 ID 的自动命名规则：测区号（1 位）+ 影像 ID 号（5 位）+ 序号（4 位），序号为 0000 ～ 9999。]

有时程序自动关联的同名点不完全，此时在“全局视图”选项卡中单击鼠标中键并拖动鼠标移动视图，若看到其他影像上有漏掉的同名点位，可在其他任意影像上单击，为当前 ID 点补充同名点位，可看到“属性窗口”面板中该 ID 点的重叠度数增加了。“补齐”按钮被按下时，在其他任意一张影像上补充添加一个点，程序会自动计算其他相关影像上是否有单击处的同名点位，可能会添加多个补充点。如果没有 POS 数据，程序不会自动关联同名点，则控制点所有的同名点位都要手动刺入。

③ 在“画布视图”选项卡中若想删除刚增加的点，可使用程序的主工具条上的“撤销”按钮，删除刚增加的点：不是补充状态下增加的点，会撤销单击 1 次自动添加的点（在“补齐”按钮被按下时，可能撤销多个点位）；是补充状态下增加的点，只能逐个撤销。单击“撤销”按钮后面的下拉箭头，会显示之前的加点、删除点等操作，选择某操作项，会将该操作项及之前的操作项都撤销。单击“重做”按钮可取消刚才撤销的操作。

如图 6-17 所示，在“全局视图”选项卡中右击某点，会弹出快捷菜单，选择“删除该连接点”命令可删除单击处影像上的点，使用“删除该 ID 点所有连接点”命令会删除单击的该点 ID 的所有点位。

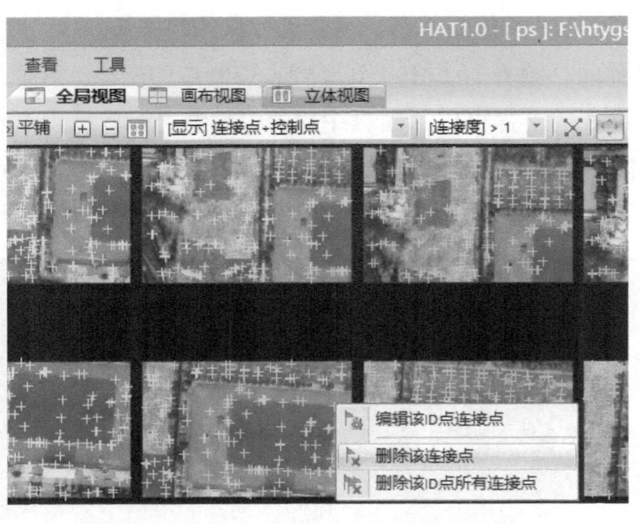

图 6-17　编辑控制点界面

④ 在“全局视图”选项卡上添加点位后，必须在“画布视图”选项卡上精细调整点位。单击“画布视图”标签进入画布视图精细调整点位界面，如图 6-18 所示。

在画布视图中的每个影像精细窗口上单击，可确定控制点的精确位置，可直接在“缩放比例”列表中选择“1:3”的缩放比例或其他缩放比例，然后使用精细窗口下的方向按钮微调整点位。如果某精细窗口上的点位距离影像边沿太近或不是同名点位，可单击该精细窗口下的“删除”按钮，删除当前窗口中的点，在“画布视图”选项卡中该精细窗口消失，删除了该影像上的点位。若想取消删除该影像上的点位，可使用程序窗口上的“撤销”按钮。单击“画布视图”选项卡的工具条上的按钮，会删除该 ID 点。

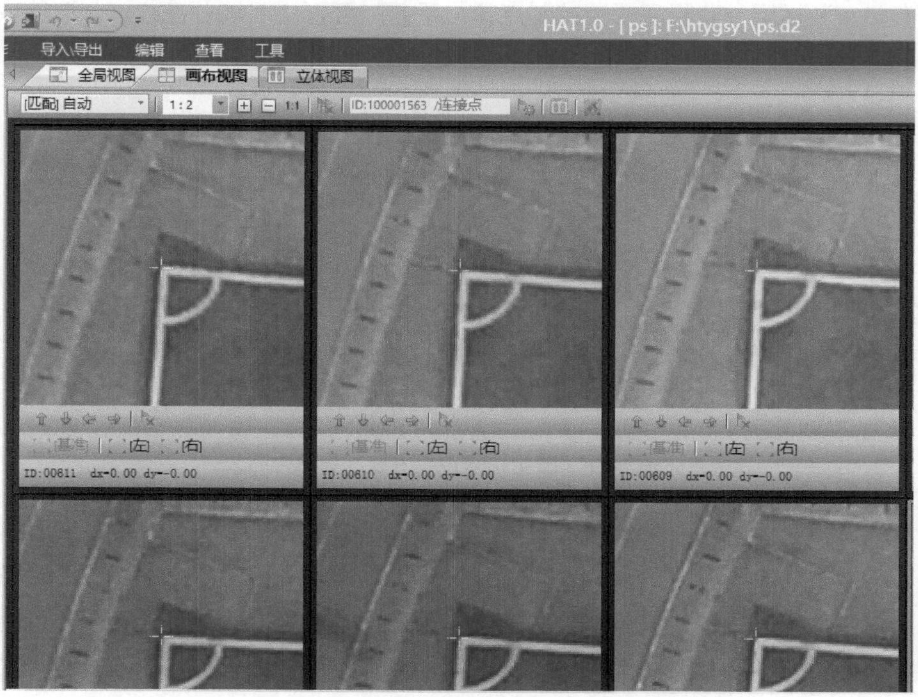

图 6-18　画布视图精细调整点位界面

⑤ 在“画布视图”选项卡中精确调整 ID 点位后，可在“立体视图”选项卡下观看点位是否准确。可以选择立体观测左影像或立体观测右影像。

⑥ ID 点点位编辑准确后，若是控制点，需要指定控制点点号。单击“画布视图”选项卡的工具条上的“修改 ID 和类型”按钮，弹出图 6-19 所示对话框。

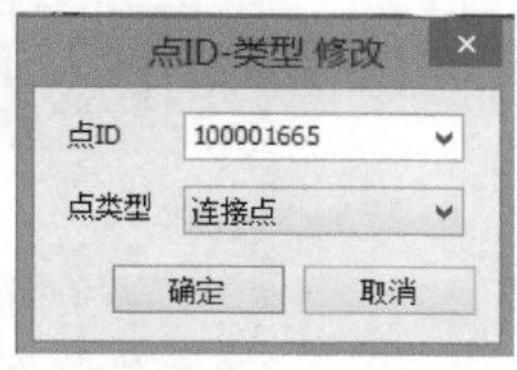

图 6-19　修改 ID 和类型界面

在“点类型”下拉列表中选择“控制点”选项，在“点 ID”下拉列表框中选择控制点点号，然后单击“确定”按钮，连接点被修改为指定点号的控制点。（控制点点号只能选择指定，连接点点号可以输入编辑。）

2）借助匹配的连接点加入控制点。如果所选的控制点为地面上的明显点位，在自动转点时会自动匹配出同名点位。

① 在“全局视图”选项卡中找到控制点点位，该点位处此时会有连接点。

② 右击，弹出快捷菜单，选择“编辑该 ID 点连接点”命令。

③ 在“画布视图”选项卡中精细调整点位。

④ 修改“点类型”并指定控制点点号。

如图 6-20 所示，对添加的控制点有疑问时，在“工程窗口”面板中右击该控制点，选择“*

非参与平差＊控制点”命令，将控制点作为连接点参与平差，在“工程窗口”面板中该控制点前有“？”标记。若想还原为控制点参与平差，可再使用该右键菜单，取消该命令。

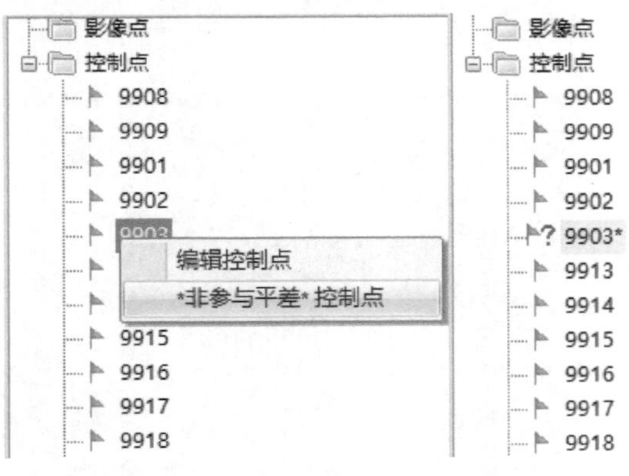

图 6-20　编辑平高点是否参与平差界面

（2）平差解算　刺入了控制点后（没有 POS 信息需要在工作区四周至少添加 3 个 ID 控制点，最好是 4 个，分别为最大范围的 4 个点），可以先进行平差解算，了解连接点的精度情况。如果平差收敛，便于添加其他的控制点，且在平差收敛后，编辑删除粗差点。

在主界面选择“操作”→“PATB 平差”命令，如图 6-21 所示，会弹出“平差辅助”对话框，根据具体情况进行选择后单击“继续”按钮，弹出“PATB-NT MENU”对话框，如图 6-22 和图 6-23 所示。

图 6-21　选择 PATB 平差命令

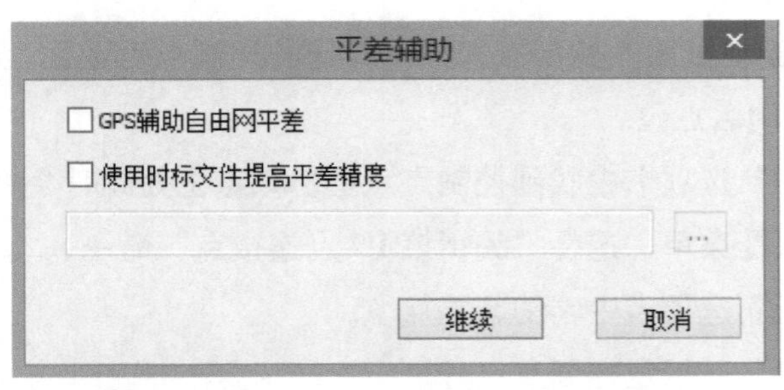

图 6-22　“平差辅助”对话框

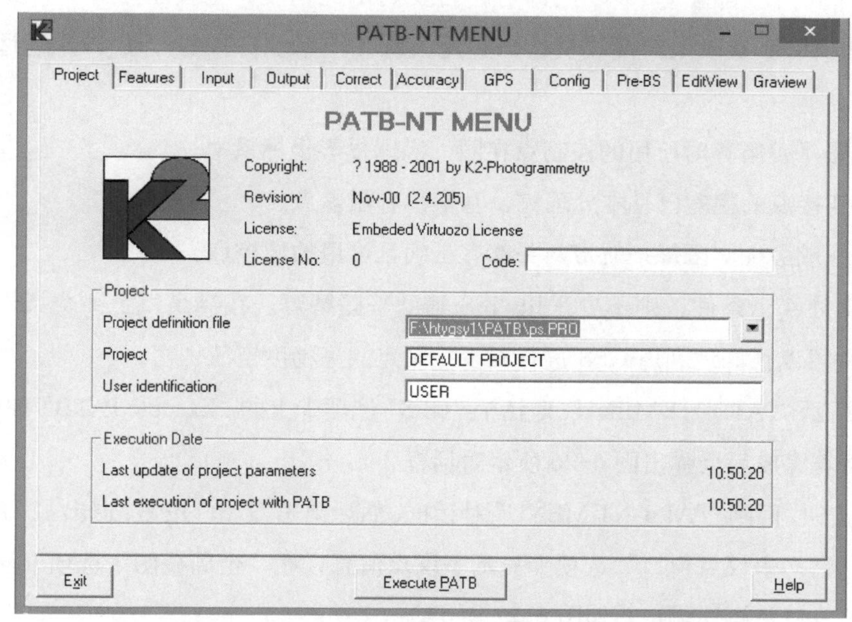

PATB 平差解算 1

图 6-23 “PATB-NT MENU”对话框

若指定了 GPS 信息，PATB 可以利用 GPS 参与平差，平差前需要设置参数。在“Features”选项卡中勾选 GPS 改正模式和 GPS 权重复选框，如图 6-24 所示。

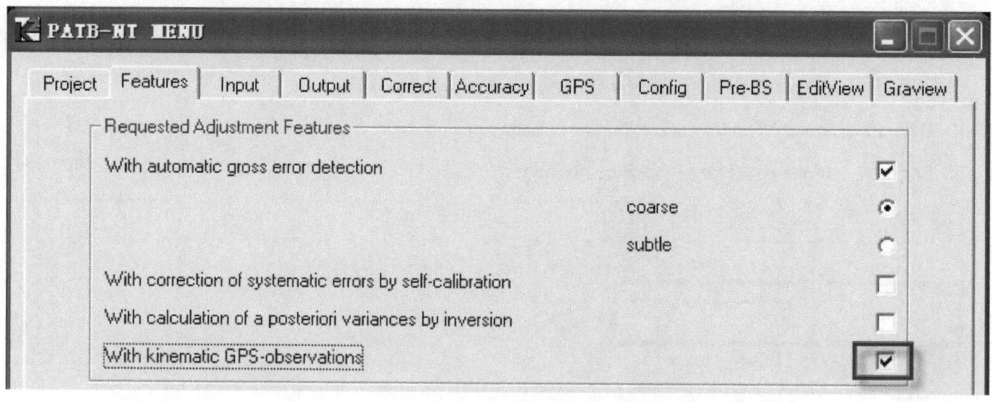

图 6-24 勾选 GPS 参与平差选项界面

如果不需要 GPS 参与，则不勾选带动态 GPS 观测，后面 GPS 项默认是灰色，不可设置。

开启 GPS 辅助平差，需要以下 4 个条件：

1）GPS 数据精度较高，具体要求可以参考 GB/T 23236—2019《数字航空摄影测量 空中三角测量规范》，一般情况下，GPS 数据的相对精度最好控制在 0.05m 以内（根据项目需求也可酌情控制在 0.3m 以内），绝对精度误差只要在消除了整体系统误差的情况下能满足平面和高程都在 0.3m 以内即可，若要满足此精度，则要求硬件为测绘级双频 GPS（频率在 10Hz 及以上）接收机，一般无人机飞控系统自带的导航 GPS 远远达不到此精度。

2）GPS 数据跟平差解算时所用的控制点在同一椭球投影坐标系中。

3）像控点和连接点的粗差已基本处理完，基本没有粗差点。

4）有构架航线或最少测区每条航带两头都有正确且可用的像控点。

如果不满足上述 4 个条件，则不要采用 GPS 辅助平差解算。在满足以上 4 个条件的情况下，HAT 软件可以很好地利用 GPS 进行稀少控制点的高精度空三加密。

单击图 6–25 所示“PATB-NT MENU”对话框“GPS”选项卡上的“Execute PATB”按钮，执行平差解算，解算完成后会弹出图 6–26 所示对话框。

单击“确定”按钮，回到“PATB-NT MENU”对话框，然后单击“Exit”按钮，退出“PATB”平差解算对话框。在“争议点窗口”选项卡显示争议点信息，在“全局视图”选项卡显示预测的控制点点位（红色旗标记），如图 6–27 所示。

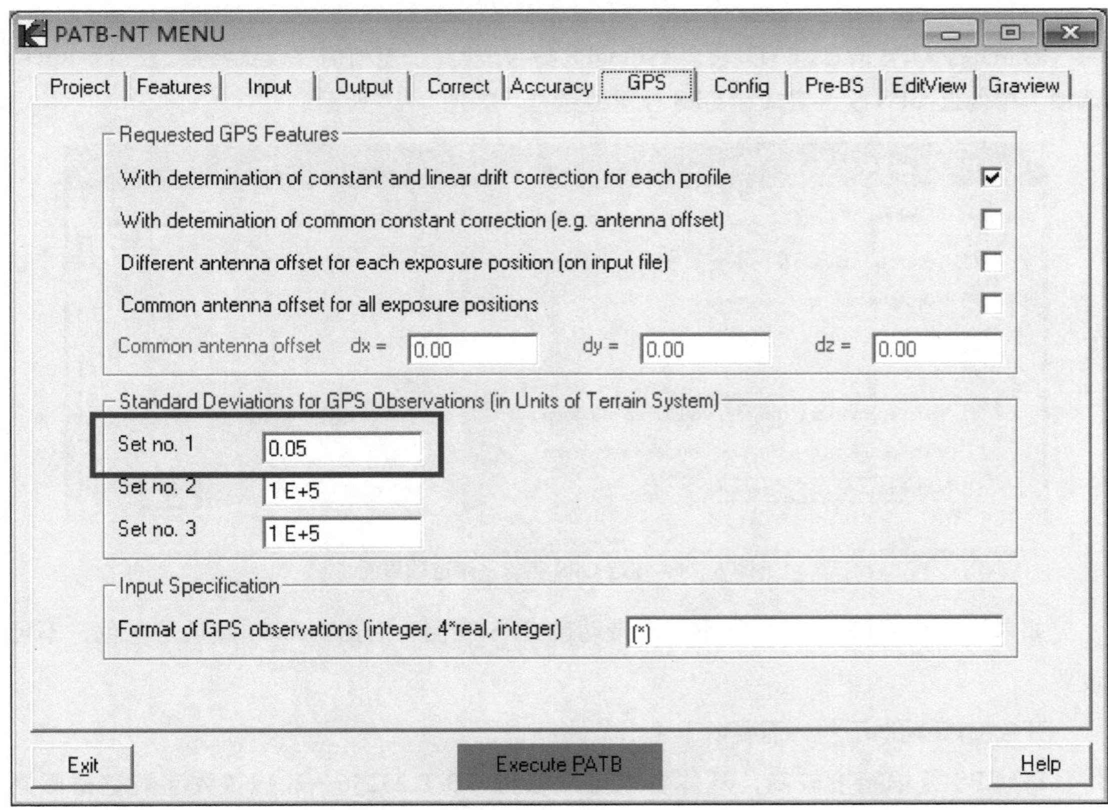

图 6–25　GPS 参数设置界面

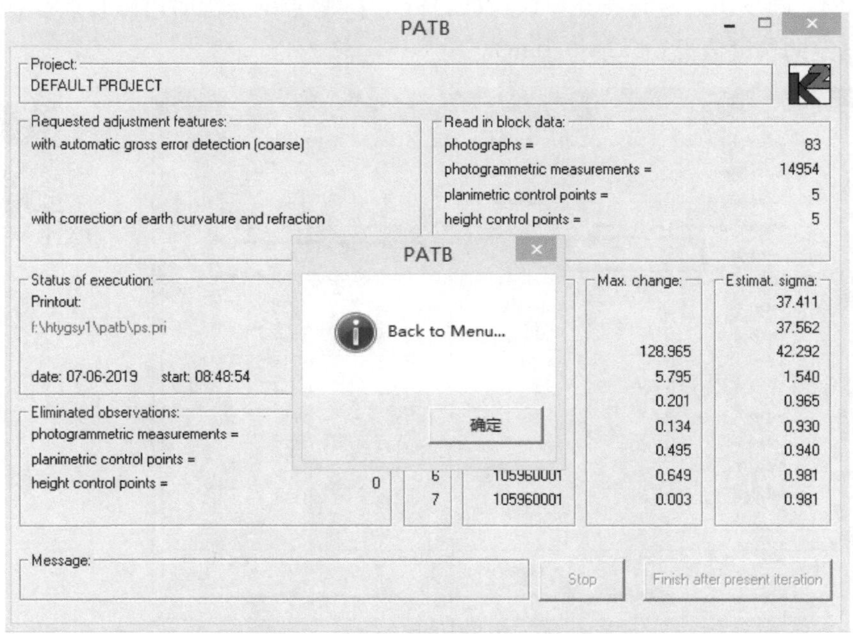

图 6-26 “PATB”解算结果对话框

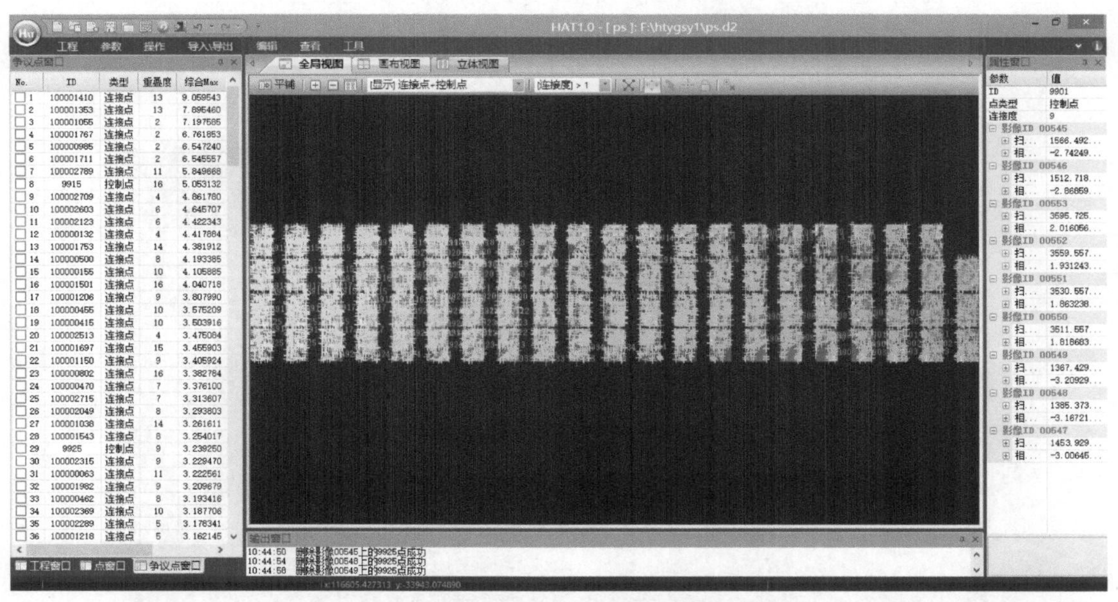

图 6-27 争议点窗口与预测控制点

PATB 平差解算一次后，回到“PATB-NT MENU”对话框，如图 6-28 所示，选择“Accuracy”选项卡，在“Set no.0”文本框中输入之前解算的 sigma 值（图 6-26 中的 0.981），然后单击“Execute PATB”按钮执行解算，直到解算的 sigma 值与“Set no.0”文本框中的数值相同，单位默认为 μm，再退出 PATB 程序界面。“Accuracy”选项卡上“Control Points”选项区域中的“Set no.1”文本框用于设置控制点的权值（设置的数值越小，代表的权值越大，反之则越小)，在连接点争议点都编辑完毕，像点网稳固时再修改该参数值解算(该参数值根据定向精度值设置，单位为 m) 。

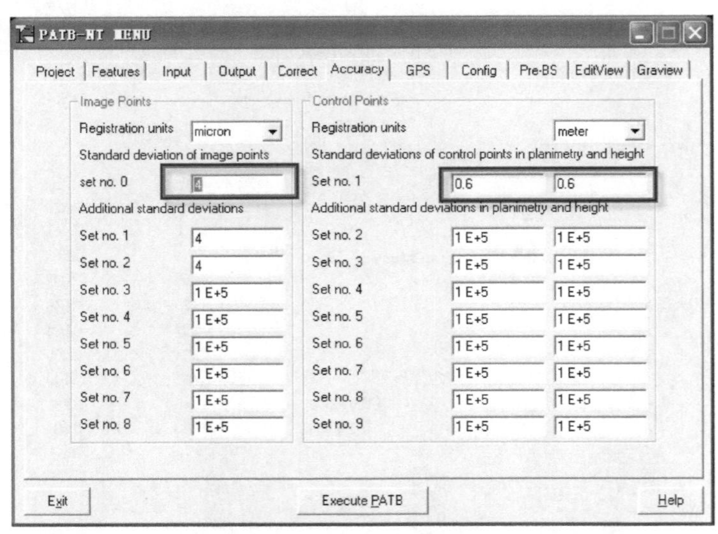

图 6-28　权值设置界面

PATB 平差解算 2

在“全局视图”选项卡上单击“平铺”按钮，变成拼接状态，可拼接显示全局图，如图 6-29 所示。单击菜单栏中的“查看”按钮，取消勾选“文字”复选框，结果如图 6-30 所示。

图 6-29　拼接显示全局图

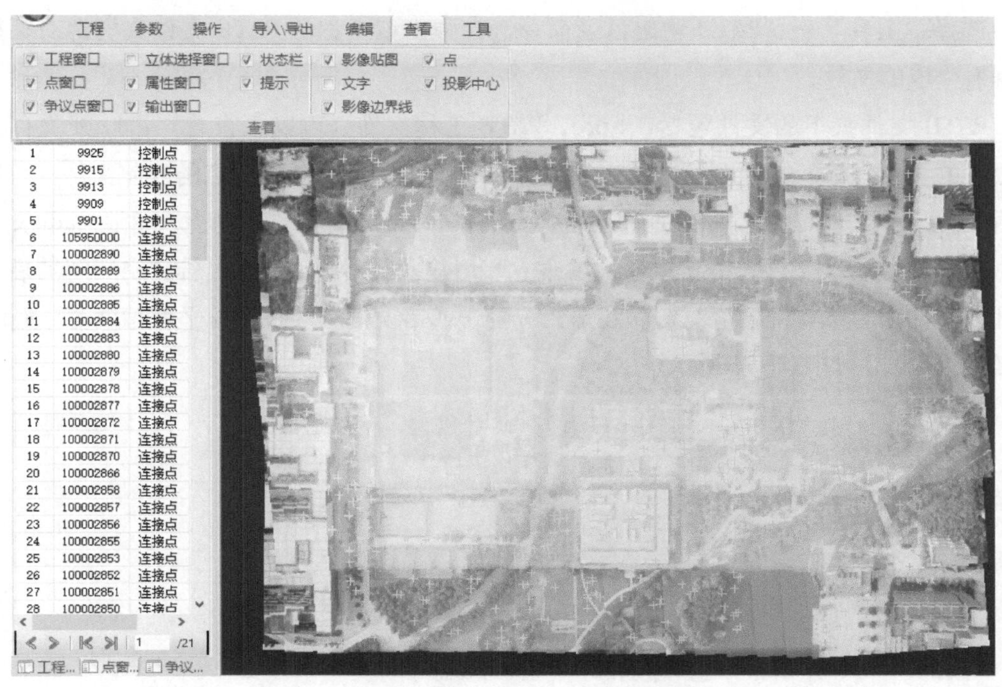

图 6-30　取消勾选“文字”复选框

若平差解算不收敛，没有争议点信息，则需要确认影像上是否有连接点，或航带间是否已连接等情况。需要查看连接点分布，补充或调整连接点，然后再进行平差解算。

平差解算收敛后编辑争议点，再进行平差解算，通常直到没有明显争议点信息为止（或是 PATB 提示是争议点，但目视判断为非争议点。所有争议点的最终判断原则：目视判断为同名点才是真的同名点，不能以平差软件的提示作为调点的准则）。检查 pri，最后一次平差解算需要按图 6-31 所示进行设置（勾选“With calculation of a posteriori variances by inversion”复选框，在连接点没有明显大错点并且能肯定控制点没有问题的情况下可以取消勾选“With automatic gross error detection”复选框）再解算。

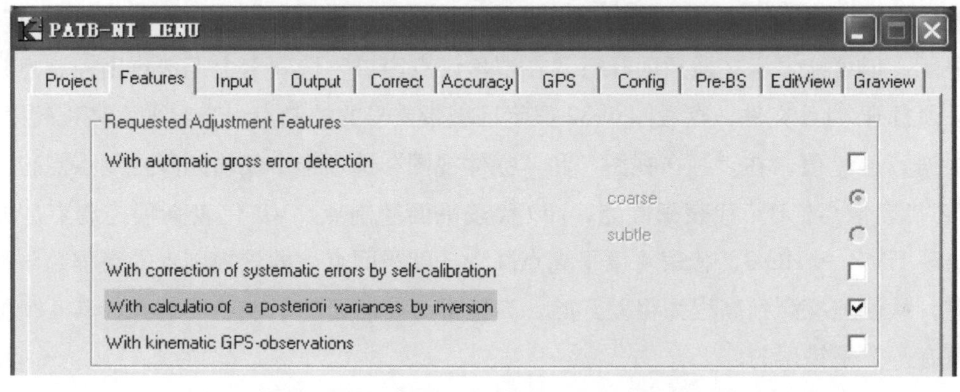

图 6-31　最后一次 PATB 解算界面

选择“工具”→“PATB 输出目录命令，会弹出该工程的 PATB 文件夹资源对话框，可查看生成的文件。

PATB 文件夹下的文件包括：*.pro，PATB 工程文件（可以不查看）；*.cor 文件，经过改正的像点坐标的文件（可以不查看）；*.res 文件，像点与控制点的残差文件（可以不查看）；*.im 文件，测区所有影像上的像点文件；*.con 文件，控制点文件；*.adj 文件，加密点文件；*.ori 文件，外定向参数文件；*.pri 文件，PATB 解算报告。空三解算后，可打开该文件查看解算精度情况，以及是否有警告或错误信息（在查看平差精度时，*.pri 文件必须查看），如图 6-32 所示。

```
ps.pri - 记事本
文件(F) 编辑(E) 格式(O) 查看(V) 帮助(H)

SIGMA NAUGHT      0.98        =     0.016
------------

COORDINATES OF CONTROL POINTS AND RESIDUALS
-------------------------------------------
in units of terrain system

horizontal control points
                                          code of point
point-no.        x            y           input -> used        rx         ry     sds check

 9901     481176.819   4045290.563        HV 9               -0.973     -0.328    1   .  .
 9909     481117.739   4045522.972        HV 4                0.571      0.384    1   .  .
 9913     481125.237   4045488.899        HV 9                0.344      0.177    1   .  .
 9915     480739.546   4045423.274        HV16               -0.660     -0.201    1   .  .
 9925     480704.335   4045231.836        HV 9                0.718     -0.032    1   .  .


vertical control points
                                          code of point
point-no.                     z           input -> used                    rz     sds check

 9901                      59.845         HV 9                          0.043    1      .
 9909                      62.980         HV 4                         -0.044    1      .
 9913                      60.888         HV 9                         -0.006    1      .
 9915                      62.352         HV16                          0.067    1      .
 9925                      61.383         HV 9                         -0.059    1      .
```

图 6-32 pri 控制点精度报告文件

SIGMA NAUGHT 0.98=0.016 记录像点精度，0.98 单位为 μm，0.016 单位为 m。

控制点平面高程超限（该控制点像方没超限）时，该控制点会在“争议点窗口”选项卡中显示，但可能显示在最后面几行。在“争议点窗口”选项卡上无法看出控制点超限多少，必须打开 *.pri 文件，查看图 6-32 显示区域带 * 号的控制点，查看平面高程超限情况，然后根据 rx、ry 值，在“画布视图”和“立体视图”选项卡中编辑超限控制点点位。

TP 代表像点，HV 代表平高点，HO 代表平面控制点，VE 代表高程控制点。如果某一点出现 HV 4 → HO 3，代表 4 度平高点降为 3 度平面点，即该控制点的高程超限，高程为粗差，从误差探测到高程为粗差开始，高程不参与后面的平差迭代解算，其 4 个像方的测量值有一个是错误的。

rx、ry 或 rz 值大于 3 倍中误差时，会以 * 号标识，当成粗差点处理，组号设置为 21。

平差解算结果是否符合要求，判断依据有 4 点：定向点参数符合规定要求；检查点残差符合规定要求；公共点残差符合规定要求；验后方差符合规定要求。

现阶段可以参考 GB/T 23236—2019《数字航空摄影测量 空中三角测量规范》和 GB/T 7930—2008《1:500 1:1000 1:2000 地形图航空摄影测量内业规范》等现行国家标准查看相应规定要求。

若平差解算结果符合以上 4 点要求，则在实际生产中也不能认定空三加密成果精度 100% 符合要求。空三加密精度检测最理想的方法：对所有像控点和检查点套合立体模型进行检测，并且进行模型接边检查，检查结果符合规范要求，才是真的符合要求。

（3）添加预测的控制点 平差解算收敛后，会有控制点点位预测显示（重新打开解算后的工程，预测点位不会自动显示。选择“编辑”→“刷新预测控制点”命令，会刷新显示预测点位）。可根据预测的点位添加控制点。首先在“全局视图”选项卡的工具条上的“切换显示点类型”下拉列表框中选择“控制点 + 预测控制点”选项，“全局视图”选项卡中只显示控制点标记（黄色旗子标记）和预测控制点标记（红色旗子标记），在某红色旗子标记处右击，在弹出的菜单中选择“添加该 ID 所有预测控制点”命令，将会添加该 ID 控制点的所有预测的同名点位（先确认该 ID 控制点是否已添加；否则添加的预测控制点会覆盖已添加的控制点）。然后选择“画布视图”选项卡。在“画布视图”选项卡和“立体视图”选项卡中精细编辑点位，不需要再设置 ID 号。若发现之前手工添加的某 ID 控制点有漏掉的同名点位，可在漏掉的影像上该 ID 预测点位处右击，选择“添加该预测控制点”命令，补充添加该影像上的控制点点位，然后编辑该影像上的点位。

在“全局视图”选项卡的拼接模式下也可使用“添加该 ID 所有预测控制点”命令。

（4）编辑争议点 平差解算后，争议点列表中有争议点信息，按粗差值由大到小的顺序排列。根据每个争议点的综合 max 值，可了解点位偏差情况。有时显示值很大时，该点不一定是大错点，需要查看该争议点，一般从争议点列表以从上到下的顺序查看。双击“争议点窗口”选项卡中的某点，“画布视图”选项卡置前，显示被选择点的精细窗口，可查看争议点的点位情况。若只是个别影像上点位错得离谱，可按住〈Shift〉键多选争议点，然后右击，选择“删除争议点（仅争议点）”命令。若争议点列表中显示的是粗差点，在“画图视图”选项卡中查看是同名点位，可以查看“精细窗口”选项卡下的残差信息，看哪张影像上残差值很大；然后在“全局视图”选项卡中查看绿色方框高亮显示的点时，查看问题影像上是否缺点或有大错点。（需注意的是，在“全局视图”选项卡中查看被选择的点时，单击“拾取”按钮，拾取的点与加点状态下高亮显示的点不一样。）

平差解算后，“画布视图”选项卡的精细窗口下会显示点位的残差信息，在调整点位时，可以参考该值进行点位调整。一般情况下，dx\dy 为负值表示要向左 \ 下方向调整；否则是右 \ 上方向调整。

编辑完争议点后，需要再次进行平差解算，直到争议点列表中没有争议点信息，平差精度满足定向精度要求。

6．导出为MapMatrix工程文件

平差完成，满足定向精度要求后，需要输出空三成果，直接生成 MapMatrix 工程文件，工程文件中记录了影像的定向信息、每张影像的像点信息等。可直接在 MapMatrix Grid 软件中打开工程文件，制作 DEM、DOM。创建立体像对后，可打开 FeatureOne 软件，在立体像对上采集地物地貌信息。

在程序主界面中选择“导入 / 导出”→“导出为 MapMatrix 工程”命令，如图 6-33 所示。弹出“另存为”对话框，设置路径后，单击“保存”按钮，输出 .xml 成果文件，对话框会提示“导出 *.xml 文件成功”。

图 6-33 导出 MapMatrix 工程

加密点坐标在解算后的文件夹 PATB 下的 adj 文件中记录。

MapMatrix 工程文件的生成及 DSM 生成

6.3.3 正射影像生成

利用 HAT 软件处理完数据后，可以利用 MapMatrix Grid1.0 软件打开刚才导出的 MapMatrix 工程文件，通过接下来的操作生成正射影像。

1）启动 MapMatrix Grid1.0 软件。

2）选择“文件”→“加载工程”命令，打开导出的 MapMatrix 工程文件。

3）创建立体像对。如图 6-34 所示，在 MapMatrix Grid1.0 软件主界面的“工程浏览窗口”面板上选择工程节点，右击，在弹出的菜单中选择“创建立体像对”命令，一次性创建所有像对，在工程节点下会显示所创建的立体像对。也可以在“工程浏览窗口”面板中找到影像节点，然后单击需要用来创建立体像对的影像，右击，在弹出的菜单中选择“创建立体像对”命令。

4）数字高程模型的 DEM 生成与浏览。

① DEM 属性设置。在“工程浏览窗口”面板中选择 DEM 节点，在“对象属性”对话框中设置 DEM 的“X 方向间距”“Y 方向间距”“等高线间距”，如图 6-35 所示。

② 全区匹配生成 DEM。在“工程浏览窗口”面板中选择工程节点，右击选择“全区匹配”命令，依次对区域内的立体像对进行匹配。全区匹配时间较长，如果匹配成功，最后在输出窗口会出现图 6-36 所示的类似提示。

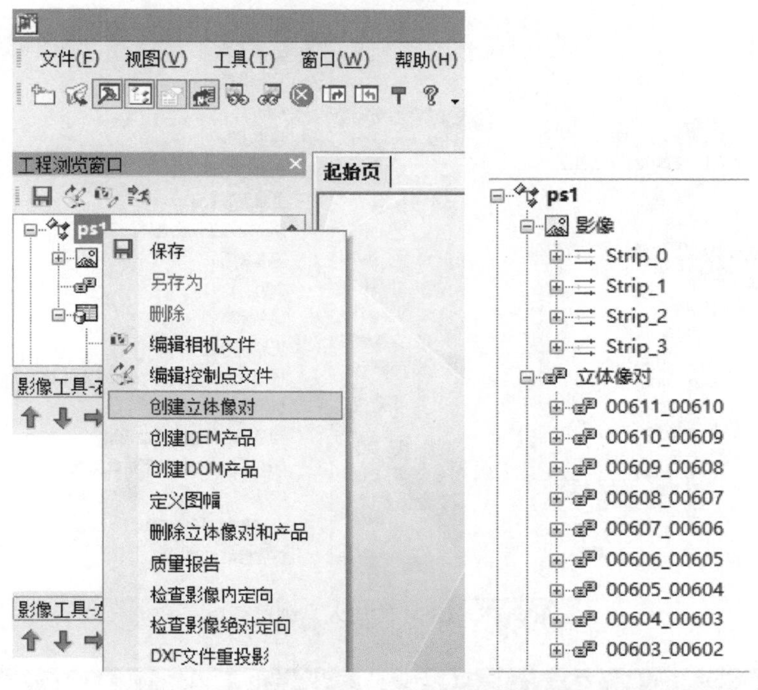

图 6-34　创建立体像对界面和创建后的立体像对

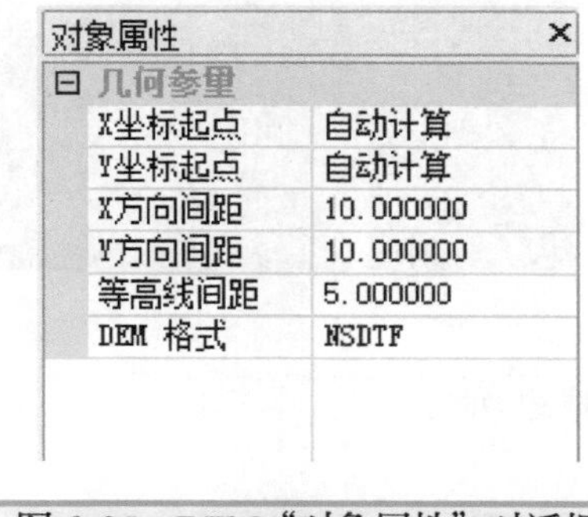

对象属性

几何参量	
X坐标起点	自动计算
Y坐标起点	自动计算
X方向间距	10.000000
Y方向间距	10.000000
等高线间距	5.000000
DEM 格式	NSDTF

图 6-35　DEM“对象属性”对话框

输出窗口

```
Process stereo:00547_00548
Process stereo:00548_00549
Begin to merge the block
Output dem:F:\htygsy1\ps1.dem
```

图 6-36　全区匹配成功提示

③ DEM 加入、浏览与输出。如图 6-37 所示，在工程浏览窗口“面板中选择 DEM 节点”，右击，选择“加入 DEM”命令。单击 DEM 节点，会出现刚才生成的 DEM 名，右击，选择“三维浏览”命令，可以浏览刚生成的 DEM（图 6-38a），并对其进行编辑。另外，由于刚生成的 DEM 表面具有房屋、树林等信息，实际上应该称之为数字表面模型 DSM，所以还可以根据需要选择房屋自动过滤，过滤掉地面上的房屋，然后在 DEM 三维浏览界面进行编辑，将不合理的地面起伏消除，输出 DEM，如图 6-38b 所示。需要注意的是，应在过滤后、三维浏览前在工程路径下删除 DEM 文件所对应的文件夹，才能正常浏览生成的过滤房屋等数据后的 DEM。

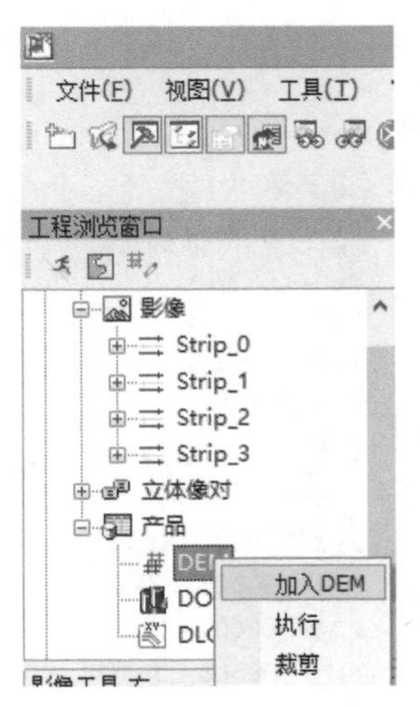

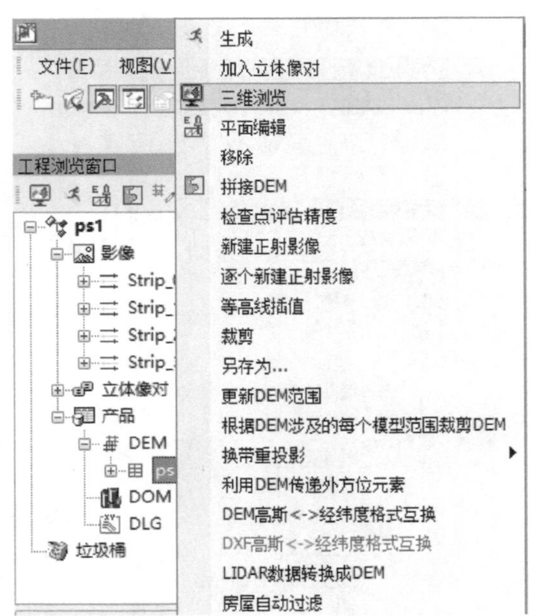

图 6-37　DEM 的加入、浏览菜单

a）

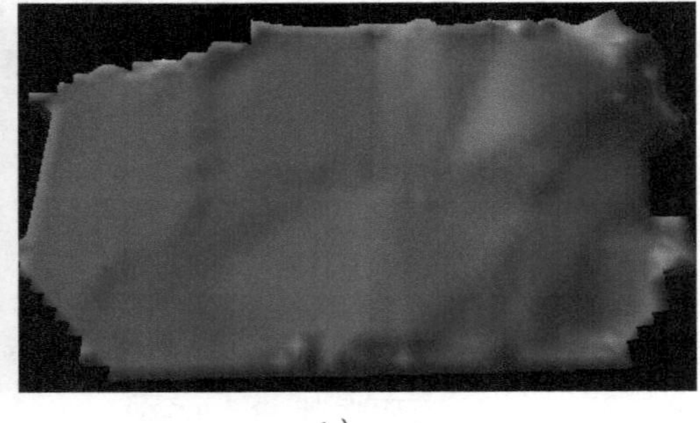

b）

图 6-38　生成的 DEM

5）正射影像 DOM 的生成。

① 新建 DOM。在 MapMatrix Grid1.0 软件主界面的“工程浏览窗口”面板中选择刚才生成的 DEM 的节点，右击，选择“加入立体像对”命令，然后选择“新建正射影像”命令。

② DOM 属性设置。在“工程浏览窗口”面板的 DOM 节点下选择新建的 DOM，然后在“对象属性”窗口面板中设置 DOM 的属性，如图 6-39 所示。设置“沿影像边缘生成”为“是”，表示沿着影像范围生成正射影像；设置“沿影像边缘生成”为“否”，表示以 DEM 范围为准；设置“原始影像单独生成 DOM”为“是”，表示根据单独的原始像片生成正射影像，存放在正射影像目录下，和原始影像同名；设置“原始影像单独生成 DOM”为“否”，表示生成一张 DOM；“框标缩进”文本框用于设置框标在影像上所占

的宽度，使正射影像生成时自动避开框标的位置。选择每张影像生成单独的正射影像，这样可避免由于自动拼接带来的重影或局部模糊，然后可以利用 EPT 进行 DOM 拼接。当 DEM 不是由模型直接生成的时，需要手动指定参与拼接的原始影像，参与生成正射影像的原始影像必须带有定向信息，否则不能进行生成正射影像操作。

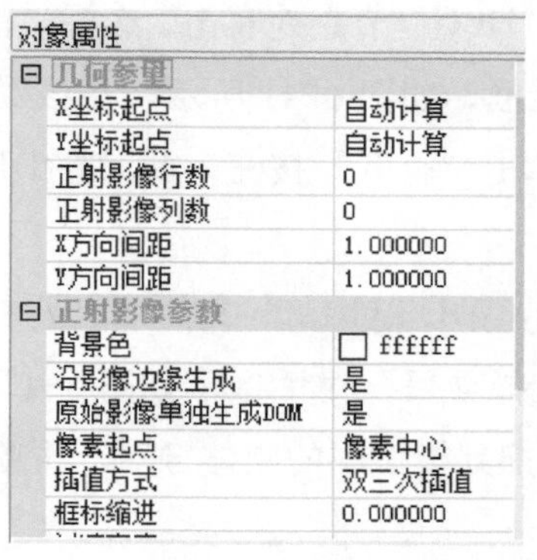

图 6-39　DOM 属性设置

正射影像 DOM 生成

③ DOM 生成。在“工程浏览窗口”面板中选择新建的 DOM，右击，选择“生成”命令（图 6-40a），自动生成正射影像，如图 6-40b 所示。

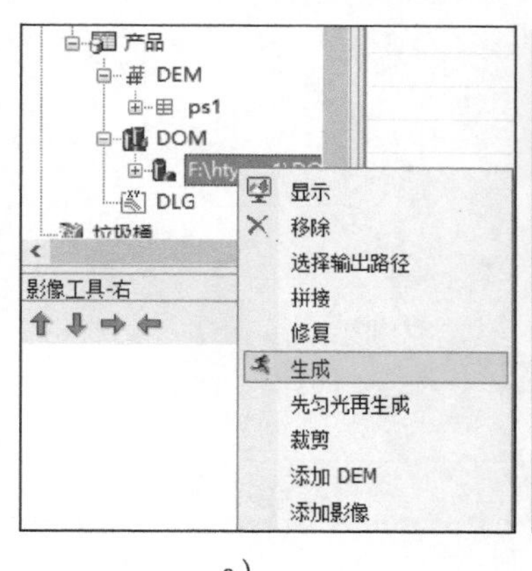

a）

b）

图 6-40　DOM 生成

a) DOM 生成菜单　b) 生成的 DOM

正射影像拼接

6.3.4　数字线划图的生成

为了生成数字线划图 DLG，需要在立体模型上进行特征采集，主要操作包括各种地物（点状地物、线状地物及面状地物）的采集、修改、检查、入库及图廓整饰部分，以及为了方便地物采集而提供的辅助操作（捕捉、锁定等）。

1．进入测图模块

在 MapMatrix Grid 1.0 软件主界面中新建 DLG 工程文件，进入 FeatureOne 模块，或直接导入已有 DLG 工程文件。

（1）在 MapMatrix Grid 1.0 软件中创建 DLG 文件　在 MapMatrix 软件的“工程浏览窗口”面板的“产品”节点下的“DLG”节点处右击，选择“新建 DLG”命令，系统弹出“选择一个 FeatureOne 文件”对话框，如图 6-41 所示，在该对话框的“文件名”文本框中输入 DLG 文件名，例如 yb1，单击“打开”按钮，此时在 DLG 节点下会自动添加一个数据库节点，如图 6-42 所示。

在图 6-42 所示的 F:\htygsy1\DLG\yb1.fdb 文件节点处右击，在弹出的菜单中选择“加入立体像对”命令，弹出“选择项目”对话框，如图 6-43 所示，在该对话框左边的立体像对下拉列表中，单击需要添加到模型中的立体像对，再单击“确定”按钮。

图 6-41　新建 DLG 界面

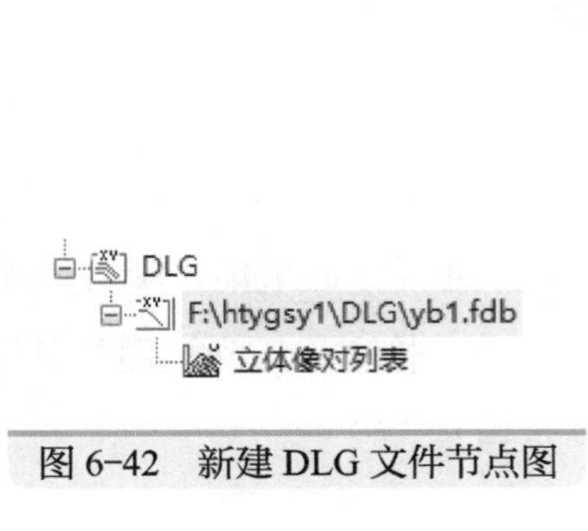

图 6-42　新建 DLG 文件节点图

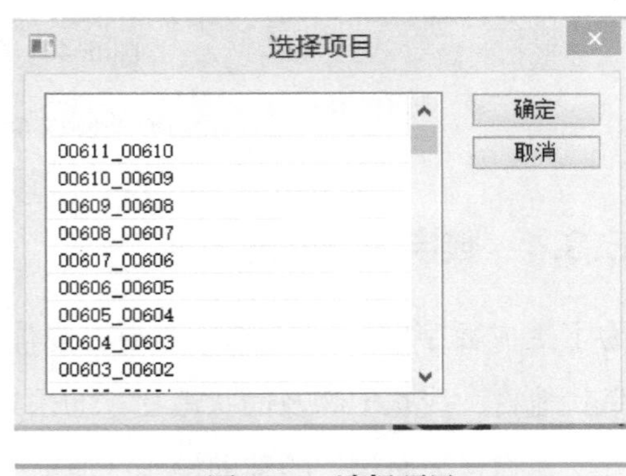

图 6-43　选择项目

此时，“工程浏览窗口”面板的“DLG”节点如图 6-44 所示，在该节点下列出了 DLG 数据库（*.fdb）文件目录，以及该模型下所有的立体像对。选择“DLG”节点下的 DLG 数据库（*.fdb）文件目录节点 F:\htygsy1\DLG\yb1.fdb 节点，单击“工程浏览窗口”面板中的“加载到特征采集点”按钮，或在该节点处右击，在弹出的菜单中选择“数字化”命令，如图 6-45 所示，调出特征采集界面。

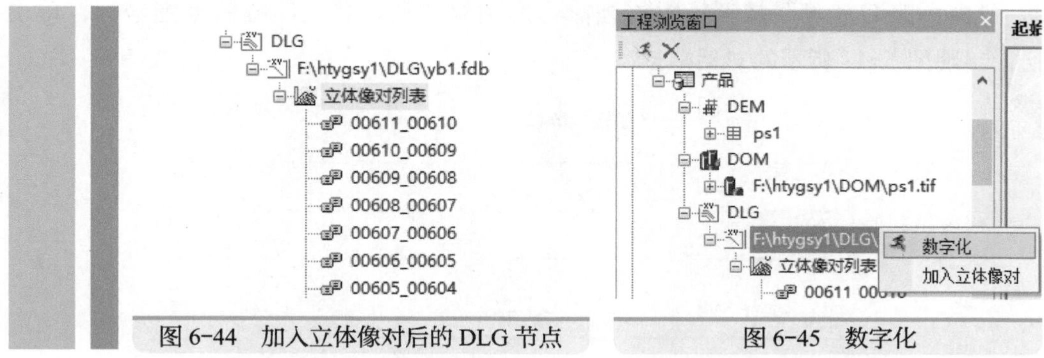

图 6-44　加入立体像对后的 DLG 节点　　图 6-45　数字化

（2）在 FeatureOne 软件中打开或新建 DLG 文件　启动 FeatureOne 软件，在其下可以打开已有的 DLG 文件或新建一个 DLG 文件。

1）打开已有的 DLG 文件。选择“文件”→“打开特征文件”命令，可以选择打开过的文件；选择“文件”菜单下最近打开过的文件；单击工具栏中的“打开”按钮，打开一个 *.fdb 文件。以上三种方式均可以打开一个已有的 DLG 文件。

2）新建 DLG 文件。选择“文件”→“新建特征文件”命令，在弹出的对话框的“文件名”文本框中输入文件名，单击“保存”按钮，便可创建一个新的 *.fdb 文件。

2. 设置工作区属性

在 MapMatrix Grid 1.0 软件中创建 DLG 文件，首先弹出“设置工作区属性”对话框；在 FeatureOne 软件中新建 DLG 文件时也会首先弹出“设置工作区属性”对话框，如图 6-46 所示。

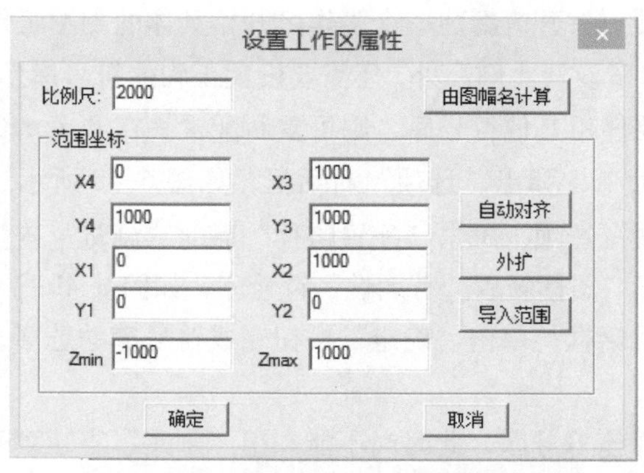

图 6-46　“设置工作区属性”对话框

在“设置工作区属性”对话框中默认工作区起始坐标为（0，0），大小为1000×1000，需要对其属性进行设置，也可以通过选择“工作区”→“设置矢量文件参数”命令，选择子菜单中的“手工设置边界”命令，对“设置工作区属性”对话框重新进行设置，图中各命令含义如下：

1）“比例尺”文本框：用于输入新建工作区的比例尺分母。

2）“由图幅名计算”按钮：根据国家标准图幅自动计算出图幅的范围坐标，单击该按钮，出现图6-47所示的对话框。

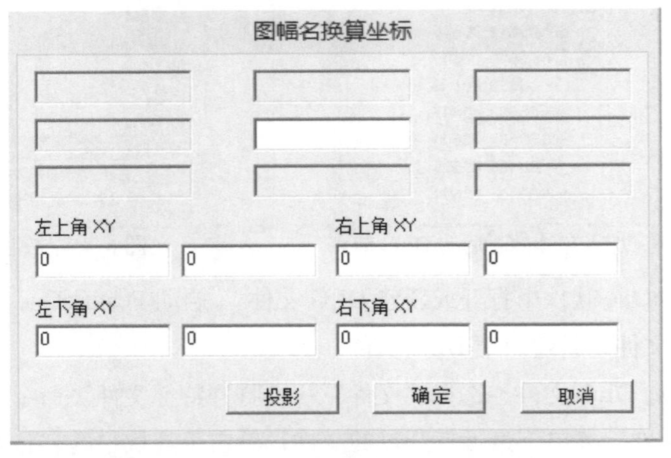

图6-47 图幅名换算坐标界面

3）“范围坐标”选项区域：在该选项区域的8个文本框中分别输入工作区4个角点的坐标，此处的范围坐标为大地坐标。

4）“自动对齐”按钮：4个角点可以构成一个任意四边形，单击该按钮，将第二、第三个点自动与第一、第四个点对齐，从而构成一个矩形区域。

5）“导入范围”按钮：单击该按钮，在弹出的“资源浏览”对话框中选择一个已经存在的工作区，系统会将该工作区参数设置为新建工作区的参数。

完成以上操作，便可打开或新建一个工作区开始具体的测图工作。

根据项目要求，除了设置比例尺外，还需要设置正确的符号库。程序默认使用的是“不动产符号库”，若需要使用其他符号库，则可重新配置。在FeatureOne软件主界面中选择“工具”→“选项”命令，弹出“选项”对话框，如图6-48所示。在“选项”对话框的左侧单击“符号化配置”选项，单击“配置路径”后的“浏览”按钮[...]，在弹出的“浏览文件夹”对话框中选择“国标新版_有属性”符号库，如图6-49所示，然后单击“确定”按钮，返回“选项”对话框，单击“确定”按钮完成符号库的选择。此时，“采集”下拉列表框如图6-50所示。

如果是第一次选择该符号库，此时尚不能利用“采集”下拉列表框进行数据采集。选择“工具”→“用方案更新当前矢量文件”命令，如图6-51所示，系统更新后方可进行数据采集。

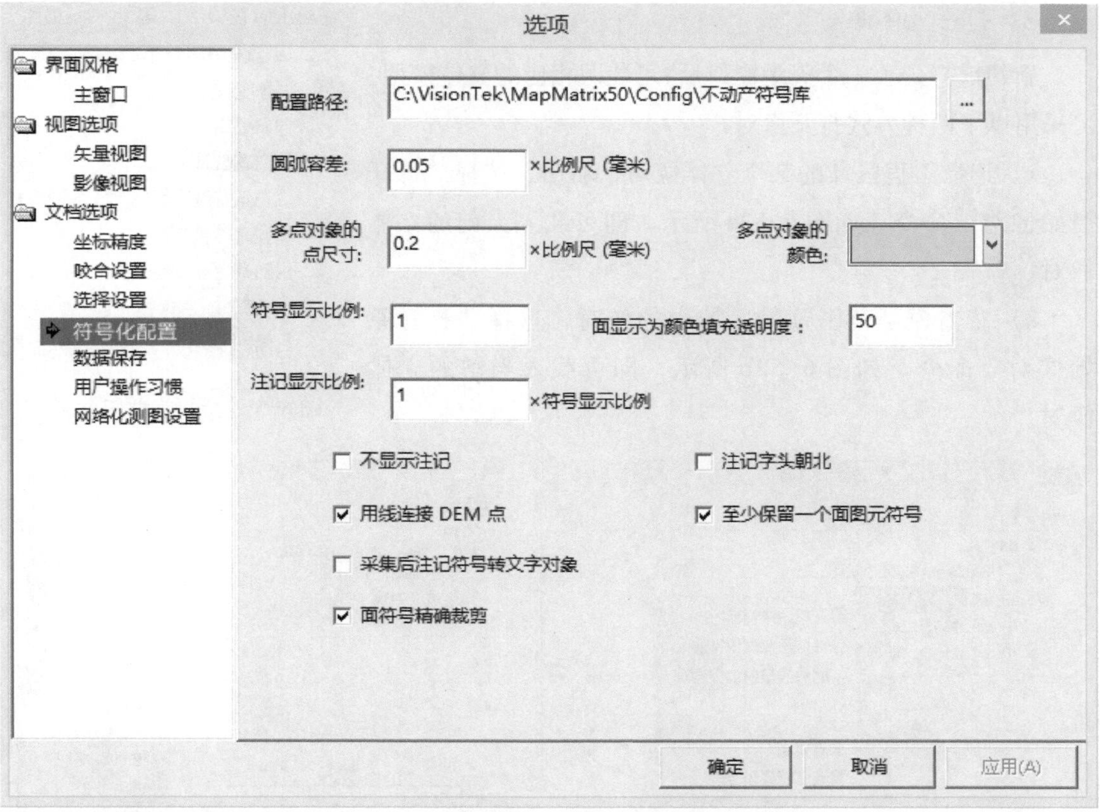

图 6-48 “选项”对话框

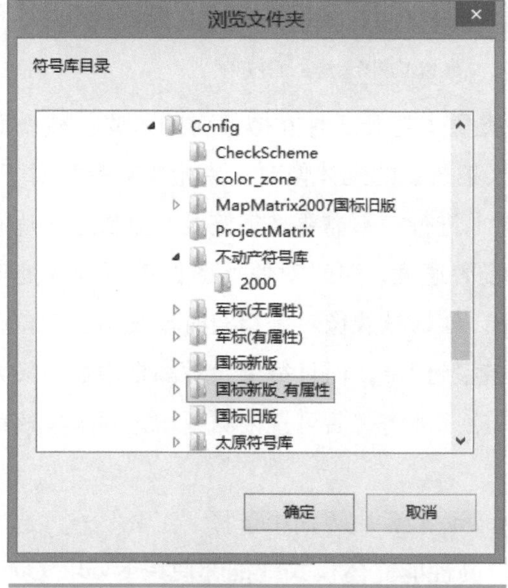

图 6-49 “国标新版 _ 有属性”符号库选择

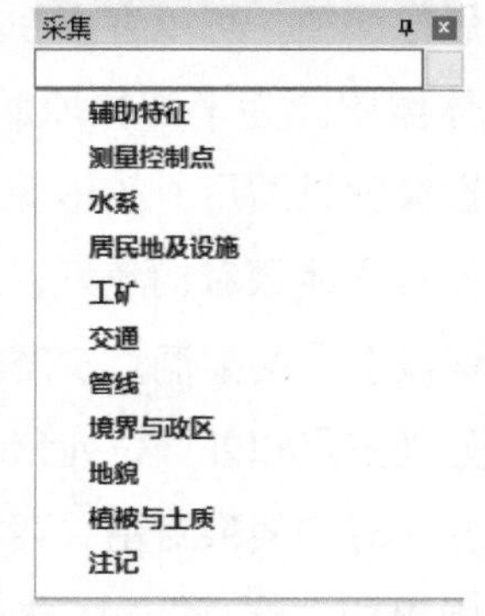

图 6-50 “采集”下拉列表框

3．打开立体像对

新建或打开了一个矢量窗口后，可装载相应的立体模型。可采用以下两种方式打开像对：

1）选择工程区域的某个立体像对，右击，选择“打开原始像对”命令，如图 6-52a 所示，即可载入当前的立体像对。

2）右击模型范围预览区域中的像对，选择“打开原始像对”命令，如图 6-52b 所示，即可载入当前的立体像对。

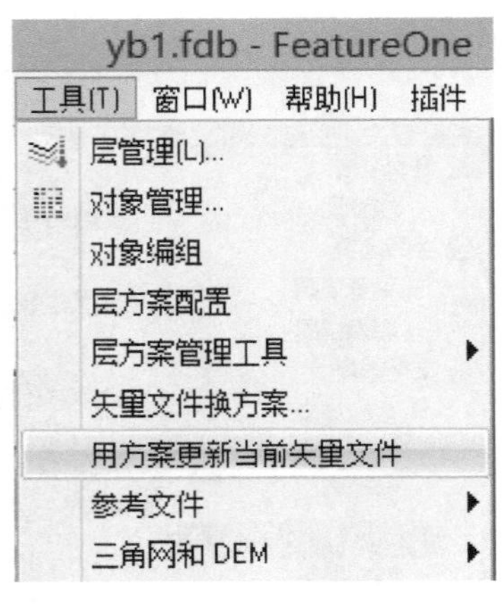

图 6-51 更新当前矢量文件

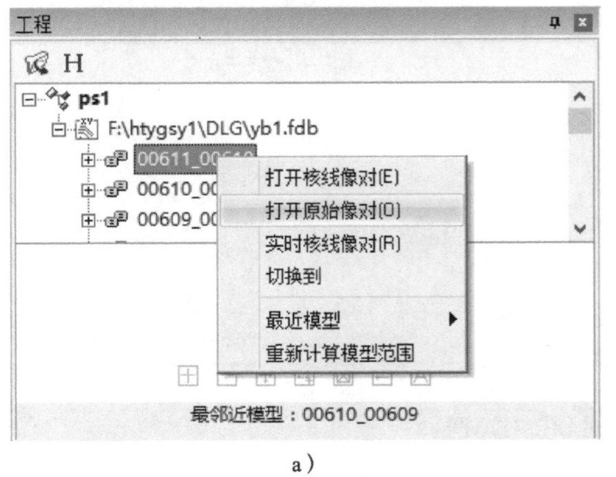

a）

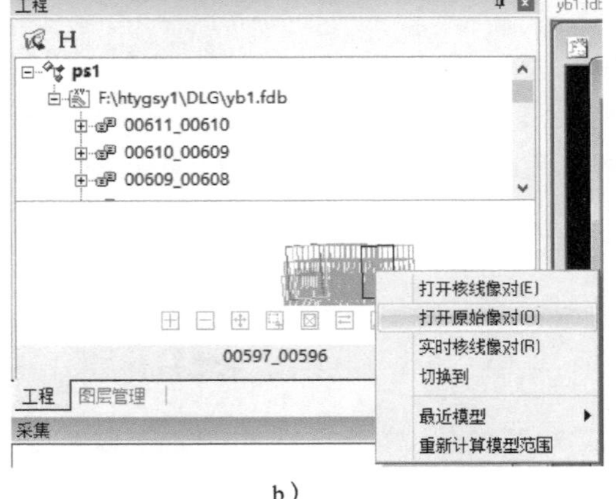

b）

图 6-52 打开立体像对

a) 打开原始像对 b) 模型范围预览窗口打开像对

如图 6-52 所示，FeatureOne 软件提供了打开三种立体像对的模式：核线像对、原始像对和实时核线像对。核线像对是指采集核线的立体像对。原始像对是指对于 ADS 数据和卫星影像测图，可以直接在原始像对上进行，不需要采集核线，但普通航片影像不适合用该立体测图。为了加快原始像对的漫游速度，可以对原始影像进行分块处理。Lensoft 工程的影像就只适用原始影像立体测图。实时核线像对是指实时核线不但能自动根据立体构成方向将立体像对构建好，无须事先旋转影像，而且每个像对都是构建出最大立体范围的，确保没有立测漏洞。实时核线具有空三加密完后可直接测图，无须采集核线，无须旋转影像处理主点和外方位元素等优点。

打开实时核线像对前，要在 FeatureOne 软件主界面中选择“工具”→“选项”命令，然后在弹出的“选项”对话框中勾选“高性能立体模式（推荐使用 Nvidia Quadro 显卡）复选框”如图 6-53 所示。

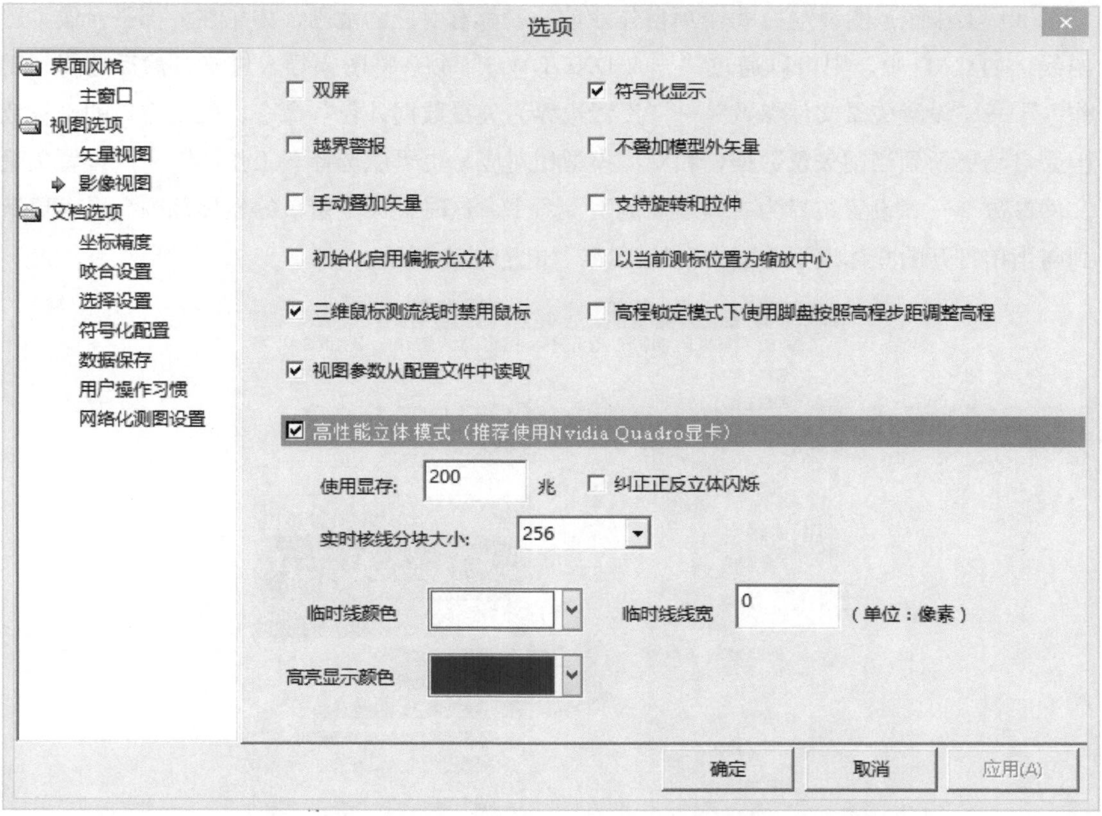

图 6-53　高性能立体模式选择

在模型范围预览区域（图 6-54）的下方有几个按钮，其作用依次为放大、缩小、拖动、拉框放大、全图显示、切换、自动切换。单击“自动切换”按钮时，在立体影像上当测标靠近影像边缘时，会自动切换到下一个立体，选中状态为红色。

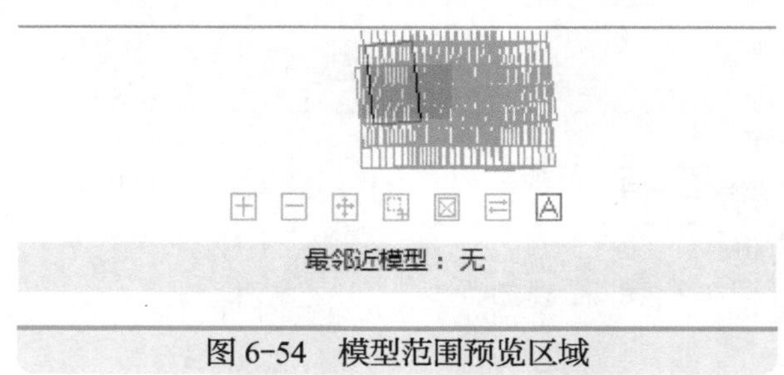

图 6-54　模型范围预览区域

4．地物采集与编辑

激活立体模型，单击工具栏中的“采集”按钮，在“采集”下拉列表框中选择相应的地物符号，然后移动测标至相应的地物处，切准该地物轮廓上某一点的高程，然后单击确定该点的点位，依次采集该地物轮廓上的节点后，右击确认，即记录了该地物。同时，矢量窗口中会显示该地物的矢量化符号。

（1）工作区范围设定　每个项目作业前一般都有对应的范围，如果在外部平台做了图幅线，如 CAD 中，则可以通过“导入 DXF/DWG”命令将图幅导入进来，然后选择“工作区”→“设置矢量文件参数”→“设置边界为矢量数据外包”命令，矢量窗口的坐标范围会自动更新到当前矢量数据，和立体模型相对应；也可以选择“工作区”→“设置矢量文件参数”→“设置边界为立体模型范围”命令，这时，矢量窗口的坐标范围会自动更新到与当前打开的立体模型范围一致的区域，如图 6-55 所示。

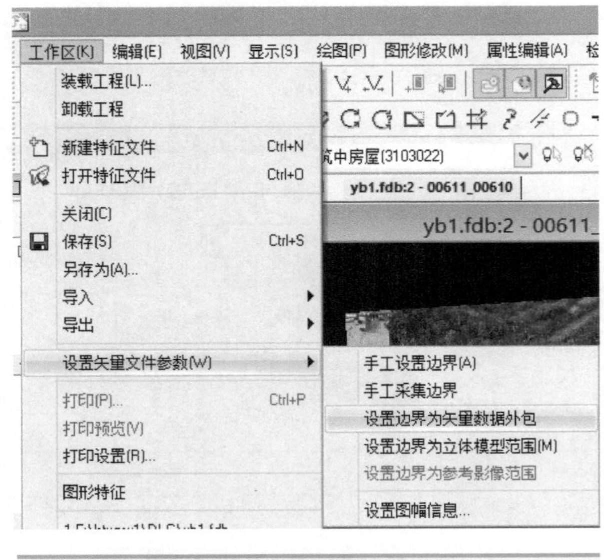

图 6-55　工作区范围设定

（2）采集前精度检查　导入控制点，查看控制点精度是否符合测图要求。选择“工作区”→“导入”→“导入控制点”命令，弹出图 6-56 所示对话框，选择控制点文件，设置好其他选项，单击“确定”按钮即可。

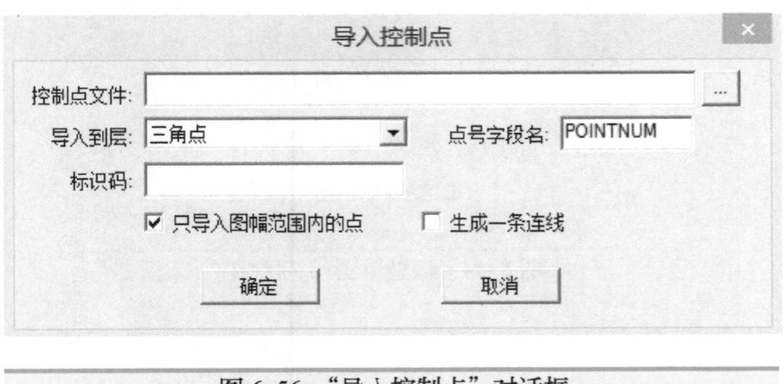

图 6-56　“导入控制点”对话框

如果控制点符合测图要求，则可以进行地物的采集。在采集前，要确定每个模型可采集矢量的最优范围，最好在控制点以内，因为靠近边缘处精度会有所损失。然后依次把其他模型的最优范围标出。

(3) 地物采集　在“采集”下拉列表框中选择采集码，采集时可双击某一类将其展开，也可输入层码或层名，或者在文本框下方的列表中双击一个层码进行选择。

1）首先绘制房屋类的地物。以“简易房屋”为例，在“采集”下拉列表框中选择“居民地及设施”中的“简易房屋”选项（或输入特征码 3103032），此时操作参数窗口中出现线绘制设置对话框，如图 6-57 所示。

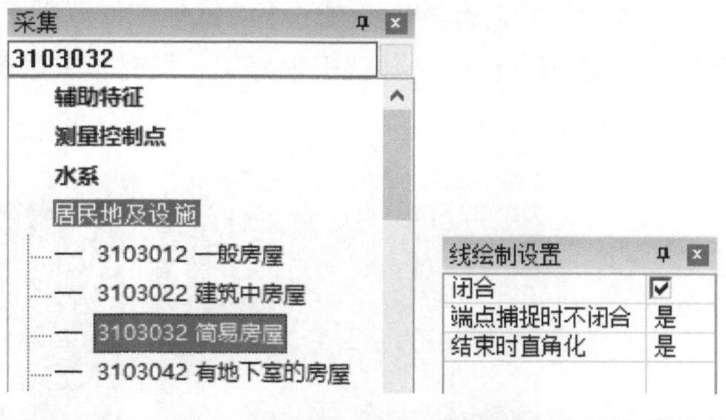

图 6-57　简易房屋采集码选择及设置

勾选“闭合”复选框，对于直角的房屋，采集时最好设置“结束时直角化”为“是”。然后移动测标到最高的房屋处，滚动鼠标中键或脚踏调高程切准房屋轮廓上某一点的高程，单击或踏下左脚踏开关确定该点的点位，依次采集完该地物轮廓上的节点后，右击或踏下右脚踏开关确认，一个闭合的直角的房屋就绘制好了，如图 6-58 所示。接下来调整高程绘制其他的房屋，如果是高低不同但共墙的房屋，需要设置咬合参数。咬合参数可在“选项”对话框中设置。

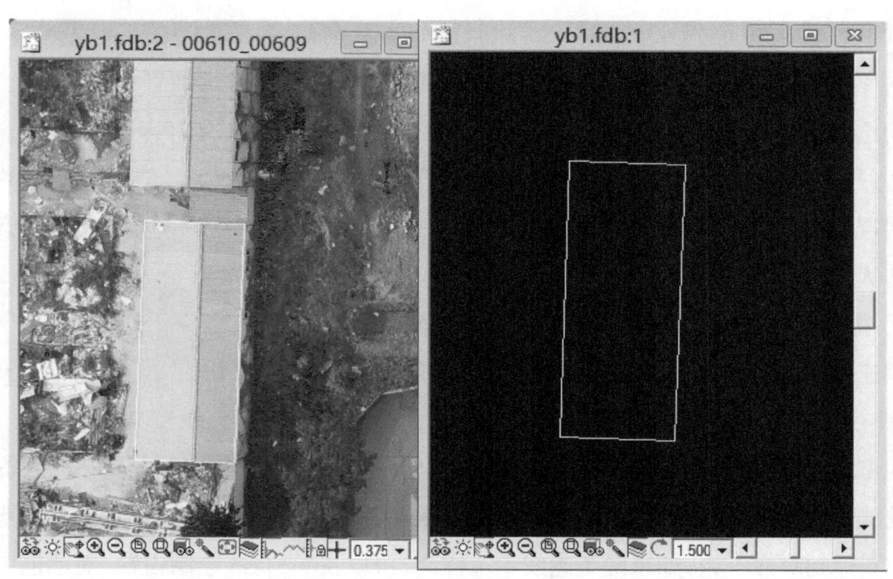

图 6-58　简易房屋绘制

用同样的方法依次采集完模型内的所有一般房屋，看不清楚的地物可以做标记，在外业调绘时确定。采集房屋时可以同时采集房屋的附属，如围墙、栅栏等。

2）接下来可以采集点状地物，如电杆、水井等。下面以地面上的井盖的采集为例进行说明，其他点的地物采集方法与此相同。此时需要注意检修井的属性，分为给水、排水等。

在“采集”下拉列表框中选择“管线”中的“排水_污水检修井孔”选项（或输入特征码 5442011），然后移动测标到检修井孔的中心处（滚动鼠标中键或脚踏调高程），单击（或踏下左脚踏开关）确定，一个污水检修井孔就采集好了。同时，矢量窗口中会显示该地物的矢量化符号，如图 6-59 所示。

图 6-59　检修井孔采集码选择及绘制

用同样的方法采集其他的点状地物。

3）采集道路、池塘、沟渠等。以内部道路为例，在“采集”下拉列表框中选择“交通”中的“内部道路_边线”选项（或输入特征码 4306004），此时操作参数窗口中出现“平行线绘制设置”对话框，如图 6-60 所示。此时取消勾选“闭合”复选框，设置“方式”为“按边”或“按中心线”；设置“结束时直角化”为“否”，可以根据实际情况进行选择。勾选结束时打散“复选框”，表示绘制后的两条线是两个独立的地物；否则为一个整体。

平行线绘制设置	
闭合	☐
鼠标定义宽度	☑
结束时打散	☐
方式	按边
生成中心线	☐
结束时直角化	否
高程模式	☐
结束时转面	☐

图 6-60　“平行线绘制设置”对话框

由于道路有时弯曲，有时平直，所以在采集过程中可以在工具栏上单击快捷按钮切换线型，采集出不一样的效果。线型按钮如图 6-61 所示。

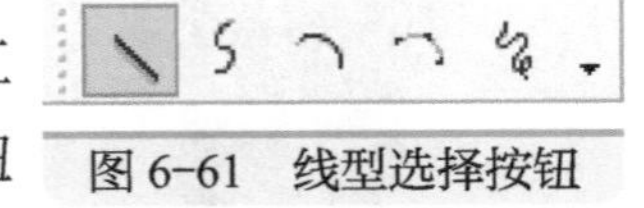

图 6-61　线型选择按钮

移动测标至双线路的起始端，切准道路某一边的高程（滚动鼠标中键或脚踏调高程），再单击或踏下左脚踏开关确定该点的点位，依次采集完该边的节点后，右击或踏下右脚踏开关，然后移动测标到对面一边，如果两条边线不一样高，可以在“平行线绘制设置”对话框中勾选“高程模式”复选框，然后调整高程，再单击或踏下左脚踏开关确定，如图 6-62 所示。

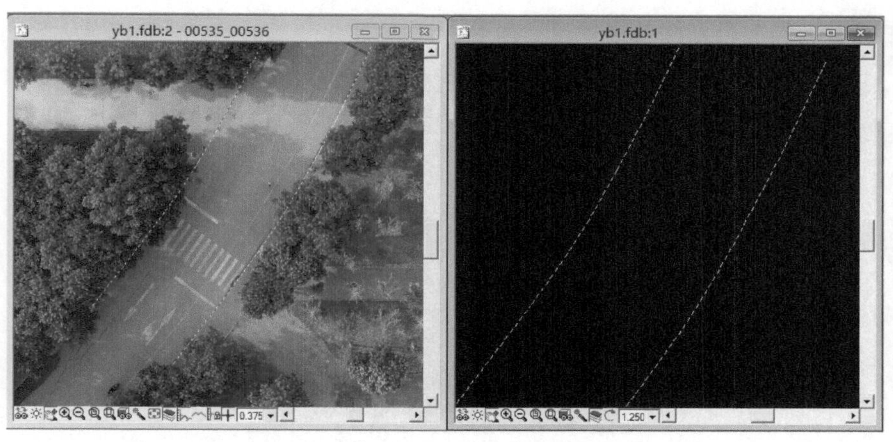

图 6-62 内部道路绘制

当采集到十字路口或丁字路口时，可以右击结束当前采集，然后采集其他平行的地方，采集完后使用编辑功能把道路修完整。

采集完道路和水系后，接着采集附属物，如涵洞、桥梁等。依比例的涵洞和依比例的桥梁参照平行地物的采集方法操作。

4）采集陡坎、斜坡、路堑类的地物。此类地物的采集与道路等线性地物类似，但需要注意的是，此类符号带有方向性，程序配置符号是按从左到右、符号在上来配置的，应根据地貌的特征来判断采集方向。

陡坎应从上往下采集，低的陡坎咬合在高的陡坎上，如果绘制的方向是反的，可以在工具栏中单击“反向”按钮，也可以选择“图形修改”→“反向”命令。

5）采集田埂、地类界等。田块之间，能采集陡坎的用陡坎表示，不够坎高的用田埂表示。田埂咬合在陡坎、道路或水系上。水田之间不采集等高线，水田和旱地之间用田埂表示，其他植被之间用地类界表示。

6）采集等高线。所有地物类的层采集完毕，下面就开始采集地貌类的层：等高线和高程点。等高线分为计曲线、首曲线、间曲线和助曲线等。

以计曲线为例，在“采集”对话框中选择“地貌”中的“计曲线”选项（或输入特征码 7101022），此时高程锁定，鼠标中键和脚盘无法调整高程，可以选择“绘图”→“高程步距”命令设置步距，然后使用 <Ctrl+↑> 或 <Ctrl+↓> 组合快捷键调整高程。需要设置采集的线型，使用鼠标采集时建议用样条线。此时 Z 值的高程应该不是整数值，可以按 <Space> 键调出设置坐标对话框，设置一个整数值。然后移动测标到与地貌吻合的地方，再单击或踏下左脚踏开关确定该点的点位，依次采集完该高程的点，最后右击（或踏下右脚踏开关）结束采集，然后调整高程步距（向下或向上），采集下一条计曲线。

（4）编辑地物 编辑地物时，应先激活立体模型，移动测标至需要编辑的矢量地物处，单击选中该地物，然后再次单击选择该地物轮廓上的某点，即可对该点进行编辑，如图 6-63

所示，在编辑过程中可以根据需要进行咬合设置。

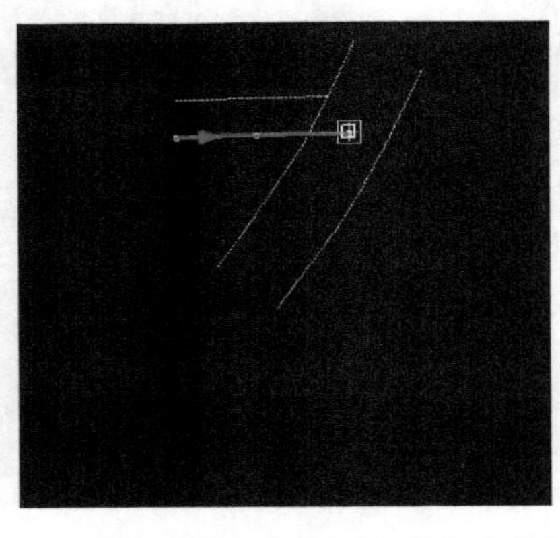

图 6-63　地物编辑图

5．数据检查及修改

编辑地物时要对数据进行检查，主要是检查测图过程中绘制矢量时表示不合理的问题。对检查好的矢量数据，进行物间的关系处理，检查悬挂点和伪节点等。

1）选择“检查 . 拓扑”→“条件检查”命令，选择合适的检查方案进行数据检查，如图 6-64 所示。

2）悬挂点的检查及修改。选择“检查 . 拓扑”→“检查悬挂点”命令，弹出图 6-65 所示对话框。

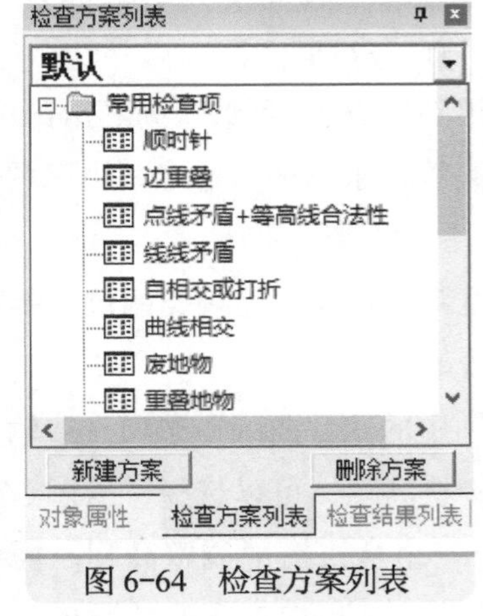

图 6-64　检查方案列表

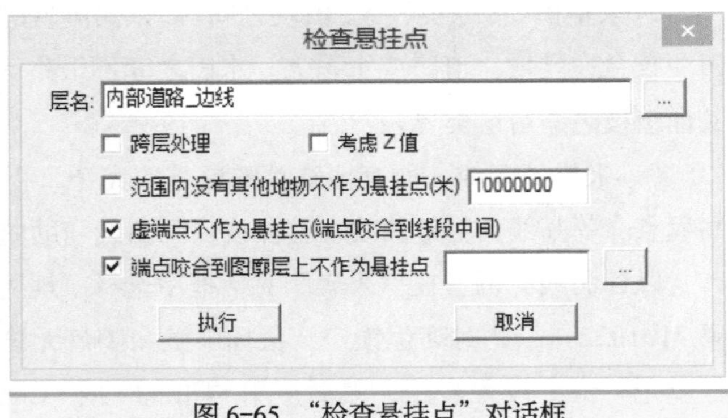

图 6-65　“检查悬挂点”对话框

在“检查悬挂点”对话框中设置需要参加检查的层名，不设置代表对所有的层进行检查；勾选“跨层处理”复选框，表示可以处理不同层；取消勾选“考虑 Z 值”复选框，即处理的矢量不一定是同样的高程；勾选“虚端点不作为悬挂点”复选框，表示端点咬合到线段中间也判为非悬挂点；勾选“端点咬合到图廓层上不作为悬挂点”复选框，表示端点咬合到图幅线为非悬挂点，取消勾选“虚端点不作为悬挂点”复选框时此项才起作用。

然后单击“执行”按钮进行操作。检查后的错误项在检查结果列表（图 6-66）中显示。判断检查结果列表中的各项是否真的有错误，然后进行修改，或者选择“检查．拓扑”→“处理全部悬挂点”命令修改悬挂点。

伪节点检查与修改与悬挂点的检查与修改类似，不再赘述。

检查结果列表

标记	序号	检查命令名	错误原因
×	1	内部	悬挂点
×	2	内部	悬挂点
×	3	内部	悬挂点
×	4	内部	悬挂点
×	5	内部	悬挂点
×	6	内部	悬挂点
×	7	内部	悬挂点
×	8	内部	悬挂点
×	9	内部	悬挂点
×	10	内部	悬挂点

对象属性 检查结果列表

图 6-66 悬挂点检查结果列表

6．分幅和图廓整饰

检查及修改操作完成后，进行分幅和图廓整饰，然后就可以导出其他的数据格式或进行打印了。

选择“分幅”→“标准矩形分幅”命令，参数设置如图 6-67 所示。默认参数设置，然后选择模型分幅线，在空白处单击即可成功分幅。

把其他的图幅线及辅助线删除，只留下需要的图幅，然后再选择“图形修改”→“裁剪”→“矢量裁剪”命令，把超出图幅的地物裁剪掉，参数设置如图 6-68 所示，设置“裁剪部分”为“外部”，“边界线”为“选择”，下面两项默认为否，然后选择图幅线，在空白处单击即可。

批量生成矩形图幅设置

图幅宽度	50.000000
图幅高度	50.000000
外扩一个图幅	☑

图 6-67 批量生成矩形图幅设置界面

裁剪设置

裁剪部分	外部
边界线	选择
闭合线依照面的方式	否
面依照闭合线方式	否

图 6-68 裁剪设置界面

接下来作图廓，选择“分幅”→“图廓整饰（国际新版）”，弹出图 6-69 所示“图廓整饰（MapMatrix 2007 国标新版）”对话框。

设置“图廓类型”为“矩形图幅 50cm×50cm”（这里根据分幅时设置的高宽自动判断）；设置“内图廓范围”为“选择内图廓线”，然后单击“选择地物”按钮，进入矢量界面，选择图幅范围线，在空白处单击，再次弹出图 6-69 所示对话框。在“图名”文本框中输入名称，修改图号。

勾选“检查员”复选框，单击界面中的“测量员绘图员检查员”按钮，激活后在“测量员”“绘图员”“检查员”文本框中分别输入姓名，然后单击“确定”按钮，得到一幅完整的图。

也可以自己改变图幅信息，单击“设置整饰样式”按钮，弹出图 6-70 所示对话框。

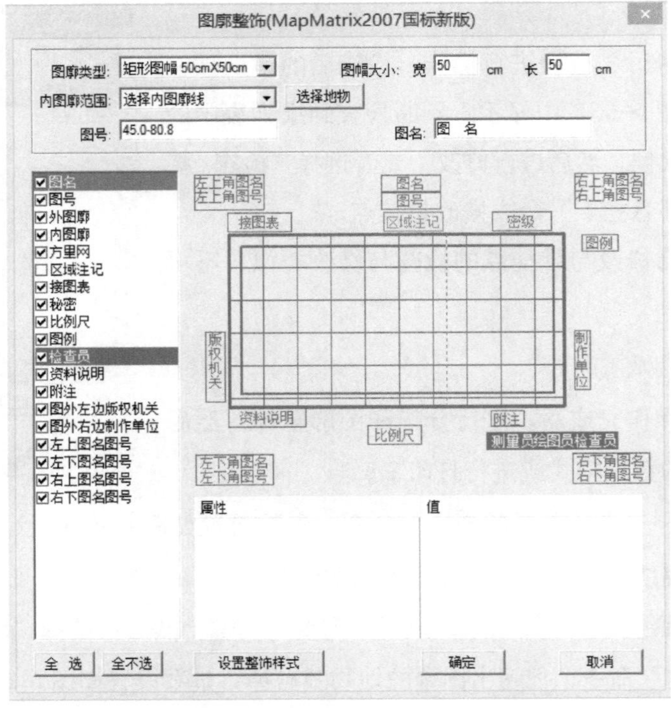

图 6-69 “图廓整饰（MapMatrix 2007 国标新版）”对话框

图 6-70 “图廓整饰的样式设置（国标新版 _ 有属性 \500\MapDecorator500.dat）”对话框

7. 导出矢量文件

编辑完成后，根据项目数据的需要导出不同格式，支持导出 DXF/DWG、导出 Eps 文件、导出 ArcGIS MDB/GDB 格式文件等，如图 6-71 所示。

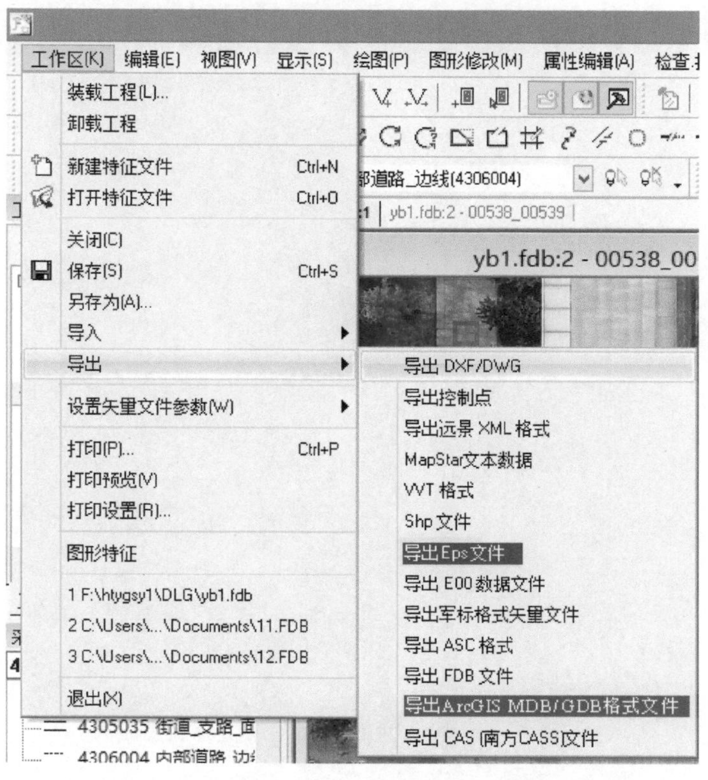

图 6-71 图的导出

思考题

1. 已知测图比例尺及航摄像机的焦距，如何计算飞行航高?

2. 航摄时需要根据地形起伏进行分区设计，划分航摄分区时应遵循什么原则?

3. 航摄完成后，需要对摄影的外业成果进行详细的质量检查，包括哪些检查内容?

4. 在利用 HAT 软件进行空三数据解算时，需要根据前期测量的像控点坐标进行刺点，如果控制点个数较多，试总结出一个简单有效的刺点顺序。

5. 在完成空三的基础上，利用 MapMatrix Grid 1.0 软件生成正射影像主要包括哪些流程?

第7章 无人机航测和无人机遥感技术的应用

无人机航测技术在国土测绘、道路桥梁测量、城镇规划、新农村建设、国土资源调查、舰载化的海岛测绘等诸多领域发挥了积极作用。除此之外，无人机航测技术还广泛应用于生态环境监测、国土监察、污染源及扩散态势检测等多个方面。

在国土测绘工作中合理应用无人机遥感技术，能够凭借其独特的优势收集详细的信息，切实提高信息资源的准确度与时效性，确保无人机遥感技术从宏观与微观两个方面体现出技术本身的特点和作用。运用无人机遥感技术获取的信息资料不仅真实有效，而且可以准确反馈地质等条件的实际情况，因此无人机遥感技术也得到了较为广泛的关注和应用。

7.1 无人机航测技术在国土测绘中的应用

国土测绘主要包括基础测绘、专业测绘和地籍测绘 3 个方面。

1）基础测绘是国土测绘过程中最为基础的测绘，主要是指基础的地理环境测绘，包括面积、高度、海拔等，为国土部门以及城市规划提供基础数据来源的总称。

2）与基础测绘相对应的就是专业测绘，主要是指为相关部门提供专业的测绘数据的总称。专业测绘应采用国家测绘技术标准或行业测绘技术标准。

3）地籍测绘是对地块权属界线的界址点坐标进行精确测定，并把地块及其附着物的位置、面积、权属关系和利用状况等要素准确地绘制在图纸上和记录在专门的表册中的测绘工作。地籍测绘的成果包括数据集、地籍图和地籍册。

传统的测绘方式不能满足现代社会的发展需求，而无人机航测技术具有很多优势，如机动能力强、续航能力强和灵活性较高等。一般情况下，无人机航测工作都是在低空操作的，在这种航测工作中，外界因素的影响程度相对较低。利用无人机进行航测，能够更加具体地对测量中的各项问题进行实时的检测，能够弥补传统测绘技术存在的不足，还能够对各种资料和数据进行获取。

无人机运行速度较快，续航能力也较强，使用无人机进行航测，不仅能够节约测量工作成本，还能够有效提升工作效率。无人机航测技术不但能够对地形测量进行全面详细检测，对于一些较为危险的地区，也能够进行监测和数据采集。无人机航测技术对于促进我国测绘技术的发展起到了积极推动作用。

7.1.1 地形图测绘

目前，地形图测绘大多采用倾斜摄影技术，这是国际测绘遥感领域近年发展起来的一项高新技术，通过在同一飞行平台上搭载多台传感器同时从垂直、倾斜等不同的角度采集影像获取地面物体更为完整准确的信息。

相比传统的地面测量而言，倾斜摄影技术采用非接触测量方式，且面积越大，测绘工作效率越高；数据产品多元化、直观化，可生成 DOM/DEM/DSM 及三维模型，实现了地理数据生产全过程的自动化。

基于无人机倾斜摄影技术的大比例尺地形图测绘技术流程主要包括资料收集与分析、像控点布设、无人机航空摄影、实景三维建模、基于实景三维建模成果的内业数据采集以及外业补绘与调绘工作，如图 7-1 所示。

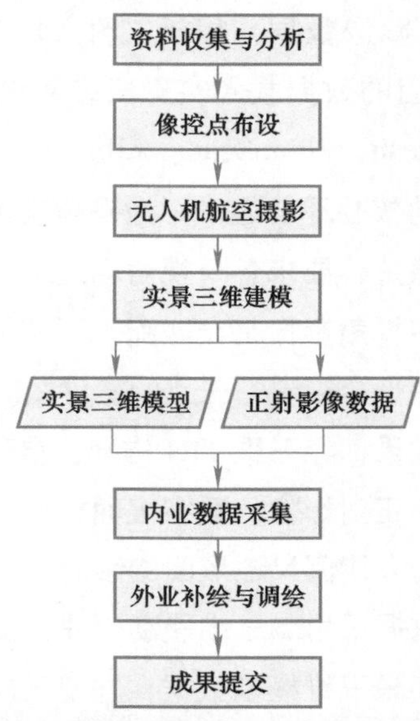

图 7-1 基于无人机倾斜摄影技术的大比例尺地形图测绘技术流程

(1) 资料收集与分析　收集测区相关数据资源，包括数字线划图数据、影像图数据、数字高程模型数据、测区自然人文地理情况等。基于上述信息，完成以下两项工作。

1) 根据测区的地物分布情况，主要依据道路网的分布，大致确定无人机的起降场地范围和行车路线。

2) 根据成果要求的精度水平和相机主距、像元大小等参数，计算航飞高度。

此外，需要重点关注测区范围内是否分布有高层建筑或较高信号塔等可能增加航飞难度的因素，以及拟定航高是否符合安全作业要求。

(2) 像控点布设　像控点的布设策略取决于建模精度需求、是否有 POS 数据辅助、像幅大小等因素。对于无人机倾斜摄影技术，目前多采用区域网布点的像控点布设法，即测区四周布设平高点，内部布设一定数量的平高点或高程点。

根据经验估计，对于一般地形区域，采用间隔 10000 像素布设一个平高点的方法进行加密。根据拟定的像控点布设方法，结合已有资料，在影像图上大致确定像控点的预设范围。

(3) 无人机航空摄影　根据外业现场的实际情况确定无人机航空摄影分区，分区时保证像控点分布均匀，一般优先选择路网作为分界线。根据内业初步拟定的无人机起降场地，结合现场实际情况，选择视野开阔、周围遮挡小、无明显信号干扰、远离人群和建筑物的地方作为无人机起降场地，着重避开高层建筑及信号塔。对于实景三维建模，一般采集 5

个视角的影像，分别包含1个正射角度和4个倾斜角度。进行无人机航空摄影时，按照设定的航飞高度进行数据采集，其中航向重叠度一般设定为70%～80%，旁向重叠度设定为25%～30%。

（4）实景三维建模　实景三维建模过程包括数据准备、空三加密、建模输出3个环节。

数据准备主要是整理航飞影像数据、相机文件、POS数据以及像控点数据，使其满足软件平台的要求。将整理后的数据载入实景三维建模软件。常用的三维建模软件有Context Capture Master、Photomesh、PhotoScan、Altizure、Pix4DMapper等。

空三加密是实景三维建模的核心环节之一，为提高成果的位置精度水平，需要将外业采集像控点数据刺点至对应的像片，要求各个视角均选刺一定数量的像片。刺点完成后，运行空三加密，软件自动进行多视角影像密集匹配、区域网平差，确定像片之间的位置对应关系。空三完成后，可在软件平台查看空三点的密度图。

基于原始影像数据和空三成果，经三维TIN构建、自动纹理映射等流程，生产制作实景三维模型及其派生数据，包括正射影像、数字表面模型、点云等数据。其中，实景三维模型和其对应的正射影像将作为大比例尺地形图测绘的数据源。

（5）内业数据采集　内业数据采用二三维联动一体化测图模式进行采集，即利用分屏方式分别加载正射影像数据和实景三维模型数据，并使其同步，可实现二维或三维状态下的地形图测量。在三维或二维环境下采集各种地物类型的特征点或特征线，并借助地物本身和地物之间的几何关系，完成地物绘制。对于地貌信息的采集，由于实景三维模型具有高程信息，可通过直接在模型表面拾取高程点完成。常用的二三维一体化测绘软件有EPS地理信息工作站、航天远景三维智能测图系统、Dp-Modeler等。

（6）外业补绘与调绘　内业数据采集完成后，需要通过外业补绘与调绘工作检核内业数据成果，对于内业无法测量、识别的地物通过外业现场进行实地确认，主要关注以下几个方面。

1）对内业预判的地形图要素进行核查、纠错、定性。

2）对内业漏测和难以准确判绘的图形信息（如遮盖区域），特别是由于地物遮挡造成的实景三维模型的局部变形、模糊，导致少量地物要素难以准确采集的情况，部分线状悬空的地物，如电力线等，实景三维建模难度大，难以从模型中准确辨别其走向和连接关系的情况。

3）对内业难以获取的属性信息（如地理名称等）进行调绘，如检修井的属性信息、路名、企事业单位等注记信息。

7.1.2　土地调查

土地调查是一项重大的国情国力调查，是查实查清土地资源的重要手段。我国（自

2017年起）开展第三次全国土地调查，目的是全面查清当前全国土地利用状况，掌握真实准确的土地基础数据，健全土地调查、监测和统计制度，强化土地资源信息社会化服务，满足经济社会发展和国土资源管理工作需要。调查内容为：土地利用现状及变化情况，包括地类、位置、面积、分布等状况；土地权属及变化情况，包括土地的所有权和使用权状况；土地条件，包括土地的自然条件、社会经济条件等状况。

土地调查工作多采用卫星遥感影像和普通航空遥感影像数据，以及人工实地检查相结合的方式，这些技术手段在实际工作中发挥了很大的作用，但是在高效、快捷、准确性等方面存在一定的不足。

人工实地检查工作效率低，需要大量的人力和物力，且大量地方难以巡查到位。卫星影像时相难以保证，现势性不够，并且分辨力较低，影响判别的准确性。

有人驾驶飞机航空摄影方法受空域管制和气候等因素制约，较难保障对时间要求紧迫的调查任务，而且成本高。

无人机摄影测量具有自动化、智能化、精确化的优势，通过视频或连续成像形成时间和空间重叠度高的序列影像，可快速、准确地获取DEM、DLG、DOM，以及真三维场景等数据，成为第三次全国土地调查工作的“神助手”。

无人机新技术可广泛用于土地调查中，支持正射影像原片拍摄、倾斜摄影原片拍摄，以及高清视频取证等任务，可高效获取信息，提升工作质量和效率。

（1）高分辨力正射影像　对于图斑难以判读、分辨力低影响判别准确性的区域，尤其是重点地区和热点地区的土地调查，无人机可快速抵达调查区域，对地面站进行航线智能规划后，快速高效地获取高分辨力航拍影像，通过全自主数据处理，获取土地调查区域高分辨力正射影像，结合采编入库一体化软件，打造内外业协同为一体的土地调查解决方案。

（2）高真实三维场景　倾斜摄影技术是国际测绘领域近些年发展起来的一项高新技术。倾斜摄影具备高效率、高精度、高真实感、低成本等优势。在土地调查工作中，无人机倾斜摄影系统可快速、准确地生成高真实的三维场景数据，从多视角真实反映土地调查现场情况，为土地调查规划和实施提供支持。基于倾斜摄影技术，可生产高精度大比例尺地形数据，属性信息更完整，可大量减少外业调绘的工作量。

（3）高清晰视频资料　在土地调查中，无人机视频系统可以方便地实现空中监控、空中取证，具有机动、灵活、成本低、受地形限制小的优势。高清晰视频资料形成加密举证数据包，可有效解决外业调查举证难，权属调查配合程度低的难点。

下面以农村土地承包经营权确权为例，介绍无人机航测技术的应用。

在农村土地承包经营权确权项目中，当地政府部门提供的地方影像图大都比例尺较小，详细程度不够，时效性不足，无法直接作为工作底图，常需要重新生成正射影像图。无人机航测技术具有使用成本低、反应速度快、场地限制小、操作简便灵活的优势，已成为目前农村土地承包经营权确权登记工作中大比例尺影像图制作优先使用的测绘手段。

1）首先，接收土地调查无人机航摄指令后，基于“天地图”公众服务平台开展航摄规划，基于 DEM 开展精确航线设计。

2）选定适合的无人机飞行平台开展航空摄影，获取航摄影像。

3）现场检查数据质量，主要包括航摄数据覆盖完整性检查、重叠度检查以及影像色彩方面的检查。

4）现场处理航摄数据，形成摄区 DEM、镶嵌影像图，结合像控测量成果生产摄区正射影像图等成果，一方面可利用电子版数据成果作为工作底图开展土地调查，另一方面经制图整饰后现场输出纸质底图，供现场开展土地调查使用。

利用无人机航测技术生产土地调查工作底图具有实地调查不可比拟的优势。一是清晰直观，外业调查人员能更加准确地判别地类及边界；二是在底图上标注权属，大大节省了草图的绘制时间，提高了外业调查的工作效率。利用无人机航测技术生产土地调查工作底图，不仅为核算外业界址点测量和权属调查工作量提供了重要依据，获取的农村地区影像也能作为基础资料保存，必要时可将其作为新农村建设、村镇规划、应急测绘保障工作等的重要基础图件。

随着无人机航测技术的发展，集成 RTK 或高精度 POS 系统的无人机可在无须或仅需极少量实测的地面控制点的情况下快速制作正射影像工作底图，这将进一步提高农村土地调查的工作效率。

利用无人机航测技术生产土地调查工作底图不仅是解决无资料地区农村集体土地所有权确权登记发证工作的有效手段，也能在有关地区的不动产登记、土地利用快速执法监测、生态保护与环境监测、矿产资源开发与利用监测等方面发挥积极作用。

7.1.3 其他测绘应用

新农村建设测绘主要是以房屋、交通、电力、水系等为主要要素。为了房屋测量数据的准确性，在调查时须实地拉边长，进行纠正。

征地测量测绘是将集体所有的土地化转为国有土地的必要环节，是为国家土地调整、经济建设提供数据支持的保障。

7.2 无人机航测技术在道路勘察中的应用

随着我国经济的快速发展，交通成为人们生产生活的重要组成部分。道路作为交通的主要方面，是社会发展必不可少的。道路勘察设计工作的质量与水平的高低，直接决定道路工程能否实现节能、环保及可持续发展。

7.2.1　道路地形图测绘

公路、铁路等道路的勘察地形复杂，工作难度大，误差概率高，这些因素使道路勘察工作成为道路建设中的难点。利用无人机系统可获取高分辨力正射影像和大比例尺地形图，为道路规划和选线工作提供依据。利用无人机航测技术进行道路地形图测绘，可节省大量外业人工成本，提高工作效率，获取的数据现势性强，分辨力更高。

利用无人机航测技术进行道路地形图测绘的步骤（图 7-2）如下。

1）对测区地形进行踏勘，并规划无人机飞行航线。

2）利用固定翼无人机 iFly U0 搭载高分辨力航拍相机 Sony RX1R Ⅱ进行区域航拍，获取高分辨力航片及 POS 数据。

3）利用 Pix4D Mapper 软件，对航拍数据进行空三加密。

4）利用摄影测量工作站，导入空三加密成果，进行立体测图，得到测区大比例尺地形图。

5）结合高分辨力正射影像和大比例尺地形图数据，为道路规划和选线提供依据。

图 7-2　道路地形图测绘

7.2.2　场景三维重建

道路和线路大多狭长，沿线地形复杂多变，对道路沿线地形、地貌等进行三维重建，可形象、逼真、直观地掌握道路路堤、围栏、隧道、高架桥等的空间形态和现状，实现道路的智能化管理。利用无人机搭载专业倾斜相机，可快速获取三维场景各个角度的纹理信息，覆盖范围广，获取数据分辨力高，三维重建效率高。

利用无人机航测技术进行道路场景三维重建的步骤（图 7-3）如下：

1）利用固定翼无人机 iFly U0 搭载专业倾斜相机，进行多视影像获取。

2）通过天际航三维建模软件 DP-Smart 进行铁路沿线三维场景重建。

3）可利用天际航精细建模测图软件 DP-Modeler 对铁路沿线标志性建筑进行精细化建模，利用 DP-Modeler 软件矢量测图模块，提取不同地物类型的二维矢量。

4）结合三维场景数据和相应属性数据，实现道路的智能化管理。

图 7-3　道路场景三维重建

7.2.3　道路安全巡线

随着社会经济的快速发展，道路里程快速增长，这使得道路管理工作任务量越来越大，对道路监测与管理的要求也越来越高。传统的人工巡线方式已经不足以满足快速增长的道路里程的巡查与管理，利用无人机系统能够获取实时道路情况，为道路巡线与管理工作提供有力保障。

利用固定翼无人机进行道路安全巡线的优势包括作业效率更高，覆盖面积更广，可节省大量人工成本；数据分辨力高，路面细节丰富。

利用固定翼无人机进行道路安全巡线的步骤（图 7-4）如下：

1）根据道路沿线地形和长度范围，规划无人机飞行航线。

2）利用固定翼无人机 iFly U0 搭载高分辨力航拍相机 Sony RX1R II 进行区域航拍，快速获取高分辨力航片和 POS 数据。

3）利用 Pix4DMapper 软件进行内业数据处理，得到高精度正射影像，实时掌握路面基本状况。

图 7-4　道路安全巡线（一）

利用多旋翼无人机进行道路安全巡线的优势为：拍摄角度更加灵活；距离拍摄目标近，拍摄到的目标细节更丰富；工作效率更高。

利用多旋翼无人机进行道路安全巡线的步骤（图 7-5）如下：

1）利用多旋翼无人机 iFly U0 搭载图传设备，进行实时监测。

2）通过高清数字图传设备，将获取的高清图片或视频数据实时回传至地面监测中心。

3）地面监测中心对接收到的数据进行处理与分析，实时掌握路面基本状况。

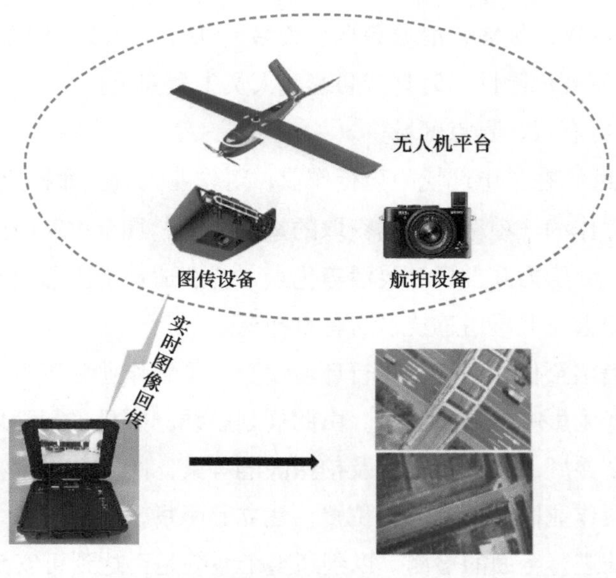

图 7-5　道路安全巡线（二）

7.3 无人机航测技术在电力行业中的应用 

随着我国经济的快速发展，对电力能源的需求日益旺盛。我国国土辽阔，地形复杂，气象条件复杂，从电网大型工程的初期规划建设到建成后的日常巡查维护，现有的常规勘测和检查手段已不能满足其快速高效的要求。

近几年来，随着我国信息化建设和科学技术的不断发展，无人机航测研究得到了快速推进和发展。针对电力巡线空间跨度大，巡检区域地形复杂，灾后巡检风险极大的难题，无人机航测遥感技术有着明显的技术及效率优势。

7.3.1 电力线路巡查

电力线路及设备由于长期暴露在大自然之中，不仅承受正常机械载荷和电力负荷的作用，而且还经受雷击、强风和鸟害等外力侵害。多种因素将会使线路上各元件老化、疲劳、氧化和腐蚀，如不及时发现和消除，就可能会发展成为各种故障，对电力系统的安全和稳定构成威胁。

电力设备巡检是能够有效保证电力设备安全的一项基础工作。

目前，国内普遍采用的是人工巡视、手工纸介质记录的工作方式，在一些山区丛林地带，人工巡检的实施效率极低。当地区遭遇地震、台风、洪水灾害后，对供电线路实施紧急检测抢修时，巡检员要冒着生命危险获取线路受灾情况，风险极大，难度极高。传统巡线还面临如下问题：

1）巡线线路距离长，工作量大，步行巡线效率低，无法提高巡线效率。

2）遇到冰雪、水灾、地震、滑坡等自然灾害天气时，巡线工作无法开展。

3）山区巡线具有高风险性，时刻威胁巡线人员生命安全。

4）人工巡线视野有限，盲点区域多。

5）载人飞机巡线，在带电环境中飞行作业，对作业人员生命构成很大威胁。

无人机航测遥感作为一项空间数据获取的重要手段，具有续航时间相对长、影像实时存储传输、成本低、分辨力高、机动灵活等优点，特别适合于应急侦察与高危地区勘测，是载人机航空摄影测量与卫星遥感技术的有力补充。

作业前，飞手提前至作业区进行飞行环境侦查，了解作业区基本概况，充分考虑作业区内可能会对飞行产生影响的风险因素。由此规划航线，制订飞行计划，并根据作业区实际情况确定如航向重叠度、旁向重叠度及拍摄间隔等具体的航拍技术参数细则。作业时机组人员将飞机运输至作业区的预定起飞位置，建立起降场，展开设备，并对无人机、载荷设备、地面控制系统进行全面的检测，以判断整个系统是否达到可安全作业状态。

固定翼无人机飞行速度快，续航时间长，作业半径大，对自然干扰因素的抗性较好。

在面对地区遭受地震、台风、洪水灾害等后，电力设备受损严重，受损特征明显，检测范围较大，检测时间敏感度较高的特点时，可以选择采用固定翼无人机巡检的方式。可采用对起降场地要求不高的垂直起降固定翼无人机或弹射伞降固定翼无人机，搭载拍摄角固定的高空间分辨力传感器相机。

采用固定翼无人机进行灾后巡线时，无人机以相对于电力线路的固定高度、固定速度、固定角度和固定航向飞掠作业区，并在飞行中以预先设置好的航拍技术参数进行航片的拍摄。作业完成之后，将无人机拍摄的航片和飞行数据分别导出，根据两者时间上的对应关系即可在时间轴上制出每一张航片所对应的飞行数据。再根据航片内容与实地电力线路上的空间对应关系，即可得出整个作业区内整条电力线路的影像级概况，为后续的抢修提供情报支持。

多旋翼无人机飞行速度慢，续航时间短，悬停能力强，飞行灵活。在有着电力设备受损情况不严重，受损特征不明显，检测时间敏感度不高，需要从多空间位置、多角度对线路进行观察特点的常态化巡线中，可以选择采用多旋翼无人机巡检的方式。可采用抗风性、稳定性和灵活性较好的六旋翼或八旋翼无人机，搭载具有云台自稳及变焦功能的高空间分辨力传感器相机。

多旋翼无人机进行常态化巡线时，飞手要手动操纵飞机在与电力线路保持一定距离的情况下飞掠作业区。多旋翼无人机的巡线无须保持固定高度、固定速度、固定角度和固定航向。在飞手通过实时的图传发现线路中存在可疑情况时，可操纵无人机向电力线路可疑区域靠近，并在空间情况允许的情况下于可疑区域周围的多位置、多角度对其进行航片的拍摄，以发现可疑区域的更多细节情况。作业完成之后，只需对航片和飞行数据进行与前文处理固定翼无人机数据方法一致的处理，即可得到整条电力线路的可疑区域细节概况，为后续的抢修提供情报支持。

无人机电力线路巡查流程如图 7-6 所示。

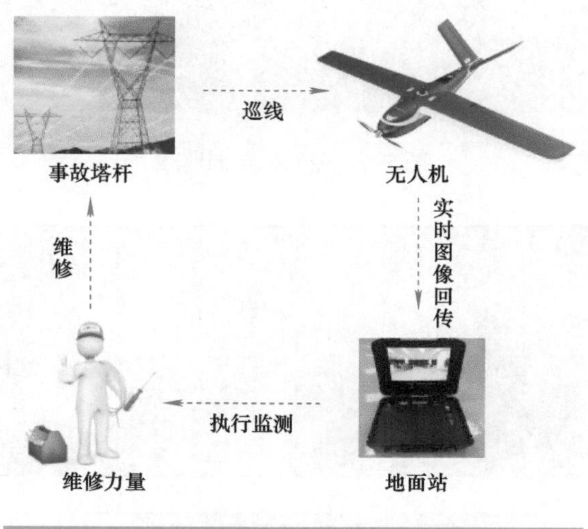

图 7-6　无人机电力线路巡查流程

1. 无人机搭载可见光成像设备巡线

无人机可见光巡线与人工目视巡线相比，工作范围大，拍摄角度灵活，离拍摄目标近，拍摄到的目标细节更丰富，可有效提高巡线效率。

无人机可见光巡线步骤如下：

1）无人机根据巡检前编好的电塔 GPS 坐标点进行自动飞行巡检，巡检内容包括检测目标是否存在物理缺陷，导线是否出现断股，紧固件是否出现松脱，绝缘子是否有破损或污染，防震锤是否异常等。

2）无人机执行巡检监控，并实时同步传输数据到地面站。

3）地面人员根据巡检内容信息判断巡检结果，并根据具体情况制定相应的解决措施。

2. 无人机搭载红外热成像设备巡查

无人机搭载红外热成像设备巡查提高了夜间抢修队伍在处理应急事件时的办事效率，可快速准确地对故障点进行红外巡查，为寻找故障点和抢修电线赢得宝贵的时间。无人机通过挂接热成像设备，对巡检线路进行巡检，可通过温度异常变化对比值，发现隐蔽性较强的故障点。结合传统可见光巡线，热成像仪巡线将大大提高故障点检测的准确性。

无人机搭载热成像设备巡查的判断依据：线路接头、线夹、耐张管、接线管、绝缘子等部位是否存在由缺陷所导致的发热点。

3. 无人机特殊巡检

使用传统方法在跨海、山区等特殊区域进行巡线工作很困难，由于无人机机动性强，在这些特殊巡线项目上得到了很好的应用，如图 7-7 和图 7-8 所示。

图 7-7　无人机跨海巡线

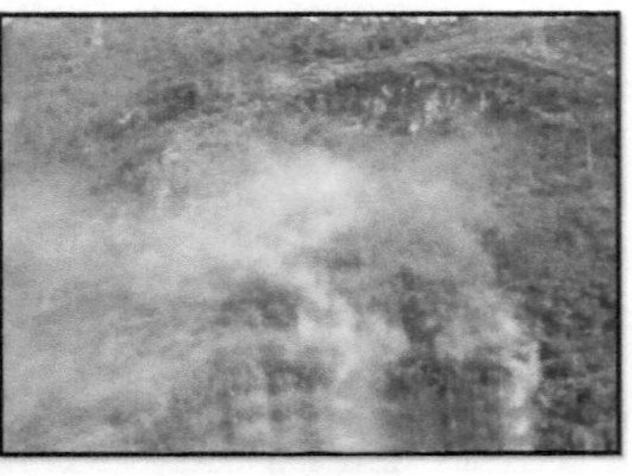

图 7-8　无人机防山火巡检

根据线路运行情况，可开展抗冰、防山火专项巡检（图 7-8），对常年易发覆冰（图 7-9）和山火的区段开展无人机重点监测巡检。

图 7-9　无人机履冰巡检

还可使用无人机对事故进行应急飞行定损评估，为电塔、电线抢修赢得宝贵的时间。图 7-10 所示为倒塔现场巡检。

图 7-10　倒塔现场巡检

7.3.2　电力勘测设计

将无人机航测用于电力勘测设计是完全可行的，目前其在电力行业中的应用也取得了相当的进展。但是也应该看到，仍然还有可改进的空间。未来无人机航测用于电力勘测设计的发展方向包括以下几个方面。

1．续航时间的增加

目前主流无人机航测时间小于 1h，飞行距离受限，对于长线路需要频繁转场。随着新能源技术的发展，期待着有更强大的动力源可以延长无人机的飞行时间。

2．相机性能的提升

目前主流相机已经可以满足无人机航测成图的需求，但是更好的性能无疑可以提升影像质量。随着工业技术的发展，期待着可以有更高像素、更稳定的相机用于无人机航测。

3．免像控模式的发展

目前针对无人机航测采用新的空三加密的方法已经可以大幅减少像控点数量，因此未来如何更好地改进硬件性能和软件算法来实现全面免像控，从而让工作更轻松，也是一个发展方向。

4．无人机LiDAR的发展

目前无人机 LiDAR 已经在电力巡检等方面取得了不错的进展，但是由于点云数据本身的特性，错误数据的剔除、正确数据的处理等方面依然还需要进一步研究完善，以提高准确性。

5．其他成像方式的发展

其他成像方式的发展包括红外成像、多光谱成像、倾斜成像等成像方式的发展。

7.3.3 电力工程选线

随着我国经济的快速发展，对电力能源的需求日益增大，与之相应的电力工程建设力度也在不断加强，传统的电力选线手段已不能满足其快速、高效发展的要求。利用无人机航空摄影测量能够高效完成电力建设规划，其作为卫星遥感与普通航空摄影的有效补充，优点如下：

1）无人机可以低空飞行，可在云下飞行航摄，弥补了卫星遥感和普通航空摄影经常受云层遮挡获取不到影像的不足。

2）由于低空接近目标，所以可得到更高分辨力的影像。

3）使用成本低、耗费低，对操作人员的培养周期短，同时规避了飞行人员人身安全的风险。

4）针对野外实测作业量大的问题，无人机航测方法周期短、效率高、成本低，将大量的野外工作转入内业。

无人机航测技术在电力工程选线上主要有以下应用。

1．工程规模较小的新建线路航测

据统计，全国每年有数千千米的线路较短的工程，由于路径短，工程时间紧，难以实施载人航飞。这些工程还是以传统的工程测量方法进行路径选择设计，成本高、效率低，同时不能对整体的智能电网建设提供详尽且丰富的基础数据。而无人机航测可以很好地满足此类电力选线工程。

2．电力工程路径局部改线航测

电力工程施工定位或建设中会遇到一些突发情况，导致路径超出了原有航摄范围，此时再调用载人大飞机进行航空摄影不仅手续烦琐、成本高，而且不能保证工期要求。无人机航测的优点恰恰弥补了传统摄影测量的此项不足。

3．优化选线设计

传统选线地形图是二维的，三维信息只能通过等高线和高程注记获取，产品单一且不直观，优化选线时再利用程度不高。通过无人机航测获取影像可得到真实的三维场景图，可从不同视角观看线路周围的地物和地貌信息，使设计人员在室内即可高效完成线路优化工作。

7.3.4　输电线路规划

无人机具有机动性强、实施快速、图像分辨力高、成本低等特点，无人机 iFly U0 航程长，标配 SonyRX1R II 高分辨力航拍相机，适合用于大范围、远距离的输电线路数据获取。在输电线路走廊规划验收工作中，首先用无人机 iFly U0 根据设计航线对规划区域进行航拍，然后将高效获取的影像数据利用影像处理软件 Pix4D Mapper 进行处理，拼接成图，最后分析成果数据，考虑相关因素，更合理地进行线路规划，如图 7-11 所示。

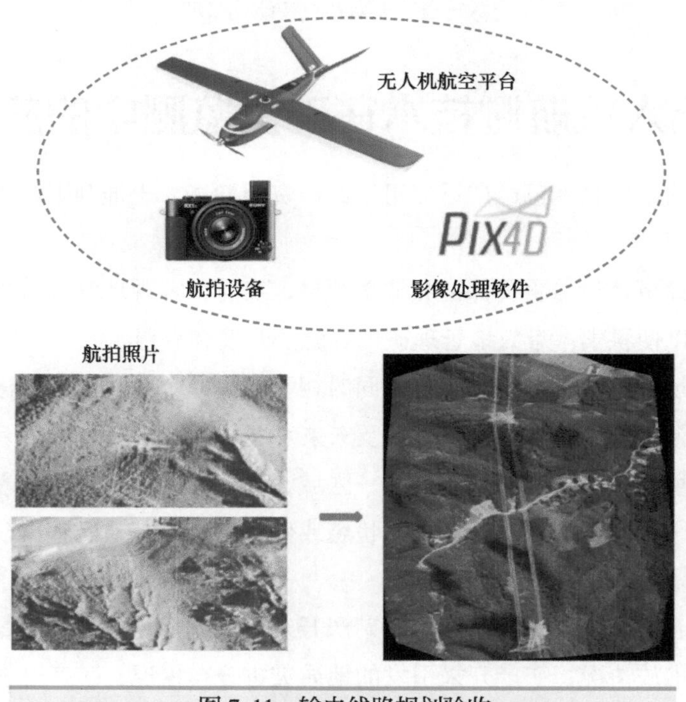

图 7-11　输电线路规划验收

7.3.5　电力系统智能化管理

无人机搭载专业倾斜模块，可以根据航线设计自动飞行，获取多角度影像；利用天际航三维建模软件 DP-Modeler，根据获取的倾斜影像进行三维场景重建，为电力系统智能化管理提供技术支撑，如图 7-12 所示。

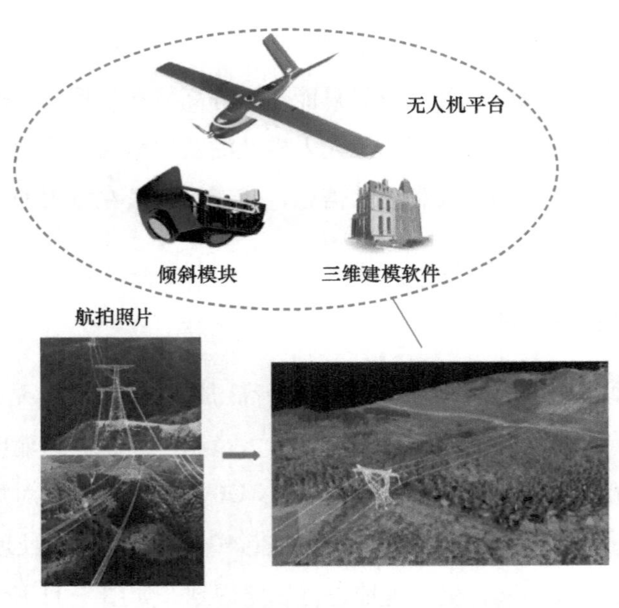

图 7-12　电力系统智能化管理

7.4　无人机航测技术在矿山监测中的应用

无人机航测这一新技术已经广泛应用于矿产资源勘探、土地利用动态监测、地质环境与灾害勘查等方面。

矿产资源是经济建设的重要保证和能量源泉，实时、客观地掌握有关矿产资源开采状况的基础数据，以便科学、有效地管理矿产资源的开发和利用。

矿产资源环境遥感动态监测，是将不同时相（至少两个时相）的矿区环境数据进行对比，从空间和数量上分析其动态变化特征及未来发展趋势。

矿产资源环境遥感动态监测是基于同一区域不同年份的图像间存在着光谱特征差异的原理，来识别矿山土地覆盖和生态环境的状态或变化的过程，从而获得矿区开采状况和引发的生态环境问题等内容。

矿产资源动态监测包括监测矿区内的矿产开发点的分布、位置、数量、矿种、开采方式；固体废弃物堆放情况；矿产开采引发的地质灾害分布情况；矿产开发引发的生态环境效应，主要为土地覆盖的变化，如耕地、植被破坏及生态治理、土地复垦等。

在矿山监测中应用无人机航测技术，不仅可以缩短工程周期，还可以节约大量的成本投入，同时获得了科学可靠的数据信息，而且此技术的安全性也比较高。

在航测之前，充分研究矿山的地形条件，确定航线的具体信息才能进行航测。在航测过程中，也要做好地面控制工作，以保障无人机航测技术的测量结果更加公正、可靠。

无人机航测技术在矿山监测中有如下优势：

（1）应急性能好　一般情况下，矿山所在地区地形复杂，自然状况多变，传统的矿山监测方式测量难度大、周期长，无法满足现今矿山动态变化监测对地理数据不断更新的要求。在对矿山进行监测的过程中，经常会出现一些突发情况，这主要是因为矿山监测工作十分繁杂，矿山测绘工程一般也较为浩大。因此，如何进行应急工作就成了首先要面临的问题。在工程测绘的过程中，通常都会采用传统的载人机航测，但是传统载人机航测在应用过程中，会受到诸多方面的限制，而且会造成一定的经济损失。无人机航测技术的应急性能比较好，在遇到意外情况时，只要有一个比较平整的降落地面，无人机就可以应对，可以大幅度地减少经济损失。

（2）作业周期短，节约成本　一方面，在实际的矿山测绘中，对无人机的飞行高度控制比较严格，一般都小于 1000m。因此，在矿山测绘中应用无人机不需要申请空域，这缩短了作业周期，提高了工作效率，降低了矿山工程的资金投入。另一方面，无人机在实际的航测中并不需要额外的人力投入，只需要使用遥控对其进行操作，所以会大幅度地降低人工资金投入，从而节约了成本。

（3）收集数据信息十分精准，操作简单　无人机在实际的航测过程中，能够到达许多地区进行精准的探测，有些地区是载人机航测没有办法到达的区域。在无人机中，配备了性能较好的数码相机，从图像方面来讲，无人机收集的数据信息都是十分精准的。同时无人机携带的高分辨力相机可获取厘米级分辨力的原始数据，可以满足影像成图的要求，通过内业数据处理可快速获取测区高精度的数字正射影像、数字高程模型、矿区三维模型，数据时效性非常强，对于后续矿山开采方案的确定有很重要的意义。

7.4.1　快速监测矿山目标

采用无人机航测系统，可以快速获取矿区高分辨力无人机影像，了解矿山开发现状，实现矿区动态监测，为重大矿山事件提供快速应急响应；可计算高精度、真彩色三维地形数据，并可进行土方量计算、变化检测等定量分析，可以在矿山开发状况、矿山环境等多目标遥感调查与监测工作中发挥作用。

（1）矿产资源开发状况调查　包括矿产开采点位置、开采状态、开采方式、占地范围与土地类型、固体废弃物堆积范围和占用土地类型等。

（2）矿产资源开发引发的灾害　包括地面沉陷范围、地裂缝长度、塌陷坑位置、山体陷裂（垮塌）范围、滑坡位置、河道淤塞长度（位置）等。

（3）矿山生态信息　包括破坏的土地范围、受损植被范围、粉尘污染范围、水体污染范围、荒漠化范围、土地复垦范围及矿山环境治理效果等。

7.4.2　无人机矿山监测工作流程

无人机矿山监测工作流程如图 7-13 所示。

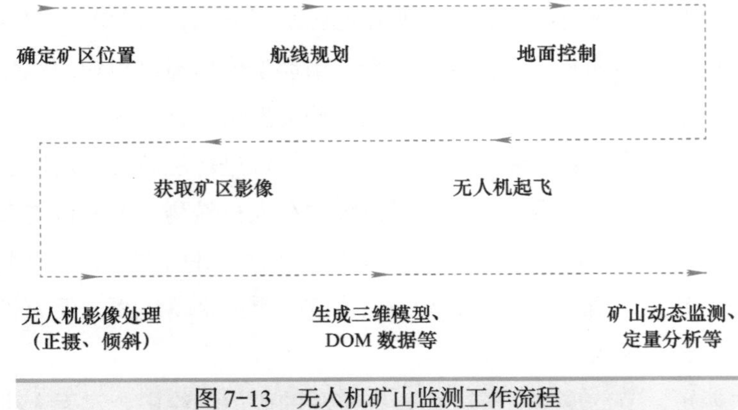

图 7-13 无人机矿山监测工作流程

（1）航线规划 根据矿区位置，明确数据要求（分辨力、重叠度），自动生成无人机作业航线。

（2）地面控制 根据精度要求，设定地面控制点布设方案，完成外业测量。

（3）获取矿区影像 无人机搭载航测相机，根据设计航线完成飞行作业，获取影像数据。

（4）无人机影像处理 利用 Pix4D Mapper 后处理软件进行正射影像数据处理，利用自动三维建模软件进行倾斜影像处理。

（5）矿山动态监测、定量分析 利用数据成果进行矿山动态监测，计算体积、距离等信息，进行定量分析。

7.4.3 案例——内蒙古自治区露天矿测绘勘察

（1）测区分析 露天矿测区位于内蒙古自治区某地，矿区环境复杂，传统人工测绘难度大且效率低。

（2）精度分析 此次无人机航摄获取的影像用于制作 1:500 数字正射影像（DOM），供矿方进行测绘勘测，同时需要生成数字三维模型，可以更加形象直观地勘测，无人机航测中获取的影像地面分辨力（GSD）为 4cm。

（3）飞行方案设计 测区面积约为 1.7km^2，为丘陵地貌，平均海拔约为 1400m。根据矿方需求，本次飞行方案设计地面分辨力 4cm，航向重叠率为 80%，旁向重叠率为 70%，测区飞行作业 1 架次，飞行相对航高平均为 280m。

航线设计如图 7-14 所示，立体航线图如图 7-15 所示。

（4）航摄设备 本次飞行作业采用中海达 iFly U0 无人机（图 7-16），搭载 4200 万像素 SonyRX1R II 相机进行航摄影像采集。iFly U0 是一款专业智能航测无人机系统，采用 EP0+ 碳纤维的复合材料模块化设计，免工具拆装，轻便易维护。iFly U0 无人机技术参数见表 7-1，其航摄参数见表 7-2。同时选取专业定制化地面站软件，实现无人机与地面站的无缝对接，并且软件操作简单，工作效率更高。

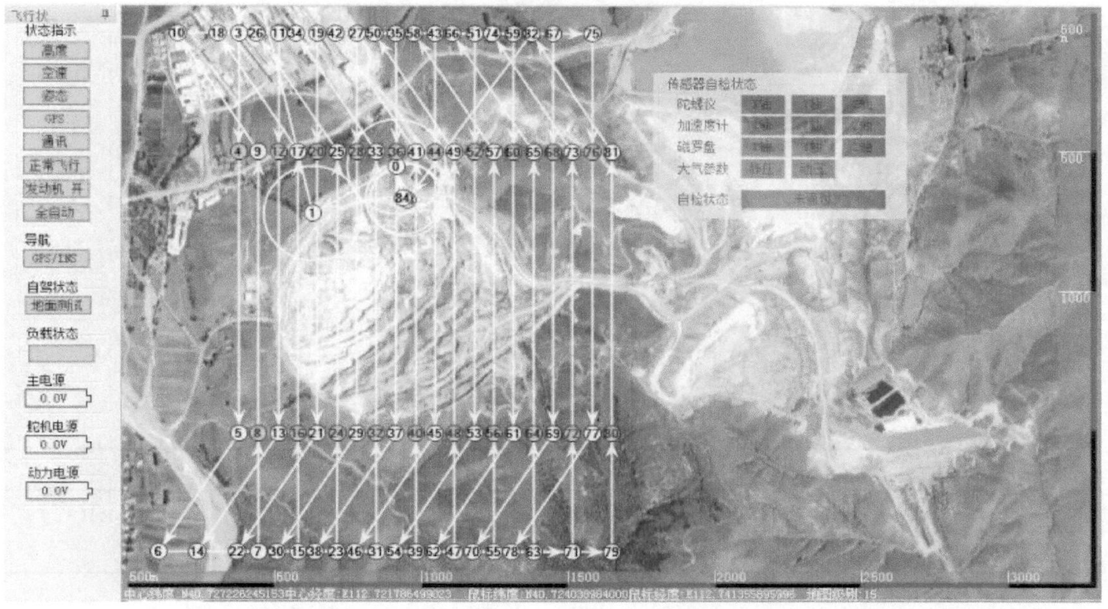

图 7-14　航线设计

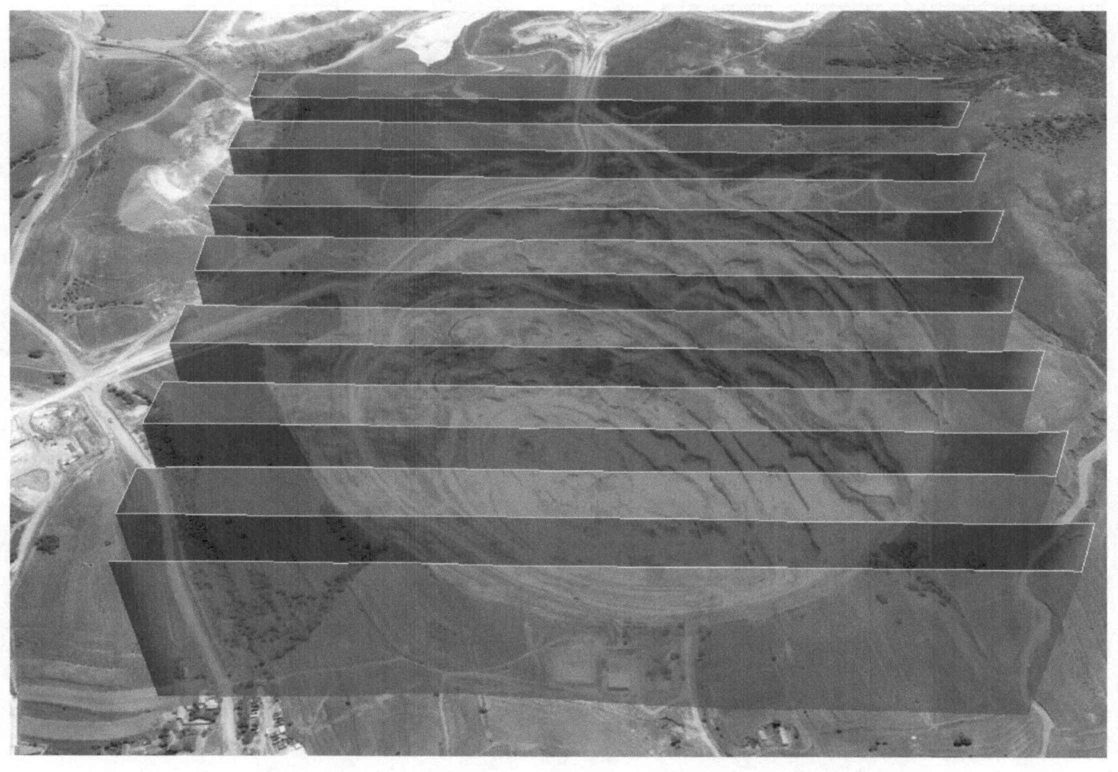

图 7-15　立体航线图

图 7-16　中海达 iFly U0 无人机

表 7-1　iFly U0 无人机技术参数

项　目	参　数	项　目	参　数
起飞重量	4.5kg	载荷系统	正射模块：Sony RX1 R II 摄像机 –1080P
机体尺寸	1.85m×1.1m×0.4m		
机体材质	EPO+ 碳纤维复合材料	地面电台	控制半径：15km
续航时间	2h		
巡航速度	55 ～ 80km/h	差分模块	平面精度：±8mm+1ppm
实用升限	6000m		高程精度：±15mm+1ppm
动力装置	前拉式动力系统	工作环境	抗风性能：6 级风 工作温度：–20 ～ 60℃ 抗雨性能：小雨 架设时间：5min
智能电池	6s 14000mA・h		
起飞方式	手抛起飞	便携箱尺寸	1.2m×0.6m×0.27m
降落方式	自主伞降		

表 7-2　iFly U0 无人机航摄参数

项　目	参　数
航摄面积	1.7km²
航摄相机	Sony RX1 R II
镜头焦距	35mm
相对航高	280m
地面分辨力	0.04m
快门速度	1/1000s
ISO	640
航摄架次	1
航摄时间	19min
航摄影像	397 张

（5）空三解算成图　原始航摄影像如图 7-17 所示。采用 Pix4D Mapper 无人机影像处

理软件对无人机影像进行空三解算处理后，经过（空三）点云加密（图 7-18）、正摄纠正，影像镶嵌等处理，完成点云、三维模型、DSM、DOM 数据的生成，如图 7-19 ～图 7-22 所示。

图 7-17 原始航摄影像

图 7-18 空三加密

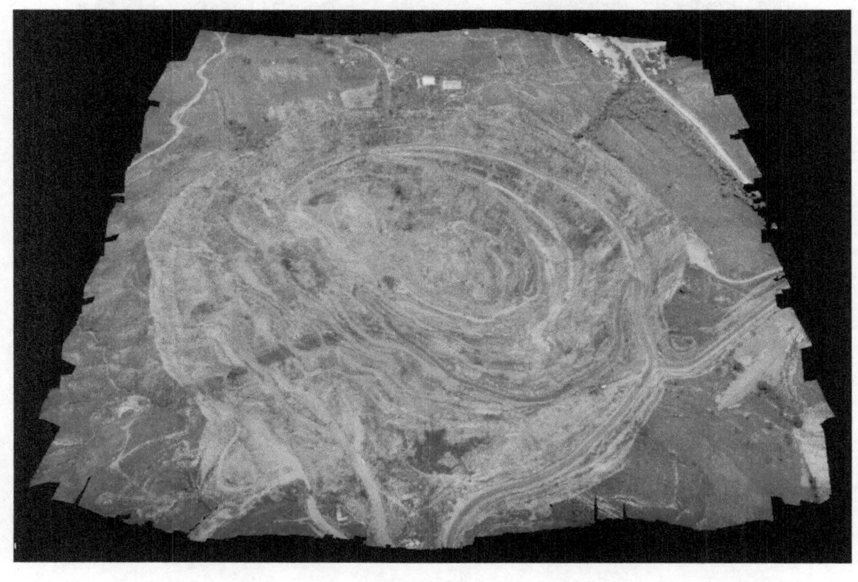

图 7-19 三维彩色点云

图 7-20 DOM 成果

图 7-21 DSM 成果

a)

b)

图 7-22　数字三维模型

（6）矿山定量分析　根据成果数据，对矿山进行定量分析，如图 7-23 ～图 7-25 所示。

图 7-23　量距

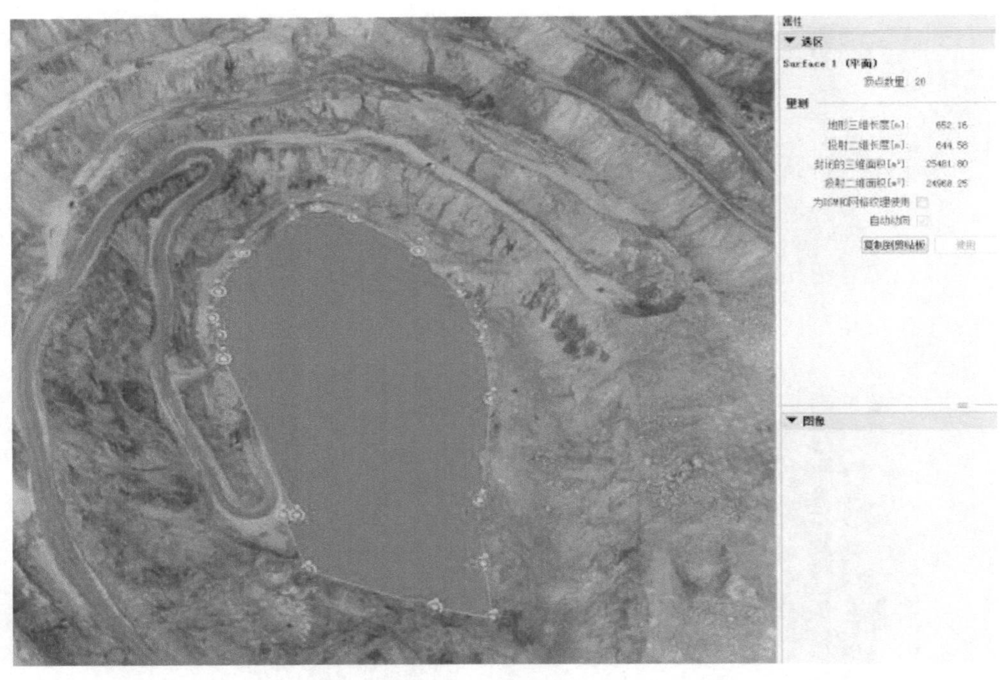

图 7-24　量面积

图 7-25　量土方

7.5　无人机遥感技术的应用 

目前，遥感技术总体上朝着高空间分辨力、高光谱分辨力和高时间分辨力的方向发展。

由于航天平台接收的电磁波必须要通过大气层，必定受到云层和地面天气的影响，所以通过缩短重访周期来提高时间分辨力是很难达到目的的。而无人机在云层下方，受云层的影响很小，在多云天气甚至阴天也能执行航摄任务。因此，无人机遥感技术在提高时间分辨力方面具有独特的优势，无人机作为一种新型的遥感平台必将得到广泛应用。无人机遥感技术将在以下领域发挥重要作用。

（1）突发事件及灾害监测　由于地震影响地球磁场，造成无线电和微波通信的干扰甚至中断，紊乱的电磁波会对飞机仪表产生极大的影响。同时在气象条件恶劣，地形复杂的地区使用有人驾驶飞机获取地面情况是十分危险的，而要及时获取航天遥感数据又几乎不可能。无人机则因为无人员伤亡之虑，受天气影响又很小，在灾害突发后的数据获取方面发挥了独特的作用。对其他突发事件，如森林火灾扑火指挥、冰雪灾害、洪涝、核电站险情救援等，无人机遥感也将发挥越来越大的作用。

（2）高时效性的资源监测　传统的资源监测技术获取资源的数量和位置，而如今资源监测已经向资源的动态变化监测方向发展。使用无人机进行监测具有高时效性，能第一时间获取资源变化数据，将在以后的林业资源，如林地面积变化、木材资源变化、野生动物监测、生态环境、森林防火等方面发挥其他遥感平台所不能比拟的优势。

（3）数字城市和智慧城市建设　航空影像数据是“数字城市”和“智慧城市”建设的重要组成部分。目前，虽然卫星遥感和有人驾驶飞机的普通航空遥感已经十分发达，但难以满足“需要的时候就能有”的服务需求。因此，在发挥无人机低空飞行的低空光学优势时，选择合适的相机，设计合理的飞行参数，尽量减少无人机拍摄像幅小、基高比小、姿态不稳定和使用非专业相机的劣势，以达到大比例尺数字化成图的成像要求。高分辨力的航空影像更适于“数字城市”建设的需要。

（4）国土资源快速监察　对土地和资源的变化信息进行实时、快速的采集是国土资源监察工作的重要内容之一。对重点地区和热点地区要实现滚动式循环监测，对违规违法用地、滥占耕地、非法开采矿山、破坏生态环境等现象要做到及早发现、及时制止，无人机航测系统可以在接到任务后快速出动，及时到达监测区域附近，快速升空，实时获取监测区域高清晰度遥感影像。今后无人机航测系统必将为土地监察部门查处违法用地行为提供技术保障。

（5）矿区沉陷控制　煤炭资源的开发、加工和利用在促进区域社会经济发展的同时，也引发了多种生态环境和社会问题。将无人机航测系统获取遥感数据的技术应用于矿区建设，基于多源多时相、高分辨力、高清晰度的遥感数据系统进行分析研究，可综合考虑地下开采优化、地表沉陷控制，兼顾经济效益和环境效益，合理开发利用资源，实现资源的可持续利用。

（6）小城镇和新农村规划建设　无人机航测系统具有更好的机动灵活性，并可在云层下飞行，能有效避免云层的影响，遥感影像资料的时效性强，不受重访周期的限制，遥感影像分辨力高，而且适合在建筑物密集的城市地区和地形复杂地区应用，必将在大量城镇规划、道路桥梁测量、新农村建设、国土资源调查、舰载化的海岛测绘等诸多领域发挥积极作用。

(7) 石油、公路、水利、铁路、电力等带状地区选线勘测中的高分辨力影像获取

(8) 困难地区（雪域高原等高海拔地区）高分辨力影像获取

7.5.1 无人机遥感技术在应急救灾中的应用

中国每年因自然灾害、事故灾害和社会安全事件等突发公共事件造成的人员伤亡逾百万，经济损失高达数千亿元。其中，受自然灾害的影响尤其严重，调查结果显示，我国平均每年会因为自然灾害损失将达2000亿元。在应急服务保障中，需要及时迅速地获取突发事件及灾害信息，为制订方案提供依据。

无人机遥感系统具有灵活机动、高效快速、精细准确、安全可靠、省钱节约的优势，具有快速反应能力，为灾害的治理提供了及时、准确的数据。通过无人机遥感平台，可以对灾区的影像进行高清拍摄，在第一时间提供最准确的影像资料。然而，灾害发生的过程中，往往会伴随着较为恶劣的天气情况，此时要想利用普通的卫星拍摄或是航飞，都无法获取较高分辨力的影像，而利用无人机的低空航摄技术，可以在第一时间获取高清影像，为救灾工作的开展提供十分有利的条件。

突发事件的主要特征：一是突发性和难以预见性；二是破坏性；三是具有紧迫性。

突发事件对应急测绘的要求是：实现快速响应，尽快到达现场获取数据；采取果断措施，实施正确指挥；进行紧急救援，防止事态发展。

无人机在应急救灾中的主要作用体现在以下方面。

1) 快速获取。无人机的突出贡献是能够第一时间快速反应，机动性强，无须起降机场，即便环境恶劣的地方也可以到达，可以快速获取高分辨力灾情调查数据。

2) 快速传输。使用无人机进行实时航拍可将实时监控的高清图像通过高清数字图传系统快速实时回传到应急指挥中心，使相关部门掌握现场第一手资料。

3) 快速处理。无人机快速获取的高分辨力影像通过后处理软件高效完成影像处理后，输出地理信息成果，为应急指挥部门进行快速评估提供有效的数据支撑。

无人机遥感技术主要应用在以下应急救灾领域。

1. 洪涝灾害应急

在全球气候变化等因素影响下，我国面临的自然灾害风险进一步加剧，洪涝灾害多发。暴雨会导致多数道路、农田被淹，厂矿企业房屋进水，部分居民小区、学校积水，一些地方出现滑坡险情。发生洪涝灾害后，无人机可快速抵达洪涝受灾区域，搭载航拍设备进行作业，空中俯视洪区的地形、地貌、水库、堤防险工险段，实时传递现场信息。通过航拍实时监测可以清晰分析汛情的发展变化，把握汛情现状和发展趋势、并根据航拍成图划分水域警戒线，还可为救援人员提供宝贵的搜救信息，也可持续监视险情发展，为防汛决策

提供准确的信息。

通过固定翼无人机搭载航拍相机对洪涝灾害进行数据采集，利用后处理空三软件进行影像拼接，为灾区提供了宝贵的第一手资料，可帮助相关部门真实、全面地了解整体受灾情况，并做好相应的抗洪预案。

2．地质灾害应急

对于山体滑坡和泥石流等重大地质灾害，无人机航空遥感系统可及时获取现场数据，帮助相关部门分析灾害严重程度及其空间分布，分配紧急救援物资，快速准确地获取泥石流环境背景要素信息，而且能够监测其动态变化，为准确的预报提供基础数据。

3．地震灾害应急

地震具有突发性和强破坏性的特点，地震灾害的救援过程中，情报的时效性非常关键。但是由于震后通信、交通中断，而且，地震后往往余震不断，采用常规手段无法快速了解灾情信息。地震发生后，无人机可快速获取灾区高分辨力航空影像数据，为震害调查、损失快速评估提供科学依据，而且可以确定极震区位置、灾区范围、建筑物和构筑物破坏概况以及急需抢修的工程设施等，以便为震后速报灾情、快速评估地震损失、救灾减灾提供决策。

4．火灾、爆炸现场救援与评估

无人机可通过搭载红外传感器，在火灾现场及时提供救灾所需影像资料。图 7-26 所示为消防人员利用红外相机搜寻火源和被困人员。

图 7-26　火灾红外影像

5．公共安全应急

无人机可搭载各种高性能设备对监控地区进行全方位的监测，尤其在夜晚光线较暗且隐蔽性强的灌木丛中。无人机可以在很短的时间内完成对大片区域的监控巡逻，还可以装载红外摄像头进行夜航，这样既减少了人员伤亡，也增加了巡查力度。无人机可在任何环境下快速起飞，对需要监控的危险地区进行细致、往复的低空拍摄，对逃犯采取的各种逃跑方式进行跟踪、监视，搭载红外设备，可在夜晚对逃犯进行监控，特别是对躲藏在隐蔽性极强的丛林里的犯罪嫌疑人进行扫描式飞行搜索。

6．铁路防灾应急

随着铁路的不断提速，大风、雨雪、泥石流、地震等自然灾害以及铁路路段异常落物等因素对铁路运营的安全构成了巨大威胁。利用无人机系统执行铁路防灾安全监测任务，可将铁路路基、路面状况实时回传至地面监测中心，工作效率高、使用方便，可以很好为监测中心进行铁路应急处理提供支撑。

7．环境应急

无人机遥感系统在环境应急中，能够克服交通不便、情况危险等不利因素，快速赶到污染事故所在空域，立体地查看事故现场、污染物排放情况和周围环境敏感点分布情况，使环保部门对环境应急突发事件的情况了解得更加全面，对事件的反应更加迅速，相关人员之间的协调更加充分，决策更加有据。利用无人机搭载图传设备进行实时监测，通过高清数字图传设备实时传递获取的影像信息，地面监测中心对接收到的数据进行处理与分析，实时监控事故进展，可为环境保护决策提供准确信息。无人机系统应用于环境应急的优势在于覆盖范围更广，可实现数据实时传递，实时监控事故进展。

7.5.2 无人机遥感技术在环境监测中的应用

目前我国正处在工业化和城镇化高速发展的新时期，随之带来的环境问题也日益凸显。近年来，雾霾不断笼罩着我国大部分城市，使得城市居民深受其害，所以对于日益严重的环境问题的监测和治理已刻不容缓。环境基础数据资料的获取是做好当前环境保护工作的前提，环境基础数据资料的精确性、可靠性和时效性也迫切需要提高。

无人机航测系统具有视域广、数据及时且连续的特点，可迅速查明环境现状，为环保部门提出科学合理的环境保护措施提供有力的依据。

1．建设项目环境保护管理

建设项目所在区域的现势地形图是环评阶段环评单位编制的环境影响评价文件之一。无人机航测系统能够为环评单位在短时间内提供时效性强、精度高的图件作为底图使用，并且可有效减少在偏远、危险区域现场踏勘的工作量，提高环境影响评价工作的效率和技术水平，为环保部门提供精确、可靠的审批依据。同时，使用无人机航测系统可节省大量外业人工成本，提高工作效率。建设项目区域地形图测绘的步骤（图 7-27）如下：

1）对测区地形进行踏勘，并规划无人机飞行航线。

2）利用固定翼无人机 iFly U0 搭载高分辨力航拍相机 Sony RX1R II 进行区域航拍，获取高分辨力航片及 POS 数据。

3）利用 Pix4D Mapper 软件，对航拍数据进行空三加密，生成正摄影像。

4）利用测图软件进行测图，得到测区大比例尺地形图。

5）结合高分辨力正射影像和地形图数据，为环评部门进行环境影响评价提供依据。

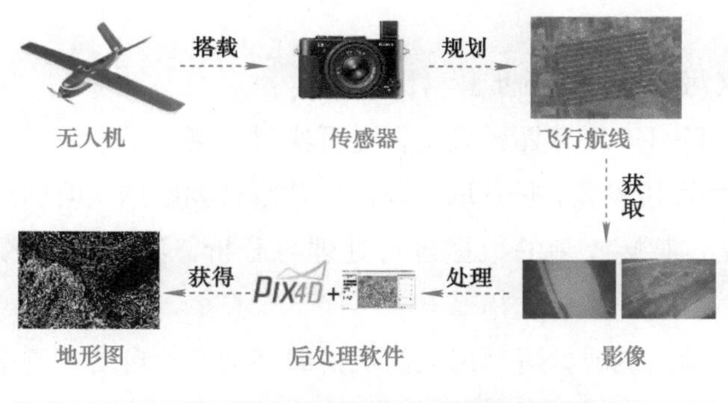

图 7-27　地形图测绘流程图

2. 环境监测

(1) 无人机水质监测的优势　作业效率更高，覆盖面积更广，可节省大量人工成本；数据分辨力高，细节丰富；数据成果丰富，可实现水质状况的实时监测。

(2) 无人机水环境质量状况监测步骤（图 7-28）

1）根据待监测水域地形地貌，制订无人机水质状况监测计划。

2）利用无人机 iFly U0 搭载多光谱成像仪进行区域航拍，快速获取水域多光谱图像，直观全面地监测地表水环境质量状况。

3）根据多光谱影像，生成水质富营养化、水华、水体透明度、悬浮物排污口污染状况等信息的专题图，实现对水质特征污染物监视性监测的目的。

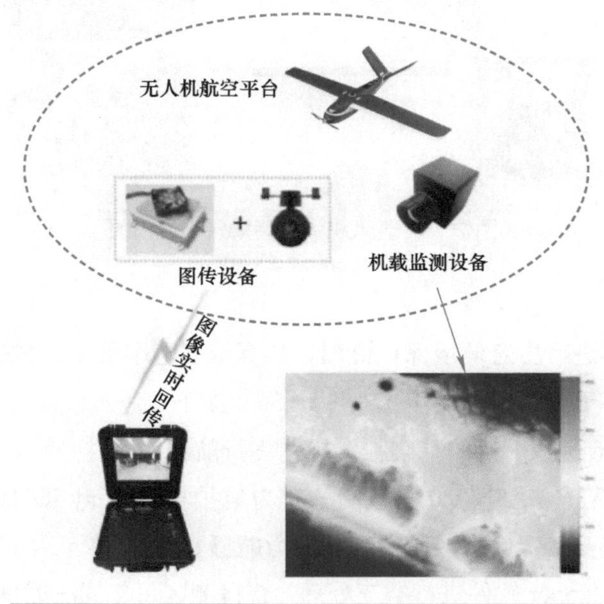

图 7-28　环境监测流程图

(3) 无人机大气污染监测的优势　拍摄角度更加灵活；距离拍摄目标近，拍摄到的目标细节更丰富；安全作业保障能力强，可进入高危地区开展工作，有效地避免监测采样人员的安全风险。

(4) 无人机大气污染状况监测步骤（图 7-29）

1）利用无人机 iFly U0 搭载图传设备，进行实时监测。

2）通过高清数字图传设备，将获取的高清图片或视频数据实时回传至地面监测中心。

3）地面监测中心对接收到的数据进行处理与分析，实时掌握区域重点污染源基本状况。

进行大气污染专项监测时，可利用无人机搭载移动大气自动监测平台对目标区域的大气进行监测。自动监测已有平台不能够监测的污染因子，也可利用无人机搭载采样器的方式，在空中采集大气样品后送回实验室进行监测分析。

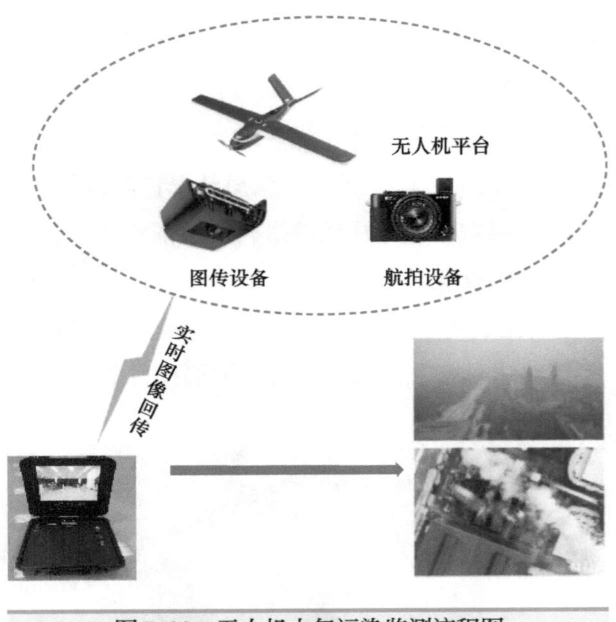

图 7-29　无人机大气污染监测流程图

3．生态保护

利用无人机遥感进行生态环境保护监测，具有覆盖范围更广、数据分辨力高的优势。

无人机遥感应用于生态保护的步骤（图 7-30）如下：

1）在对测区地形进行踏勘的基础上，规划飞行航线。

2）利用固定翼无人机 iFly U0 搭载高分辨力航拍相机 Sony RX1R II 进行区域航拍，每年同一时间获取需要特殊保护区域的高分辨力航摄影像。

3）利用 Pix4D Mapper 软件进行空三处理，获得测区每年同一时间高分辨力正射影像。

4）通过逐年影像的分析比对或植被覆盖度的计算比对，可以清楚地了解该区域内植物生态环境的动态演变情况；也可利用获取的高分辨力正射影像，提取保护区植被覆盖指数，生成指数地图，实时掌握保护区不同类型植被分布情况和生长状况。

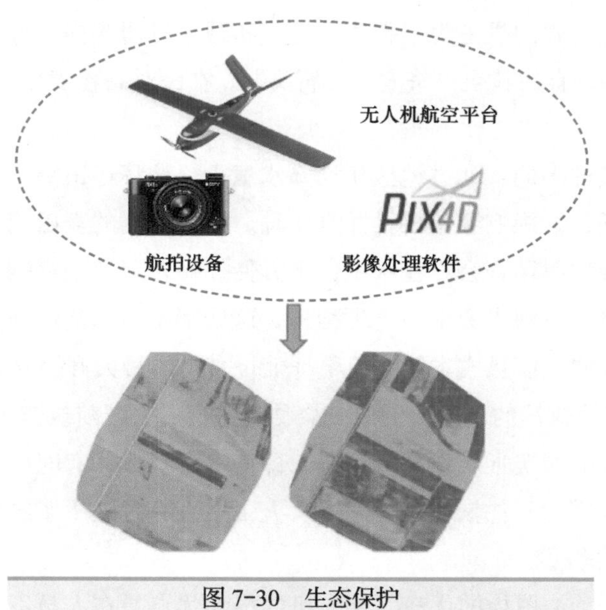

图 7-30　生态保护

4．环境监察

当前，我国工业企业污染物排放情况复杂、变化频繁，环境监察工作任务繁重，环境监察人员力量也显不足，监管模式相对单一。

使用无人机进行环境监察（图 7-31）时，首先可利用无人机搭载图传设备，进行实时监测。其次，通过高清数字图传设备，实时传递获取的影像信息。最后，从宏观上观测污染源分布、排放状况及项目建设情况，为环境监察提供决策依据。同时，还可通过无人机监测平台对排污口污染状况进行监测，实时快速跟踪突发环境污染事件，捕捉违法污染源并及时取证，为环境监察执法工作提供及时、高效的技术服务。

图 7-31　环境监察

5．案例——无人机遥感应用于秸秆禁烧

（1）应用背景分析　近年来，农村建设发展很快，郊县很多农户都用上了煤气，秸秆便失去了作为燃料的功能。目前，大部分小麦都采用机械化收割，联合收割机多数跨区流动作业，非属某一地区，管理质量得不到保证。再加上夏收时间紧，在一定区域内收割机供求紧张，大多数联合收割机主为了省时、省力和减少机器磨损，都将麦茬留得很高，一般高度为 50 ～ 70cm，有的甚至只将麦子“斩头”。农民对高茬麦秸若采取其他方法处理，费工费时。

我国各地气候条件不同，北方地区年均降水量少，秸秆还田翻入地中，不易腐烂。对秸秆不进行焚烧处理，会影响翌年耕种并且压种。南方地区的麦田或油菜田秸秆还田，夏种水稻季节，放水栽秧时秸秆会浮在水中，不方便插秧，因此秸秆需要处理。加上农村年轻劳动力常年外出打工，缺少劳动力处理秸秆，这些都是出现焚烧秸秆的诱因。对农户而言，秸秆焚烧不但方便，而且成本低。但秸秆焚烧带来的最大问题就是空气污染。

(2) 秸秆焚烧监控执法的难度　针对焚烧秸秆等问题，之前执法人员巡查主要靠车跑、目测，对视力范围外的情况很难发现并控制，即使发现目标，有时因具体位置判断存在误差，加大了执法难度或错失执法良机。总之，人工巡查有到达不了的地方，时效性差，人力、物力消耗大，效率低。

(3) 无人机秸秆禁烧监控的优势　无人机的最大优点是在人员不方便巡查到的地方，无人机可以快速到达，短短几分钟就可巡查到方圆 15km 范围内是否有秸秆焚烧的火点和燃烧过的黑斑，大大提高了巡查效率，节省了人力和物力。

使用无人机监测时，需要一名无人机飞行操作员和一名地面数据分析人员配合。无人机在空中发现疑似火点或黑斑后，可近距离拍摄取证并利用卫星定位火点黑斑经纬度，形成图片资料交由当地环保部门前往现场核实处理。

7.5.3　无人机遥感技术在农业和林业中的应用

1. 农业应用

作为传统产业的农业，目前的发展依旧面临着投入高、成本回收慢的问题。在我国西部地区，尤其是山区，农业还作为支柱产业，因山区地形限制，生产模式还以人力、畜力为主，较为落后，急需转型。我国东北地区的农业较为发达，广袤的东北平原为大型机械在农业上的应用带来了便利。但农作物的生长是一个易受外界因素（病虫害、旱涝灾、倒伏情况等）影响的过程。这些影响农作物产量的外界不利因素从其产生的根本上来说，是不可避免的，较为有效的办法只能是早发现，早解决，使损失最小化。

最关键且有效的办法莫过于“早发现”，越早发现问题，就能越早解决问题，损失也就越小。但东北地区的耕地面积辽阔，在这些面积极大、道路状况复杂的耕地中，要发现某一个区域所存在的问题，人力巡查的难度大，效率低，作业周期长，时间敏感度差，巡查结果准确度低，人力成本高。针对农业发展所存在的这些问题，采用以无人机为平台，多种传感器为核心，作物生长状况评价系统为框架的无人机航测遥感解决方案，可以相对较低的成本去解决问题。

固定翼无人机飞行速度快，续航时间长，作业半径大，对自然干扰因素的抗性较好，在大面积的农业监测中相对于多旋翼无人机有着很强的优越性。无人机作为平台，本身无法对作物进行监测，核心还是要靠传感器，应针对不同的监测任务类型，选择在性能上有不同特性的传感器。由于所监测地区的面积较大，农作物可能产生的问题类型较多，单一传感器对农作物产生的多种类型问题的发现能力有限，无人机的续航及载重能力也有限，一次只能搭载一种传感器，所以对于作业的实施只能以“大面积概况监测，小范围精确核实”的方式展开。

在大面积概况监测中，无人机搭载工作在可见光波段的高空间分辨力传感器相机以高航高对所监测地区进行地毯式航线扫描，并对扫描所获取的像片及无人机飞行数据进行分析处理，结合当地的DEM数据，给像片上的每一个点都赋予三维空间意义。利用计算机的强大运算能力，搭配相应的图像提取算法，从而将像片中的异常区域提取出来。针对这些异常区域，采用作物生长状况评价系统进行分析，判断出异常区域中的作物可能遇到的问题，并对后续的小范围精确核实提供情报参考。

利用无人机搭载多光谱相机得到的各种植被信息，可以使农民更有效地管理作物、土壤，并进行施肥和灌溉。这种通过无人机检测土壤和作物数据的方式，可以有效地节省时间和金钱，同时减少农药的使用。

在小范围精确核实中，若为旱涝灾害，则使用固定翼无人机搭载高空间分辨力的可见光传感器，以低航高飞临异常区域上空进行大比例尺成像，便于判断受灾程度、受灾范围；若为病虫害，则使用固定翼无人机搭载高光谱成像仪对异常区域进行成像，高光谱成像仪所拍摄出的航片具有较高的光谱分辨力，能反映农作物内部物质成分及结构上的变化，从而判断出病虫害类型及严重程度；若为倒伏等涉及空间上发生明显变化的情况，则采用多旋翼无人机搭载LiDAR，即激光雷达，飞临异常区域上空，在不同的位置悬停，对异常区域进行多角度扫描。LiDAR扫描后得到的数据是上亿个具有三维空间意义的小点，即激光点云，通过对激光点云的分析处理，以及基于激光点云的DSM模型的建立，即可得到异常区域内农作物倒伏面积、倒伏程度等情况。

2．林业应用

从植被本身的生长及受自然界的影响特性来说，森林和耕地中的农作物会遭受到的不利因素基本相同。作为一种植被，虽然森林对旱涝灾害的抗性更好，且不会产生倒伏情况，但两者都会遭受病虫害。在这方面，无人机航测遥感技术在林业中的应用与在农业中的应用是有相似性的。

和农业相比，我国林业当前面临的困难有如下几点：

（1）森林防火面临的困难　随着森林建设面积的增大，森林火灾也成为影响生态环境建设的一个重要因素。森林火灾的出现，严重影响了森林资源的安全。采用有人直升机进行森林防火危险性高，特别是在火场上空，由于空气气流紊乱，漂浮物较多，易造成直升机发动机故障，所以经常发生坠机事故。

(2) 林业资源调查、荒漠化监测面临的困难　林业资源调查、荒漠化监测采用人工采集的方式成本很高，作业效率极低，实现动态监测困难。

(3) 防止盗砍、盗伐面临的困难　防止森林盗砍、盗伐依靠林业人员巡逻成本巨大，效率低，无法起到有效的区域巡查的目的。

使用无人机进行监测，可以克服以上困难。因为无人机操作简单，可以方便地根据需要设计飞行区域、飞行航线、飞行高度；可多台、多架次进行航拍作业，长时间监控林区；搭载专业级相机、高清图传，以及热成像仪，可完成图像、视频、热成像采集，完成各项林业任务。

以森林火灾为例，我国每年都会因此造成巨大损失。

森林作为一种生物多样性复杂，有机物高度密集的植被，有一个难以消除的巨大风险——森林火灾。森林火灾的危害极其巨大，影响极其广泛，极易造成巨大的人员和财产损失。大规模的森林火灾极难扑灭，必须投入大量人力、物力、财力，过程中还会对扑火人员的人身安全构成巨大威胁。

应对森林火灾的最好办法就是在火灾发生之前，提前发现热源隐患，让火灾无法发生；若已发生，则须在火势尚小时及时发现、及时扑灭，避免造成大规模火灾。卫星遥感的单次成像画幅面积较大，可以监测大面积的森林区域，但常规的遥感卫星在监测森林火灾上有两个很大的问题。一个问题是：我国南方地区的森林火灾有相当一部分是因为气温过高而产生的自燃，这种情况下火灾发生前会有一个较小的热源，这样的热源投射到平面上时，往往面积很小，且热辐射量很低，遥感卫星上热红外传感器的空间分辨力、辐射分辨力和空间分辨力较低，很可能无法识别热源；另一个问题是：除部分在地球同步轨道上的遥感卫星外，绝大部分遥感卫星会有一个卫星周期，这就导致卫星对同一个地区的两次成像之间有一定的时间间隔，并且这个时间间隔往往以天为单位，这在时间敏感度较高的林火监测中是不被允许的。使用无人机航测遥感进行监测，则不会遇到这样的问题。

固定翼无人机飞行速度快，续航时间长，作业半径大，对自然干扰因素的抗性较好，特别适合应用在大面积的森林消防监测中。鉴于森林消防监测的特性，可在固定翼无人机上安装一个辐射分辨力和空间分辨力都比较高的热红外传感器，用于热源隐患及明火的及时发现。作业时，固定翼无人机搭载热红外传感器以较高的航高和经济航速，沿扫描航线对监测区域进行地毯式扫描，支持动态影像实时回传，在发现热源隐患或明火时，回路中的监测人员立即做出警报，启动紧急应对措施，组织人员设备消除可能演变为火灾的热源隐患或扑灭小规模森林火灾。

7.5.4　无人机遥感技术在水文监测中的应用

水文信息是水文决策的基础，是正确分析和判断水文形势、科学地制定水文发展方案的依据。

由于无人机遥感具有高机动性、高分辨力等特点，使其在水文监测中的应用有着得天独厚的优势，在洪涝灾害、干旱缺水、水环境污染、河道拥堵等相关领域中，无人机遥感都能发挥其巨大的作用。

通过无人机正射遥感影像获取系统，可使无人机实时图传系统和无人机雷达测流系统在水文测量等工作中得到应用。如在传统的水资源调查、水域覆盖面积调查、水资源用地信息管理、水域警戒线分析、洪涝灾害、干旱缺水、水库蓄水水位监测、水资源工程动态监测、河流水文监测、水域排污、水面清洁监测、重要水利设备和设施安全监测、水库和坝区的周边环境监测、水资源巡查成图等方面，均可以得到应用。

1. 水资源调查、水资源用地信息管理、水资源巡查成图

传统水资源调查、用地信息管理和水资源巡查成图，多用人工的方式进行调查，勘查人员携带相机从高处对河流拍照，以乘船的方式对水资源面积进行调查。这种方法无法快速精确地执行勘测测量。在进行这些工作的过程中，可以充分结合无人机的特点，利用无人机携带正摄像机对所需监测对象进行航拍，制作水体上方正射遥感影像，生成水资源巡查成图，提高水资源调查小组户外调查的效率，快速、准确地为水资源面积、水资源地理信息和后期制作水资源巡查成图提供便利。

2. 洪涝灾害、干旱缺水、水域覆盖面积调查、水域警戒线分析

传统的洪涝灾害发生后，多利用直升机在受灾区域上空进行航拍监控以及拍摄洪水覆盖面积；遇到大面积干旱缺水的灾害，定损工作一般采取人工定损方式，定损作业效率缓慢。水域警戒的办法通常是以人工坐船的方式进行水深划分，没有鸟瞰图进行具体详细的划分。这些做法在洪涝灾害发生时无法快速应急，人工拍照角度没有鸟瞰图立体，作业进度缓慢。此种情况下可利用无人机快速从空中俯视蓄滞洪区的地形、地貌、水库、堤防险工险段，遇到险情时，无人机可克服交通复杂等不利因素，快速抵达受灾区域，并实时传递现场信息，监视险情发展，并可以实时把受灾影像通过5G分发系统传输到指挥中心，为防汛决策提供准确的信息。无人机搭载雷达测速仪，可以实时获取河流表面任意点的流速，通过在地面站输入河流断面数据计算出任一断面河道水流量，为抢险救灾提供第一手水文数据。

无人机特别适用于突发事件应急管理，大大降低了防汛抗旱工作人员承担危险工作的风险概率，提高了工作效率。

3. 水库蓄水水位监测、河流水文监测、水资源工程动态监测

在传统的水库蓄水水位监测、河流水文监测、水资源工程动态监测中，勘查人员携带相机在大坝围栏上对水库浮标进行拍照取证来获得水位信息，以人工乘船的方式对河流上下游水文情况进行监测，调查速度缓慢。此时，利用无人机则可以快速对所需监测对象进行实时监控，获取正射影像、流速信息、实时水位、水文影像。

4．重要水资源设备、设施安全监测，水库、坝区周边环境监测

在传统的水资源设备、设施安全监测，以及水库坝区周边的环境监测中，多是采用人工乘船或徒步的方式进行监测，监测人员携带相机、望远镜等设备对水利设施进行巡检，对水库、坝区周边的环境一般采取徒步的方式进行定期巡查，同样存在调查缓慢、无法快速精确完成监测任务的问题。利用无人机可快速对重要的水资源设备进行监测，定点实时监控、巡视，特别是水库边缘区环境比较恶劣的地段，可以方便地完成监测任务；当遇到水资源设施出现故障停止作业的情况时，利用无人机能快速做出应急反应，对水资源设备进行实时监控，通过地面站发现可视故障问题；通过无人机空中悬停实时监控，掌握大坝进水区和出水区的实时动态信息，地面工作站根据实时航拍监控数据可以清晰地分析大坝在工作中的实时动态，能够快速准确地为水利设施设备进行实时监控，解决人工作业缓慢和不及时的问题。

7.5.5 无人机遥感技术在工程项目中的应用

随着人们生活水平的不断提升，对于生活方式以及环境的要求也在不断提高。相对于建筑工程来讲，项目的管理通常对于建设成果的质量有着很大的影响。采用无人机遥感技术可对施工现场进行长期、大范围的测量，对具有高分辨遥感影像的相关数据进行处理和分析，能够实现工程管理技术水平的不断提升。

下面以道路施工安全监测为例，介绍无人机遥感技术在工程项目中的应用。

道路施工都呈条带状分布，施工线路很长，施工时单纯依靠传统的人工监测，不仅工作量大，工作效率低，而且难以从全局去把控施工进度及施工安全问题。

较传统地面监测而言，利用无人机系统进行道路等带状施工现场监测，覆盖范围更广，角度更加灵活，监测效率更高。

1）利用无人机搭载高清专业摄像机，可实时获取施工现场图片和视频数据。

2）通过高清数字图传系统设备，可将无人机获取的高清图片和视频数据实时回传至监控中心。

3）分析接收数据，根据数据信息采取科学、合理的措施，可为道路等带状施工现场检测提供有力的技术支持。

思考题

1. 试述无人机航测技术的应用领域。
2. 试述无人机遥感技术的应用领域。
3. 试述无人机航测技术的流程。

第8章 无人机航测技术展望

8.1 发展瓶颈

通过无人机航测技术可以快速、机动、灵活地获取项目区域的航空影像和数据，但由于受到无人机自身条件及飞行稳定性、地理环境等因素的限制，无人机航测技术存在发展瓶颈。同时，无人机航测技术也存在行业、人才和法律等方面的发展困境。

1. 飞行平稳性欠佳

这恰好是由“机体轻”这一“优势”引发而来的。当无人机飞行至一定高度时，高空风力的影响比较大，会导致无人机飞行不稳定，获取的影像不清晰。

这一方面是由于无人机飞行姿态受气流影响，拍摄时相机倾角过大，对模型高程面造成扭曲，导致高程误差超限；另一方面是由于民用相机镜头和机身部分在无人机飞行过程中受无人机振动以及气温变化的影响，相机内方位元素发生改变，从而影响了航测的高程精度。

2. 传感器性能尚有提升空间

由于技术限制和要求，普通无人机目前无法搭载精度较高的传感器，因此大比例尺测绘需求的精度较高的信息和图像无法得到满足。目前在航测领域，激光测距传感器开始得到越来越广泛的应用。无人机激光地形测量系统主要由空中飞行单元、地面控制单元和测量作业单元三部分组成，包括相应硬件设备和数据采集处理软件。

一般测量作业单元由机载 RTK GNSS、机载激光测距传感器、机载数据采集存储子系统和地面 RTK GNSS 基准站组成。其测量方法是通过机载数据采集单元获取飞行过程中 RTK GNSS 实时三维数据、激光测距传感器的地面目标测距数据和飞行姿态数据，然后通过处理软件来计算地面目标的三维坐标。相较常规测量手段，无人机激光测量技术可以实现更高的测量精度和测量效率，对测区的适应能力更强，目前已经应用到带状地形测量、灾害调查和环境监测等多个领域。

3. 过于依赖通信系统

由于无人机的控制程序对 GNSS 和通信系统的依赖程度很高，一方面导致在执行航测任务的过程中，受地形因素影响较大；另一方面也存在安全隐忧，黑客可以通过编码程序来干扰无人机的正常飞行。在数据采集过程中，主要难点就是地形。

例如在山区，一是地形复杂，无人机起降困难，即便是起飞了，爬升也很难，而且转场麻烦，经常绕路；二是信号阻挡严重，无人机飞到一定高度之后，面临丢失信号，无人机“飞丢”的风险；三是由于地形恶劣，像控点不好布设，山区地势落差大，即使勉强采集到图像，精度也比较低。

4．无人机航测精度受多种因素影响

影响无人机航测精度的因素有图像的质量、相机校验情况、像控点的布设是否科学、飞行姿态、续航时间长短、单架次航测面积大小、航测技术参数的设定、高程精度等。高程精度一直影响航测的发展，随着高重叠度、多基线无人机航测技术发展，高程精度已有了明显的提高，已基本能够满足大比例测图的需要。

5．行业痼疾难除

《中华人民共和国测绘法》第四十五条明文规定，测绘单位将测绘项目转包的，责令改正，没收违法所得，处测绘约定报酬一倍以上二倍以下的罚款，并可以责令停业整顿或者降低资质等级；情节严重的，吊销测绘资质证书。

现在很多测绘单位自己不做航测，都是雇佣航拍队采集数据照片，有些航拍队通常是没有测绘资质的，游离在合法与非法之间。城建、规划、设计院、研究院等单位虽然购买过无人机，但并没有操作和维护无人机的经验，也不想承担风险，因此就将项目外包给这些航拍队进行外业数据采集，测绘公司再对这些数据进行专业处理。

近年来无证测绘和违规测绘的情况屡禁不止，有些单位自身有测绘资质，但超出证载业务范围承担工程测绘任务；有些单位直接“借证”“卖证”给无证单位或个人，以此牟利；还有的单位或个人不严格执行测绘标准，偷工减料，为了节省开支，将小比例尺的地图直接放大成大比例尺的地图使用；对一些重要的地理信息数据如位置、高程、深度、长度、面积等任意放宽标准等。

6．无人机航测人才不足

无人机航测从业人员不稳定也是行业一大问题。航测工作有外业与内业之分，外业工作主要是实地的考察与测量、收集数据；内业则分为数据采集与数据编辑。外业很辛苦，内业很枯燥。而从队伍组成来看，还是以劳动密集型为主，劳动强度大，薪酬偏低，高素质全面型的人才缺失。

7．法律法规困境

随着我国大力发展通用航空事业的行政政策信号不断释放，航测无人机适用的低空空域管理改革蓄势待发，通用航空事业的发展前景令人期待。与此同时，我国通用航空法律法规的现状远远落后于现实的需求，如在适航许可方面，中国民航现有的航空器适航审定均只针对大型载人飞行器。

8.2 存在的不足

无人机航测技术已成为测绘科学与地理信息系统科学研究的重点，但由于测绘无人机

本身的性能限制以及作业区域的飞行环境复杂性，导致现阶段的无人机航测技术存在以下不足。

1．获取数据幅宽较小

近些年来随着无人机技术的日益成熟，基于无人机平台的新型遥感技术异军突起，受到广大科研人员的瞩目，而将成像光谱仪与航测无人机高度集成，获取地物成像的高光谱影像成为新的研究热点。然而受制于无人机航拍的飞行高度以及相机本身参数的影响，单张无人机影像所覆盖的区域面积并不大，其像幅数据幅宽较小，需要对多张影像进行拼接，才能有效覆盖航测区域。

2．数据量巨大

由于航测无人机机载高光谱影像图幅较小，需要为每幅影像单独添加控制点，其添加数据工作量巨大，耗时长。而航测无人机有限的机身体积，决定了其无法搭载高负荷的运算处理器，从而导致其无法于飞行过程中进行数据分类及处理。而现今航测无人机有限的数据传输带宽，又只能保证优先传输控制命令数据，导致数据处理不及时的现象时有发生。

3．重叠度不规则且倾角过大

又由于航测无人机在工作时受风力等多方面因素影响，平稳程度不高，故而其获取的影像不可避免地存在畸变差大、重叠度不规则且倾角过大等问题，这些问题都是国内外现有的数字摄影测量系统面临的新问题。通常，研究者们会通过算法来进行辅助解决处理，对于算法解决不了的，只能从生产方案的角度进行数据剔除。

4．导航定位与姿态测量系统信息不够精确

随着各种新技术的不断应用，人们对于航测无人机导航定位精度的要求越来越高。航测无人机导航定位工作主要由组合定位定向导航系统来完成，组合导航系统实时输出位置和姿态信息，为航测无人机提供方向基准和位置信息。当 GPS 信号良好时，GPS 输出的导航定位信息作为外部测量值输入；当 GPS 失效时，则只能寄托于姿态测量系统进行姿态解算，但同时也带来了位置信息不够精确的问题，从而导致航测收集的数据也不够精确。

8.3 发展前景

无人机航测技术由于具有机动、快速、经济等优势，现已逐步从研究开发阶段发展到实际应用阶段。无人机航测技术在低空飞行测量方面取得了显著的成绩，在野外实测方面也有很大的改进。随着各领域技术的交互发展，我国无人机航测技术已越来越趋向于科技化、智能化，不论是测绘无人机还是无人机航测平台，都有了突飞猛进的进展和突破。

8.3.1 测绘无人机的发展方向

1）测绘无人机将发展为基础测绘和地理信息科学建设的生力军。搭载高性能任务设备的航测无人机可以快速获取地面高分辨力数字影像，为地理信息科学基础测绘建设提供高质量的原始数据，而这些数据可广泛应用于测绘4D数据生产、数据城市规划和智慧城市建设等新兴领域。

2）测绘无人机将成为应急救灾活动中灾情信息以及资源调配的重要手段。因其具有飞行高度适中、对操作人员危害小、部署快捷方便、成本低廉等特点，使其可方便迅捷地赶赴受灾现场，进行空中支援，及时准确地获取受灾信息，并可对灾情信息进行精准评估。

3）测绘无人机将全面改变未来信息化社会的发展进程。其正向实用化、智能化、多功能化方向进化，而且最新一代民用航测无人机也将与通信、高性能计算机、新型材料等新技术协调配合，融入现代生活的方方面面，在不断提高作业效率、作业半径的同时，将全面改进未来信息社会的进程以及人类信息化生活的面貌。

8.3.2 无人机航测技术的发展方向

1）动力源逐渐由油动向电动发展。早期无人机航测更多考虑续航要求，同时新电池能源开发也不够完善，因此主要采用油动驱动方式。油动的优点是续航时间相对较长，但是缺点更为明显，主要体现在：首先安全性上隐患较大；其次每次作业均需加油，成本较高，且航空燃油不属于清洁能源，对环保不利；再者无人机机体本身较轻，油箱挤占空间和质量，同时随着飞行，机身自重逐渐变轻，对无人机航摄的数据成果有一定的影响。因此，近些年发布的无人机更多采用了电动方式，虽然在续航时间上有所减少，但是电池可重复使用，对机体影响小，较安全。电动方式已成为无人机航测平台的发展方向。

2）无人机构型向混合翼机型发展。从构型上看，主流无人机分为固定翼和多旋翼两种，其中固定翼无人机相对而言飞行速度快、高度高、时间较长，而多旋翼的优点是可以垂直起降，同时空中可以悬停，以对重点区域进行重点关注。近几年，兼具固定翼和多旋翼两种机型优点的混合翼机型有所发展，即能够垂直起降的固定翼无人机。

3）差分类型由实时差分向事后差分发展。目前无人机主流产品可以分为实时差分和事后差分两种，主流航测无人机以事后差分为主，代表产品有纵横系列、大疆系列等。实时差分则相对较少，其代表产品是Topcon的天狼星。相对而言，事后差分应用更多的主要原因是实时差分对于测区要求较高，当测区较复杂导致和基准站信号失联时，实时差分数据可靠性大幅下滑，而事后差分这方面缺陷较小。

4）搭载平台的类型越来越多。目前航测无人机的搭载平台发展方向主要有主流航测相机和LiDAR两种模式，此外还有红外热像仪等。其中主流航测相机比较成熟，随着技术的发展和成本的下降，搭载LiDAR的应用也越来越多。

5）应用领域越来越广。航测技术经过多年发展，目前已经积累了较多成熟的应用经验。无人机航测技术在地理地貌测绘、地籍调查、矿山勘察、灾后抢救等方面发挥着越来越重要的作用，随着国家对无人机航测技术的高度重视，其技术应用价值日益提升，为人们生产和生活提供了更多便利。无人机航测技术在水力、电力勘测等方面都有着极大的研究应用。随着GNSS定位技术的日臻成熟，无人机航测技术已逐步实现无地面控制点的控制优化等特性，在数字地形模型构建及三维城市模型构建等方面具有广阔的应用前景。

思考题

1. 简述无人机航测技术的发展瓶颈。
2. 简述无人机航测技术存在的不足。
3. 简述无人机航测平台的发展方向。

参 考 文 献

[1] 姬玉华，夏冬君．测量学 [M]．哈尔滨：哈尔滨工业大学出版社，2004．

[2] 庞小平，等．遥感制图与应用 [M]．北京：测绘出版社，2016．

[3] 梅安新，彭望琭，秦其明，等．遥感导论 [M]．北京：高等教育出版社，2010．

[4] 李小文，刘素红．遥感原理与应用 [M]．北京：科学出版社，2008．

[5] 蔡志洲，林伟．民用无人机及其行业应用 [M]．北京：高等教育出版社，2017．

[6] 曹丛峰．基于滤光片阵列分光的无人机载多光谱相机系统研究 [D]．北京：中国科学院遥感与数字地球研究所，2017．

[7] 程玮玮，宋延华，王伟．多旋翼无人机磁罗盘校准方法 [J]．计算机测量与控制，2019，27（5）：242-245，250．

[8] 范琪，顾斌，谢星，等．基于 ARM 的航模控制器设计 [J]．电脑知识与技术，2016，12（11）：201-202．

[9] 蒋红阳．基于 STM32 的多旋翼无人机飞行控制器的多余度系统研究 [D]．长春：吉林大学，2018．

[10] 李传荣，等．无人机遥感载荷综合验证系统技术 [M]．北京：科学出版社，2014．

[11] 李鹏．基于 MSP430 单片机的电池监测仪设计与实现 [J]．电子世界，2016（4）：185-186．

[12] 宋莎莎，安伟，王岩飞，等．机载小型合成孔径雷达溢油遥感监测技术 [J]．船海工程，2018，47（2）：56-58，61．

[13] 万刚，等．无人机测绘技术及应用 [M]．北京：测绘出版社，2015．

[14] 王红力．PBN 导航系统性能分析与研究 [D]．广汉：中国民用航空飞行学院，2011．

[15] 张王菲，姬永杰．GIS 原理与应用 [M]．北京：中国林业出版社，2018．

[16] 吴亮．基于多传感器的航空遥感飞行管理系统开发 [D]．北京：北京建筑大学，2013．

[17] 肖光华．旋翼无人机手动飞行控制器设计需求与约束分析 [J]．电子技术与软件工程，2019（11）：122-123．

[18] 肖婉．多路电池监测仪的设计与实现 [D]．成都：电子科技大学，2015．

[19] 赵丹阳．基于 GIS 技术的机载 GNSS-R 数据分析系统设计与实现 [D]．北京：中国科学院国家空间科学中心，2016．

[20] 宗平．基于 GNSS 的机载多源数据融合算法研究 [D]．沈阳：沈阳航空航天大学，2016．

[21] 黄杏元，马劲松．地理信息系统概论 [M]．3 版．北京：高等教育出版社．2008．

[22] 汤国安，杨昕，等．ArcGIS 地理信息系统空间分析实验教程 [M]．2 版．北京：科学出版社，2012．

[23] 张剑清，等．摄影测量学 [M]．2 版．武汉：武汉大学出版社，2017．

[24] 李德仁，等．摄影测量与遥感概论 [M]．2 版．北京：测绘出版社，2001．

[25] 徐绍铨，张华海，杨志强，等．GPS 测量原理及应用 [M]．3 版．武汉：武汉大学出版社，2017．

[26] 李征航，黄劲松．GPS 测量与数据处理 [M]．3 版．武汉：武汉大学出版社，2016．

[27] 边少锋，纪兵，等．卫星导航系统概论 [M]．2 版．北京：电子工业出版社，2005．

[28] 潘正风，程效军，成枢，等．数字测图原理与方法 [M]．2 版．武汉：武汉大学出版社，2009．

[29] 付建红．数字测图与 GNSS 测量实习教程 [M]．武汉：武汉大学出版社，2015．

[30] 魏二虎，刘学习，王凌轩，等．BDS/GPS 组合精密单点定位及其模糊度固定技术与方法研究 [D]．武汉：武汉大学，2018．

[31] 朱爽，杨国华，刘辛中，等．川滇地区近期地壳变形动态特征研究 [J]．武汉大学学报（信息科学版），2017，42（12）：1765-1772．

[32] 匡翠林，张晋升，卢辰龙，等．GPS 单双频混合方法在地表形变监测中的应用 [J]．武汉大学学报（信息科学版），2016，41（5）：692-697．

[33] 赫林，李建成，褚永海．联合 GRACE/GOCE 重力场模型和 GPS/ 水准数据确定我国 85 高程基准重力位 [J]．测绘学报，2017，46（7）：815-823．

[34] 朱显国．无人机航测技术的发展与应用探讨 [J]．智能城市，2018，4（13）：29-30．

[35] 王少文．无人机航测技术的应用与实践分析 [J]．城市建设理论研究（电子版），2018（18）：103．

[36] 董竞遥．无人机航测技术的发展与应用探讨 [J]．山东工业技术，2018（12）：15．

[37] 郑之涛．低空无人机航测在大比例尺地形测绘中的应用 [J]．工程建设与设计，2018（16）：268-269．

[38] 韩文军，雷远华，周学文．无人机航测技术及其在电网工程建设中的应用探讨 [J]．电力勘测设计，2010（3）：62-67．

[39] 官建军，李建明，苟胜国，等．无人机遥感测绘技术与应用 [M]．西安：西北工业大学出版社，2018．

[40] 韩健，任俊儒．试论矿山测绘中无人机航测的应用 [J]．世界有色金属，2018（8）：27-28．

[41] 王国忠，李林聪．应用无人机航测的土地确权底图制作技术研究 [J]．科技资讯，2018，16（18）：48-49．

[42] 王玉立．浅述无人机航测在公路地形测量中的应用 [J]．工程建设与设计，2018（18）：267-268．

[43] 姬晓东．影响无人机航测精度的因素与建议 [J]．计算机产品与流通，2018（2）：135．

[44] 刘刚，许宏健，马海涛，等．无人机航测系统在应急服务保障中的应用与前景 [J]．测绘与空间地理信息，2011，34（4）：177-179．

[45] 柏飞．影响无人机航测高程精度分析 [J]．测绘技术装备，2014，16（3）：92-93．

[46] 王巍，王彬，花春亮，等．无人机航测在电力勘测中的应用探讨 [J]．测绘通报，2017（S1）：111-113．